土木工程专业精品课程教材

Civil Engineering

土力学

主　编　璩继立

副主编　李陈财　刘宝石

参　编　郑七振　周　奎　陈　刚

李贝贝　魏天乐　张鹏飞

许　兆　郝晟敏　阮孟灵

中国电力出版社
CHINA ELECTRIC POWER PRESS

内 容 提 要

本书系统阐述了土的基本特征、土力学的基本原理及土力学在工程实践中的应用，并介绍了学科的最新发展及相关内容。共分 10 章，系统阐述了土的基本性质及分类、渗流、应力、压缩固结、土的抗剪强度、土压力、边坡稳定、地基承载力及特殊土等基本理论和方法。每章之后均有延伸阅读、复习要点及复习题，以拓宽学生的知识面，巩固学习内容。

本书可作为高等院校土木工程专业、水利专业和其他相关专业的教材，也可作为大专院校相关专业的教学参考书和有关专业科技人员的技术参考书。

图书在版编目（CIP）数据

土力学/璩继立主编. —北京：中国电力出版社，2014.1
土木工程专业精品课程教材
ISBN 978-7-5123-4890-5

Ⅰ. ①土… Ⅱ. ①璩… Ⅲ. ①土力学－高等学校－教材
Ⅳ. ①TU43

中国版本图书馆 CIP 数据核字（2013）第 209703 号

中国电力出版社出版发行
北京市东城区北京站西街 19 号　100005　http://www.cepp.sgcc.com.cn
责任编辑：关　童　联系电话：010-63412603
责任印制：蔺义舟　责任校对：朱丽芳
航远印刷有限公司印刷·各地新华书店经售
2014 年 1 月第 1 版·第 1 次印刷
787mm×1092mm　1/16·15.5 印张·356 千字
定价：36.00 元

前　　言

土力学是研究土体的一门力学，它主要是研究土体的应力、变形、强度、渗流及长期稳定性。它是高等学校土木工程专业的一门必修课程。本教材是按照高校土木工程专业培养方案，在多年教学的基础上，按照课程改革要求进行编写的。本教材在内容上力求精简，每章节后的延伸阅读，不仅在于拓展读者的知识面，更重于展现土力学的趣味性。

本书共有 10 章，第 1 章绪论；第 2 章土的物理性质及分类；第 3 章土的渗透性及渗流；第 4 章土的应力；第 5 章土的压缩与变形；第 6 章土的抗剪强度；第 7 章土压力及挡土墙；第 8 章边坡稳定分析；第 9 章地基承载力；第 10 章特殊土。本书较常规的教材增加了各种特殊土的简介，以拓宽读者对“土”概念的全面了解。

在本书的编写过程中，参考了大量的文献与著作，在此，向文献、著作的作者们表示诚挚的谢意！同时，同济大学结构工程专业研究生任祥香、上海理工大学 2011 级结构工程专业研究生周雪莲、赵豆豆等同学，在绘图方面付出了许多努力，也一并表示感谢。

限于编者水平，书中定有欠妥甚至错误之处，敬请读者批评指正。

璩继立

2013 年 7 月

前　言

目　　录

第1章 绪 论

1.1 土力学的发展历史与趋势

自从地球上有了人类，一切的生产活动就与“土”息息相关。在我国古代《五帝》篇中记载：“天有五行，水火金木土，分时化育，以成万物，其神谓之五帝。”由此可见在当时的哲学思想中，土被认为是世界运动及发展的基本要素之一。

随着人类社会的不断发展，人们对自然界的认识越来越深刻。古代有着许多宏伟的土木工程，例如，我国举世闻名的万里长城、埃及金字塔、古罗马桥梁工程等，都是古代劳动人民丰富土木工程经验的智慧结晶。随着生产实践过程中经验与认识的不断积累，“土”由原来抽象的概念，逐渐发展成了一门学科。18世纪欧美国家在产业革命的推动下，社会生产力有了快速的发展，大型建筑、桥梁、铁路、公路的兴建，促使人们对地基土和路基土的一系列技术问题进行了研究。土力学是人类在工程实践中，不断总结与积累经验而逐渐发展起来的一门学科，目前已形成科学的理论体系。

1. 土力学的发展历史

（1）萌芽阶段

1773年，C.A.Coulomb根据试验建立了第一个有关土体运动和作用力的数学理论，提出了库仑强度理论及随后发展出的库仑土压力理论，是土力学的开端。1856年Darcy研究了土的渗透性，提出了达西渗透公式。1869年，W.G.M.Rankine基于塑性平衡理论提出了挡土墙压力理论。1885年，J.Boussinesq求得弹性半无限空间在竖向集中力作用下的应力和变形的Boussinesq解，成为地基应力计算的主要方法。1920年，Prandtl应用模型试验，导出了著名的极限承载力公式。1922年，W.Fellenius提出了土坡稳定分析法。

（2）古典土力学阶段

1923年，K.Terzaghi创立土体一维固结理论和有效应力原理，使土力学成为一门独立学科。1941年，Boit提出了土体固结计算的一般方法。继太沙基（Terzaghi）之后，Casagrande、Tailor、Skempton等世界各国学者，对土的抗剪强度、土的变形、土的渗透性、土的应力-应变关系和破坏机理进行了大量的研究。

古典土力学可归结为一个原理（有效应力原理）和两个理论（以弹性介质和弹性多孔介质为基础的变形理论和以刚塑性模型为基础的破坏理论）。前一理论随着1956年Biot动力方程的建立而画上了完满句号；后一理论则于 20 世纪 60 年代初完成了基本理论框架。

（3）现代土力学阶段

1963 年，Roscoe 发表了著名的剑桥模型，提供了一个可以全面考虑土的压硬性和剪胀性的数学模型，标志着现代土力学的开端。伴随着工程建设事业的蓬勃发展，土力学围绕从宏观到微观结构、本构关系与强度理论、物理模拟与数值模拟、测试与监测技术、土质改良等方面取得了长足进展。同时，计算机技术的应用又为这门科学注入了新的活力，实现了测试技术自动化，提高了理论分析的准确性，标志着土力学进入了一个新的时期。至此，土力学已拓生出了理论土力学、试验土力学、计算土力学和应用土力学四大分支。

2. 现代土力学的发展趋势

（1）本构模型的研究

土的应力-应变关系非常复杂，具有非线性、弹性、塑性、黏性、剪胀性和各向异性等，目前还没有一个模型能全面反映土体的一切性能。因此，进一步汲取现代数学、力学的成果，利用计算机科学技术，深入研究土的非线性、各向异性、流变等特性，建立新的更符合土的真实特性的本构关系模型，是今后土力学发展研究的方向。

（2）土工试验技术的研究

土工试验技术不仅在工程建设实践中十分重要，在土力学的理论形成和发展过程中也起着决定性的作用，应用土工试验中大力引进和发展的现代测试技术，如虚拟测试技术、电子测量技术、光学测试技术、航测技术、电磁场技术、声波测试技术和遥感测试技术等，提高测试结果的可靠性、可重复性和可信度，这将对土力学理论的发展和完善起到重要的作用。

（3）区域性土分布和特性的研究

经典土力学是建立在无结构强度、理想的黏性土和无黏性土基础上的，但由于形成条件、形成年代、组成成分、应力历史不同，土的工程性质具有明显的区域性。因此，很有必要对各类区域性土的工程性质进行深入而系统的研究。

（4）不同介质间相互作用及共同分析的研究

土体由固、液、气三相组成，其中固体以颗粒形式的散体状态存在。固、液、气三相间的相互作用对土的工程性质有着很大的影响。土体应力-应变关系的复杂性，从根本上讲都是与土体颗粒间的相互作用有关。从颗粒的微观作用入手研究土的本构关系，具有重要的意义。通过对土中三相的相互作用研究，还将促进非饱和土力学理论的发展。

（5）计算技术的研究

虽然土工计算分析大多情况下只能给一个定性的结构，但该结果对工程实践运用具有重要的指导意义。重视各种数值计算方法和计算机仿真技术在土力学中的应用，提高非确定性计算方法，如有限元法、有限差分法、离散单元法、不连续变形分析法、流形元法和半解分析法等方法在土力学中的指导作用，为理论分析的发展奠定基础。

（6）环境土力学将得到重视

人类对炉渣、粉煤灰、尾矿石的利用和处理，污染土和污染水治理，固体废弃物处置方法中废料、周围土质和地下水的相互作用以及污染物的扩散规律等研究不断加强，对由开矿、抽水、各种岩土工程活动造成的地面沉降和对周围环境的影响及防治越来越重视。因此，土与环境因素相互作用的各类问题也将纳入土力学的研究范围。

1.2　土力学的研究对象、任务及特点

1. 土力学的研究对象

土力学的研究对象是“土”，土是岩石在长期的物理、化学、生物作用下，经风化、剥蚀、搬运、堆积而形成的松散沉积物，其颗粒之间没有胶结或只有弱胶结。土是由固体颗粒、液体和气体组成的三相体，具有多孔性、散体性、易变性、多样性、透水性等特点。

土的种类繁多，工程性质极其复杂。工程用土可大体分为一般土与特殊土。一般土可分为无机土和有机土，原始沉积的无机土大致可分为碎石类土、砂类土、粉性土和黏性土四大类；特殊土则有湿陷性黄土、膨胀土、冻胀土、红黏土、软土、盐渍土、污染土、残积土、混合土及加筋土等。

2. 土力学的研究内容

土力学是属于工程力学范围的科学，是运用力学原理，同时考虑土作为分散体的特征来求得量的关系。其主要研究的内容有：土体的应变、变形、强度、渗流及稳定性。广义的土力学还包括土的生成、组成、物理化学性及分类在内的土质学。

土力学的主要任务是利用力学的一般原理，研究土的物理、力学、化学性质以及在外界因素（荷载、水、温度等）作用下的应力、变形、强度、渗流及稳定性，它是力学的一个分支；同时，它又是一门基础应用学科，将固体力学及流体力学的规律应用于土体中，结合土木试验，来解决土木工程（工民建、交通、水利、冶金、国防等）中的实际问题。传统的土力学包括四大基本理论：有效应力原理、应力分布理论、渗透固结理论和强度破坏理论。包含若干个与工程实践直接相关的应用课题，如地基变形的计算、地基承载力计算、土坡稳定性验算和土压力计算等。

本书介绍的内容属于传统土力学的范畴，是土力学中最基本的知识。主要包括土的组成、物理性质和工程分类、土的渗透、土体中的应力分布、地基的压缩变形、土体的抗剪强度、地基的承载力和边坡的稳定性等。

在传统土力学基础上，现已发展了许多分支学科，如土动力学、土塑性力学、计算土力学、实验土力学、非饱和土力学、冻土力学、环境土力学、软土力学等。

3. 土力学的学科特点

土力学的特点，就在于其研究对象“土”的特殊性。理论力学将研究对象理想化为刚体，材料力学将研究对象理想化为线弹性固体，连续介质力学将对象理想化为均匀的连续介质。但是，土是由不连续的固体颗粒、液体和气体组成的三相体，各成分的含量都影响着土体的性质。因此，在土力学中，除运用一般连续介质力学的基本原理之外，还应密切结合土的实

际情况。

另外，土是地质历史的产物，它是经历漫长的风化、搬迁、沉积和地壳运动等过程形成的，在外界因素，诸如温度、湿度、压力、水流、振动等作用下，其性质会发生显著的变化。因此，土的力学性质比其他连续固体介质复杂得多，而且影响因素也更多，既有连续介质力学的一般规律，又有其特殊的应力－应变关系、强度关系、变形规律。比如土的应力－应变关系有着明显的非线性、弹塑性、剪胀性、应变硬化（软化）、流变性等特点，且与应力状态、应力历史和应力路径有关，一般呈各向异性，有明显的卸载－再加载滞回圈，存在着各种因素的耦合关系。

此外，土力学是一门理论性与实践性兼重的学科。各类土的性质差异大，存在许多不确定的因素，土力学的理论计算只能提供一个大致的估计，理论与现实的差异需要结合经验加以判断。因此，在处理工程中土力学问题时，切忌仅凭理论推导而草草了事，必须通过原位试验与室内试验结合才能得到较为精确的解答。正如 Terzaghi 在《工程实用土力学》中说到的"土力学的理论只有在工程判断的指导下才能被有效地使用，除非已经具有这种判断能力，否则不能成功地应用于土力学理论"。

1.3 土力学学习的目的、要求及方法

1. 学习的目的

可以毫不夸张地说，土木工程领域没有不与土打交道的，土作为地基、周围介质和建筑材料使用，与土木工程有着千丝万缕的关系。无论土在工程中作为何种角色，确保建筑物的安全（施工期间的安全与竣工后的安全）和正常使用是土木工程建设的基本要求。因此，土力学就必须应对和解决两大类问题。

一是土体稳定问题，如地基的稳定、土坝的稳定，这就要研究土体中的应力和强度，当土体的强度不足时，就会导致建筑物失稳或破坏；二是土体的变形问题，即使土体具有足够的强度能保证自身的稳定，土体的变形，尤其是竖向变形和不均匀沉降不应超过建筑物的允许值，否则轻者导致建筑物的倾斜、开裂，重者将会造成重大事故。此外，对于土工建筑物（如土坝、土堤、岸坡）、水工建筑地基或其他挡土挡水结构，除了在荷载作用下满足稳定与变形要求外，还要考虑渗流对土体变形和稳定的影响。为了解决以上工程问题，就必须研究土的物理性质、应力变形性质、强度性质和渗透性质等力学行为，才能为土体的稳定与变形问题找到理论的依据。

土力学，对土木工程专业的学习具有承上启下的重要作用。它是土木工程专业的必修课，属于技术基础课，它所包含的知识是本专业必须掌握的专业知识，又是后续课程学习所必备的基础知识。一个缺乏土力学知识的工程师无法圆满完成各种工程建设任务。

2. 学习的要求

目前，土力学虽然已经形成了一定的理论体系，但依然难以全面、客观地模拟和概括天

然土的各种力学行为。因此，土力学的学习要做到三点重视：重理论、重试验、重经验。

重理论是指要掌握土力学理论的意义、假定及适用范围，能够有效地运用理论指导实践。学习本课程要掌握以下几个理论要求：要掌握土的物理性质研究方法；能计算土体应力，并了解应力分布规律；掌握土的渗流理论、变形压缩理论、固结理论、应力历史概念及有效应力原理，并能熟练地进行地基沉降与固结计算；掌握土的强度理论及其应用，进行土压力计算、地基承载力计算、边坡稳定计算等。

重试验是指要多动手操作，从试验中获取知识，加深对土力学理论的理解。试验的目的不仅是让学生熟悉试验的整个操作过程及如何获取相关参数，重要的是通过试验结果和理论分析比较，加深对土力学理论的认识和理解。

重经验是指要重视经验的积累。这主要是因为土由不均匀的三相体组成，其不确定性非常大，仅采用空间的几个点去预测整个空间的土体必然会产生许多不确定性。另外，由于试验过程中的扰动等因素的影响，也会改变土的性质，这样也会引起很大的不确定性。因此，通过工程实践，从中总结经验，以便能更加切合实际地解决问题就显得非常重要。

3. 学习的方法

（1）掌握基本根据、理解理论假定。牢固而准确地掌握土的散体性、多样性、透水性等基本概念，理解土力学中的基本假定和适用范围。

（2）正确理解并应用土力学中的指标、参数和半经验公式。土力学中指标多、参数多、公式多，容易引起混乱，学习中要明确主线：从土的物理性质到力学性质，由力学性质到工程运用（地基沉降变形计算、边坡稳定计算等）的课程主线。

（3）加强基本功训练、重视实践。基本功的扎实与否，关系到能否正确理解并应用土力学中的理论。基本功包括基础知识的掌握、试验技能、计算能力等。在学习期间要多思考、勤动手、重实践，多思考就是要多问为什么，勤动手就是要多做试验，重实践就是要多参与工程实践。土力学是一门实践性很强的学科，理论落后于实践是其突出的特点，所以实践是掌握土力学知识、推动学科发展的重要动力。

黄文熙院士在《寄青年岩土力学工作者》题词中写道："你们要一丝不苟地进行基本训练，应从每个试验数据、每种试验方法、每篇试验报告做起，不可能设想，没有严格的基本功训练会创造出优秀的成果。""你们切不可丝毫轻视实践，我多次说过，岩土工程无不能说是一门具有严密理念体系的学科，我积数十年研究之经验，深知欲推动岩土工程学发展，非强烈依赖于实践不可。"

延伸阅读

土力学之父——太沙基（Karl von Terzaghi）

Terzaghi 于 1883 年 10 月 2 日出生于捷克的首都布拉格，1904 年毕业于奥地利的格拉茨（Graz）技术大学，之后成为土木工程领域的一名地质工程师。1916～1925 年期间，他在土

耳其的伊斯坦布尔技术大学和 Bogazici 大学任教，并从事土的特性方面的研究课题，其举世闻名的土力学著作——《Erdbaumechanik》于 1925 在维也纳问世。该书介绍了他所提出的固结理论以及土压力、承载力、稳定性分析等理论，标志着土力学这门学科的诞生。1925 年，他被派往麻省理工学院担任访问教授，四年后回到维也纳技术大学任教授。1938 年德国占领奥地利后，Terzaghi 前往美国，并在哈佛大学任教，直到 1956 年退休。在此期间的 1943 年，他还出版了《Theoretical Soil Mechanics》。在这部不朽的著作中，Terzaghi 就固结理论、沉降计算、承载力、土压理论、抗剪强度及边坡稳定等问题进行了阐述。为便于工程技术人员使用，书中使用了大量的图表。1963 年 10 月 25 日，Terzaghi 在马萨诸塞州的温彻斯特逝世。

Terzaghi 被誉为土力学之父。他的开创性工作于 1936 年在哈佛大学召开的首届国际土力学大会上为大家普遍了解后，土力学广泛出现在世界各地土木工程的实践中及各大学的课程中。Terzaghi 不仅是一个理论家，更是一个享誉国际土木工程界的咨询工程师，他是许多重大工程的顾问，其中包括英国的 Mission 大坝。1965 年，为表示对 Terzaghi 的敬意，该坝被命名为 Terzaghi 大坝。毫无疑问，Terzaghi 对土力学理论的贡献是巨大的，但人们评价说，也许他更大的贡献是向人们展示了用理论解决工程问题的方法。

Terzaghi 是第一届到第三届（1936 ~ 1957）ISSMFE（国际土力学与基础工程学会）的主席，曾 4 次荣获 ASCE（美国土木工程师协会）的 Norman 奖，并被 8 个国家的 9 个大学授予荣誉博士学位。

中国土力学学科的奠基人——黄文熙

黄文熙是我国土力学学科的奠基人。原籍江苏吴江，出生于上海，1929 年毕业于中央大学（现南京大学）。1952 ~ 1956 年在河海大学任教授时创立了河海大学岩土工程研究所，1935年获美国密执安大学硕士学位，1937 年获博士学位。

1942 ~ 1957 年，他创建了地基沉降与地基中应力分布的新的计算方法。他建议用三个正应力之和来进行计算，这既考虑了地基土的侧向变形，也简化了计算和减少了编制计算图表的工作量。他还建议用三轴压缩仪进行试验，研究土的弹性模量及泊松比与土体的应力值及其比例间的函数关系，这是 20 世纪 70 年代国际上流行的应力路线法的先驱。

黄文熙建议用振动三轴仪进行砂土的动力特性试验，测定了不同应力状态下，在不同振动强度引起的主应力为变值的作用下，不排水条件和不同密度试样的孔隙水压力 u 的变化规律和绝对值。他首先提出用有效应力原理阐述液化机理，确定了一定条件下砂基或砂坡中任何一点可能产生的最大孔隙水压力，并据此用有效应力法进行动力稳定分析。这一研究成果受到国际同行专家的极大重视。他所创议的振动三轴仪及其试验方法，已为国内外广泛采用，并已成为常规的动力试验手段。

20 世纪 70 年代，他注意到电子计算机和有限元法的发展，必然要求建立能较全面真实地反映土的应力-应变关系的数学模型。针对当时已经建立的土的弹塑性模型对屈服面和硬化参数人为假设过多的缺点，他提出了从试验资料直接确定土的弹塑性模型的理论。他所领导的清华大学研究组经过 10 年艰苦工作，建立了“清华弹塑性模型”，做了大量的验证工作，也用于实际工程的计算分析，受到国内外同行的推崇。

20 世纪 80 年代以来，随着土的本构关系和土工计算的发展，他看到各种模型试验，尤其是土工模型试验对于验证理论和计算及模拟实际工程的重要作用，看到我国与世界先进国家间在水工模型试验方面的巨大差距，于 1984 年亲自率团到西欧、日本、美国考察。归国后，他又多方奔走呼吁，终于在我国建立了不同规模的土工离心模型试验装置，这对我国岩土工程的发展起到了巨大的推动作用。

另外，他还组织专人进行渗水力模型试验，支持对旁压仪试验的理论研究，大力开展水力劈裂试验和机理研究，对土工合成材料的应用和研究工作寄以极大的热忱，力促土工合成材料在水利工程中的应用。这些项目有的在国外尚处于摸索阶段，具有巨大的工程意义和潜力。

第 2 章　土的物理性质及分类

2.1　土的由来

土是由于地球表面的整体岩石在阳光、大气、水和生物等因素影响下，发生风化作用，使岩石崩解、破碎，经流水、风、冰川等动力搬运作用，在各种自然环境作用下沉积而形成的形状不同、大小不一的颗粒。

在工程中所遇到的土大多是在第四纪（Q）地质年代形成的，第四纪地质年代土可分为全新世（Q_4）与更新世（Q_p）两类。更新世距今 1.3 万年到 71 万年，全新世距今天 0.25 万年至 1.3 万年。

1. 风化作用

风化作用是指由于大气、水分、温度及生物活动等自然条件使岩石破坏的地质作用。按作用因素，风化可分为物理风化、化学风化和生物风化，它们之间不存在先后顺序，经常是同时进行的。

（1）物理风化

物理风化是指岩石和土的颗粒在受到各种物理作用力及气候因素的影响下，导致体积变化而产生裂缝，或在运动过程中因碰撞和摩擦而破碎变小的一个过程。物理风化的原因如下：

1）地质构造力。地质构造力主要是由板块运动产生的，它使岩体产生断裂变小，从而加快了岩石向土转化的进程。

2）温差。温差作用的影响主要表现在：岩体受昼夜、晴雨、季节的更替而热胀冷缩产生裂缝，由表及里地逐渐破坏。

3）碰撞。碰撞作用表现在冲击物对岩体进行突然或不断地撞击而使岩体遭受破坏和侵蚀的作用。主要作用因素有风、水流、波浪及其他物体的冲撞。

岩体经物理风化后由原来的大块体变成了细散的颗粒，这不仅表现在“量”上的增多，更重要的是这种量的积累促成了岩体向土体“质”变的第一步。

（2）化学风化

如果说物理风化重在量的变化，那么化学风化则是真正的质变了。化学风化指母岩表面和碎散的颗粒受环境因素的作用而改变其矿物成分，形成新的矿物（也叫做次生矿物）的过程。化学风化常见因素有水、空气以及溶解在水中的氧气和碳酸气等，主要表现为以下几种类型：

1）水解作用。水解作用是指矿物成分被分解，并与水进行化学成分交换，形成新矿物的过程。经过此作用，岩体因膨胀胀裂，例如，正长石经水解作用后变成了高岭石。

2）水化作用。水化作用指土中的某些矿物与水接触后，发生化学反应，从而改变矿物原有的分子结构，形成新矿物的过程。例如，土中的硬石膏（$CaSO_4$）水化后，变成了含水石膏（$CaSO_4 \cdot 2H_2O$）。

3）氧化作用。氧化作用是指土中的矿物与氧气发生化学作用而产生新矿物的过程。例如，黄铁矿（FeS_2）经氧化后变成铁矾（$FeSO_4$），进一步氧化后变成硫酸铁［$Fe_2(SO_4)_3$］，再进一步与水和氧气反应则变为褐铁矿（$Fe_2O_3 . nH_2O$）。

除了以上列出的三种化学风化作用类型外还有溶解作用、碳酸化作用等。

（3）生物风化

生物风化主要表现在生物活动过程中对岩石的破坏作用。例如，植物的根系在岩缝中生长，使岩石机械破坏；动植物的新陈代谢所排出的各类物质，或者死亡后的遗体腐化的产物以及微生的作用等，这些都会使岩石成分发生变化。

2. 土的搬运和沉积

土由于其搬运和堆积方式不同，可以分为残积土和运积土两大类。残积土是指母岩表层经风化作用破碎成为岩屑或细小颗粒后，未经搬运而残留在原处的堆积土；运积土是指风化作用后的土颗粒，受自然力的作用，被搬运到其他不同地点所沉积而成的堆积物。

根据搬运动力的不同，运积土可分为以下几种类型：

1）坡积土：残积土受重力和短期性水流（雨水和雪水）的作用，被挟带到山坡或坡脚聚积起来的堆积物。坡积土斜坡自上而下呈现出由粗到细的局部层理性。

2）洪积土：残积土和坡积土受到洪水的冲刷、搬运，在山沟出口或山前平原处沉积下来的堆积物。搬运距离近的沉积颗粒较粗，力学性质较好；远的则较为细小，力学性质较差。

3）冲积土：由于江河水流的搬运作用而形成的沉积物，常分布在山谷、河谷和冲积平原上。这类土由于经过较长距离的搬运，浑圆度和分选性都更为明显，常形成砂层和黏性土层交迭的地层。

4）湖积土：在极为缓慢水流或静水条件下沉积形成的堆积物。这种土的一个显著特点就是常伴有有机物的存在，表现为淤泥或淤泥质土，其工程性质较差。

5）海积土：由水流挟带到大海沉积起来的堆积物，其颗粒细小，表层土质松软，工程性质较差。

6）风积土：由风力搬运形成的堆积物，其颗粒磨圆性好，分选性好，我国西北黄土就是典型的风积土。

7）冰积土：由冰川或冰水挟带搬运而形成的沉积物。其颗粒粗细变化大，土质不均匀。

2.2 土的组成

1. 土的固体颗粒（固相）

固体颗粒构成土的骨架，它的大小、形状、矿物成分对土的物理力学性质起着决定性的作用。研究土的固体颗粒，首先是分析粒径的大小及其在土中所占的百分比，称为粒径级配。粗大的土粒往往是岩石经过物理风化形成的碎屑，其形状呈块状或粒状；细小的土粒往往是由化学风化形成的次生矿物和有机质，其中主要呈片状或针状。

（1）土粒的粒度与粒组

组成土的颗粒大小不一，因此土也具许多不同的性质。土粒的大小称为粒度，通常以粒径来表示。工程上按粒径大小分组，称为粒组，即某一级粒径的变化范围。目前，对于土粒粒组划分的方法并不完全一致，表 2-1 为国内常用的粒组划分方法。

表 2-1　土粒粒组的划分［《土的分类标准》（GB/T 50145—2007）］

粒组	粒组名称		粒径 d 的范围（mm）	一般特征
巨粒	漂石或块石		＞200	渗透性很大，无黏性，无毛细水
	卵石或块石		200～60	
粗粒	圆砾或角砾颗粒	粗	60～20	透水性大，无黏性，毛细水上升高度不超过粒径大小
		中	20～5	
		细	5～2	
	砂粒	粗	2～0.5	易透水，当混入云母等杂质时透水性减小，而压缩性增加；无黏性，遇水不膨胀，干燥时松散；毛细水上升高度不大，随粒径变小而增大
		中	0.5～0.25	
		细	0.25～0.075	
细粒	粉粒		0.075～0.005	透水性小，湿时稍有黏性，遇水膨胀小，干燥时稍有收缩；毛细水上升高度较大较快，极易出现冻胀现象
	黏粒		≤0.005	透水性很小，湿时有黏性、可塑性，遇水膨胀大，干燥时收缩显著；毛细水上升高度大，但速度较慢

注：1．漂石、卵石和圆砾颗粒均呈一定的磨圆形状（圆形或亚圆形）；块石、碎石和角砾颗粒都带有棱角。

2．粉粒或称粉土粒，粉粒的粒径上限是 0.075mm 相当于 200 号标准筛的孔径。

3．黏粒或称黏土粒，黏粒的粒径上限也有采用 0.002mm 为准的，例如《公路土木试验规程》（JTG E40—2007）。

土粒的大小及其组成情况，通常以土中各个粒组的相对含量（即土中各粒组的质量占土粒总质量的百分数）来表示，称为粒径级配。

（2）粒径级配分析方法

目前，常见的粒径级配分析法有筛分法与沉降分析法（也叫水分法），其主要区别及适用情况如下：

1）筛法分是利用一套自上而下孔径不同的标准筛，将已烘干并称过重量的土样自上而下过筛，然后称出留在各筛上的土重，并计算每个筛上土量的相应百分数，即可求得各粒组的相对含量。

2）水分法是依据斯托克斯定理，即假定土颗粒是理想的球体，那么球状的土粒在水中的下沉速度与颗粒直径的平方成正比。因此，可以利用土颗粒的下沉速度来对土粒进行粗细分组。在试验室中，常用比重计来进行土颗粒分析。

（3）粒径级配曲线及其应用

1）土的粒径级配曲线的画法。

例题 2-1　现在烘干土样200g（全部通过10mm筛），用筛分法求各粒组含量和小于某种粒径（以筛眼直径表示）土量占总土量的百分数。

解:（1）将筛分结果列于表中，见表2-2。

表 2-2　**土的筛分结果**

筛孔直径（mm）	筛上土的质量（g）	筛下土的质量（g）	筛上土质量占总土质量的百分比（%）	小于该筛孔土的质量占总土质量的百分比（%）
5.0	10	190	5	95
2.0	16	174	8	87
1.0	18	156	9	78
0.5	24	132	12	66
0.25	22	110	11	55
0.10	38	72	19	36

（2）将颗粒小于0.1mm的土颗粒，采用比重法进行分析，得到细粒土的粒组含量，见表2-3。

表 2-3　**细粒部分粒组含量**

粒组（mm）	0.1～0.05	0.05～0.01	0.01～0.005	<0.005
含量（g）	20	25	7	20

（3）将以上两表结合，将土样分成若干个粒组，并求得各粒组的含量，见表2-4。

表 2-4　**土样粒径级配分析结果**

粒径（mm）	10.0	5.0	2.0	1.0	0.5	0.25	0.10	0.05	0.01	0.005
粒组含量（g）	10	16	18	24	22	38	20	25	7	20
小于某粒径土累积含量（g）		190	174	156	132	110	72	52	27	20
小于某粒径土占总土质量的百分比（%）		95.0	87.0	78.0	66.0	55.0	36.0	26.0	13.5	10.0

（4）根据表2-4的数据，将表中的结果绘制成土的粒径级配累积曲线，如图2-1所示。粒径级配曲线的横坐标为土粒的直径，以mm为单位，粒径坐标取为对数坐标。级配曲线的纵坐标为小于某粒径土的累积含量，用百分比表示。

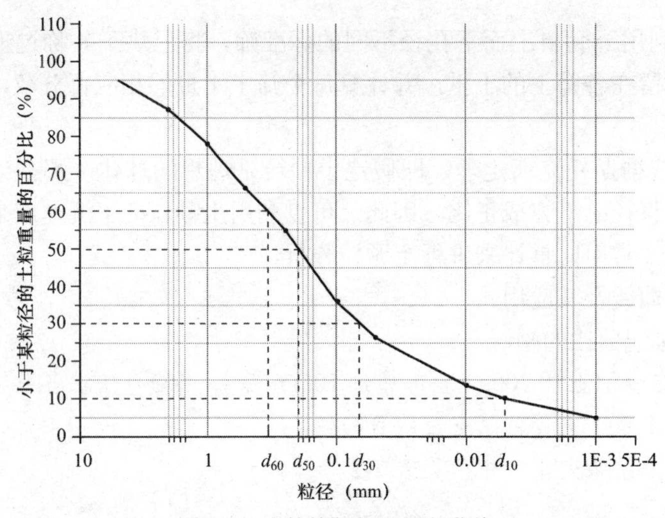

图 2-1　土的粒径级配累积曲线

2）粒径级配曲线的应用

根据粒径级配曲线，可以较直观地看出土颗粒级配的优劣程度。若级配曲线较陡，则表示该土粒大小的分布范围较窄，土粒较为均匀，但级配不良；反之，级配曲线平缓，则表示该土粒大小的分布范围较宽，土粒较不均匀，但级配良好。

从定量分析，级配曲线可通过以下两个参数来分析，即不均匀系数 C_u 和曲率系数 C_c，其表达式如下：

$$C_u=\frac{d_{60}}{d_{10}} \tag{2-1}$$

$$C_c=\frac{d_{30}^2}{d_{60}\times d_{10}} \tag{2-2}$$

式中　d_{10}——小于此种粒径的土的质量占该土样总质量10%的粒径，也称为有效粒径；

d_{30}——小于此种粒径的土的质量占该土样总质量的30%的粒径；

d_{60}——小于此种粒径的土的质量占该土样总质量的60%的粒径，也称主限制粒径。

C_u 越大，表示土粒越不均匀，相应的级配曲线就显得越平缓，即颗粒大小相差较大，级配也相对较优。

C_c 是表征级配曲线是否连续的一个参数。在级配曲线连续的情况下，当 $C_u>5$，则该土可称为不均匀土，级配良好；反之，则为均匀土。一般认为：当 $C_u\geqslant 5$ 且 $C_c=1\sim 3$ 的土，称为级配良好的土，若不能同时满足以上两指标的要求，称为级配不良的土。从以上的分析中可知，在 C_u 相同的情况下，C_c 过大或过小，都说明了颗粒中缺少中间颗粒组，各粒组间孔隙的联锁充填效应低，级配差。

对于级配良好的土，粗颗粒间的孔隙被较细颗粒填充，使得土的密实度好。此时，土的强度与稳定性较好，透水性和压缩性较小。对于粗粒土而言，不均匀系数 C_u 和曲率系数 C_c 是评定渗透稳定性的重要指标。

（4）土粒的矿物成分

土中固体颗粒的矿物成分绝大部分都是矿物质，或多或少含有有机质。土粒矿物成分主要取决于母岩的成分及母岩所经历的风化作用。

1）原生矿物：是指岩浆在冷凝过程中形成的矿物，其物理化学性质较稳定，成分与母岩完全相同。原生矿物主要有硅酸盐类矿物、氧化物类矿物、硫化物矿物、磷酸盐矿物。原生矿物一般都较粗大，它们存在于卵、砾、砂、粉各类组中，常见的原生矿物有石英、长石、云母、角闪石、辉石、漂石、卵石与砾石等。

2）次生矿物：指原生矿物经化学风化后形成的新矿物，其成分与母岩成分完全不同，可分为黏土矿物、可溶盐和无定形氧化物胶体等。次生矿物的性质复杂，对土的工程性质影响较大。

黏土矿物是原生矿物长石、云母等硅酸盐类矿物经化学风化作用而成。黏土矿物的微观结构是由两种原子层（晶面）构成：一种是具有云母片状的结晶格架，这种层状结晶格架由 Si-O 四面体构成硅氧晶层，如图 2-2（a）所示；另一种是由 Al-OH 八面体构成的铝氢氧晶层，如图 2-2（b）或图 2-2（c）所示。由这两种晶层的不同组合，形成了许多不同的黏土矿物，其中分布较广且对土性质影响较大的有蒙脱石、伊利石（水云母）、高岭石。

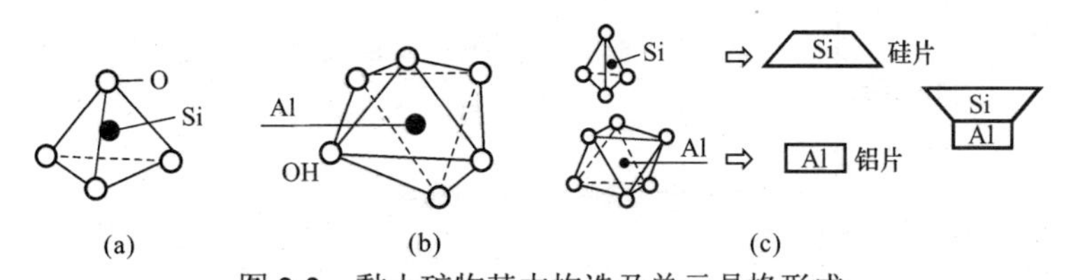

图 2-2　黏土矿物基本构造及单元晶格形成

（a）硅氧四面体示意图；（b）铝氢氧八面体示意图；（c）四面体与八面体组合示意图

蒙脱石是由伊利石进一步风化或火山灰风化而成的产物。其晶体由很多相互平行的晶层构成，每个晶层由顶、底硅氧四面体和中间铝氢氧八面体层构成，如图 2-3（a）所示。晶胞间只有氧原子与氧原子间的范德华键力联结，没有氢键，故其键力很弱，能叠置的晶胞数量较小。含有蒙脱石矿物的土具有较强的亲水性，较大的膨胀性与收缩性。

伊利石主要是云母在碱性介质中风化的产物，其晶体与蒙脱石相似，每个晶层也是由顶、底硅氧四面体和中间铝氢氧八面体层构成，相邻晶层间能吸引不定量的水分子，如图 2-3（b）所示。其颗粒大小与特性介于蒙脱石间，亲水性低于蒙脱石。

高岭石是长石风的化的产物，其晶体由互相平行的晶层构成，每个晶层由一个硅氧四面体和一个铝氢氧八面体层构成，如图 2-3（c）所示，其亲水性较弱、可塑性低、胀缩性较小。

3）有机质：土中动植物残骸在微生物作用下分解形成的产物。土中的有机质成分一般是混合物，与组成土粒的其他成分稳固地结合在一起，按其分解程度可分为未分解的动植物残体、半分解的泥炭和完全分解的腐殖质，一般以腐殖质为主。腐殖质主要成分是腐殖酸，它具有多孔的海绵状结构，具有比黏性土矿物更强的亲水性和吸附性。在工程上，有机质常常都是有害的，腐殖质含量在1.5%以上的土称为淤泥类土，其压缩性极高、强度低，属特殊土。有机质含量大于3%的淤泥土，不宜作为填筑材料。

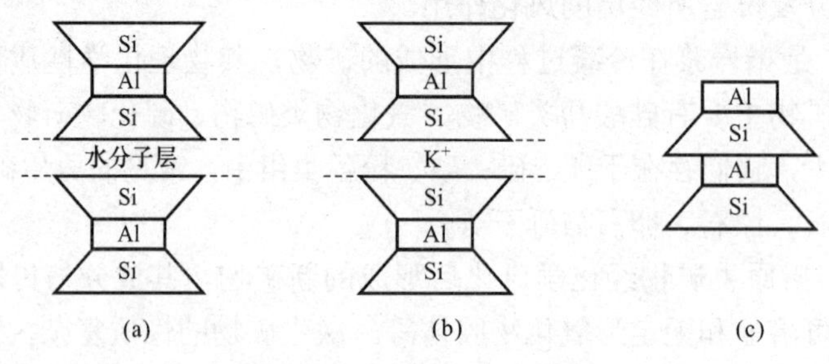

图2-3　黏土矿物结构示意

（a）蒙脱石；（b）伊利石；（c）高岭石

黏土矿物的种类、含量对黏性土的工程性质影响很大，对一些特殊土（膨胀土）往往起着决定性的作用。土中固体颗粒的矿物成分见表2-5。

表2-5　土的矿物组成

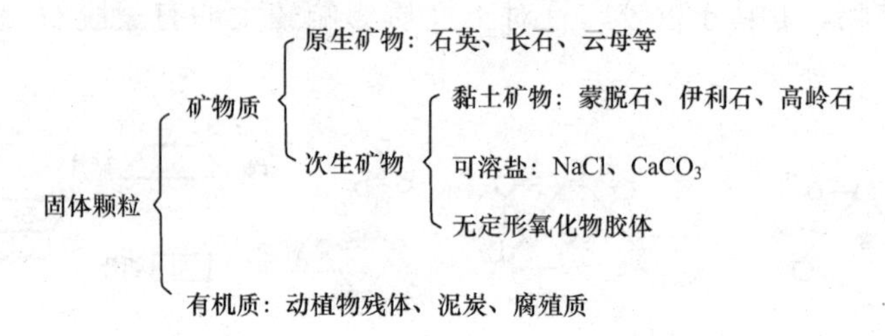

2. 土中水

土的第二种成分为土中水，土中水可以处于液态、固态或气态。土中水除了一部分以结晶水的形式存在于固体颗粒内部外，另一部分土中的水可以分成结合水与自由水两类，它们的比例及变化对土的工程性质有着极大的影响。土中水类别及性质见表2-6。

表2-6　　土中水的类别及性质

土中水的类型		主要作用力	主要性质
结合水	强结合水	物理化学力	冰点低、沸点高、弱交换，压力传递不能按照液体压力简单计算
	弱结合水		不能自由流动、可转移交换，压力传递不能按照液体压力简单计算
自由水	毛细水	表面张力及重力	仅在非饱和土中存在，可与其他液态相交换，受限流动，受表面张力及重力作用明显
	重力水	重力	可自由流动，传递静、动水压力，主要受水压力与重力作用

（1）结合水

土粒与水相互作用时，土粒表现为带电特性会吸附一部分水分子，在其四周形成电场。如图2-4所示，靠近颗粒表面的水分子受到电场作用力很大，可以高达几千到几万个大气压；随着远离颗粒表面，作用力呈快速递减的趋势。因此，结合水就是受颗粒表面电场作用吸引而包围在颗粒四周，不传递静水压力，不能任意流动的水。根据受到土粒吸附力的大小，可将结合水分为强结合水与弱结合水两类。

1）强结合水。紧靠土粒表面，所受吸附力很大，几乎完全固定排列，丧失液体特性而接近于固体，密度约为1.2～2.4g/cm^3，冰点可降至−78℃，具有极大的黏滞度、弹性和抗剪强度。它与结晶水的区别就在于，当温度略高于100℃时可以蒸发。

2）弱结合水。紧靠于强结合水外围而形成的水膜，亦称薄膜水。这层水不是接近于固态而是一种黏滞水膜，弱结合水膜能发生变形，但不因重力作用而流动。黏性土因弱结合水的存在而表现出一定的可塑性，弱结合水层的厚度对黏性土的特性及工程性质有着很大的影响。

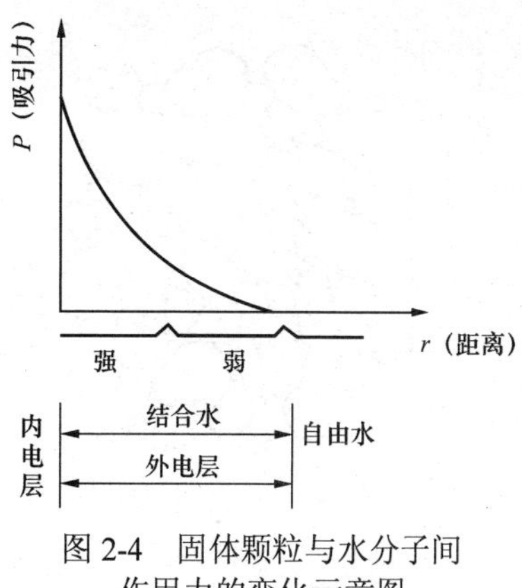

图2-4　固体颗粒与水分子间作用力的变化示意图

（2）自由水

远离土粒表面，不受土粒电场作用，在重力作用下能自由移动的水称为自由水。它与普通水具有一样的性质，能够传递静水压力，在标准大气压下冰点为 0℃，有溶解能力。自由水可分为毛细水与重力水。

1）毛细水。存在于地下水位以上，受到水与空气交界面处表面张力作用的自由水。土体内部分布着相互贯通的孔隙通道，可以看成是许多形状不一、大小不同、彼此连通的毛细管，如图 2-5 所示。由于水、气界面上的表面张力，地下水将沿毛细管被吸引上来，在地下水面以上形成一定高度的毛细水带。毛细水的上升高度与土中孔隙大小和形状、土粒矿物组成及水的性质有关。对于孔隙较大的粗粒土，毛细水几乎不存在；在粉土中，毛细水上升高度最大，往往可达 2m；黏性土的粒度虽然较粉土更小，但由于黏土矿物颗粒与水作用，产生了具有黏滞性的结合水，阻碍了毛细通道，因此黏土中的毛细水上升高度反而较低。

在毛细水带内，由于水、气界面上，弯液面表面张力的存在，以及水与土粒表面的浸润作用，孔隙水的压力亦将小于孔隙内的大气压力。于是沿着毛细弯液面的切线方向，将产生迫使相邻土粒挤紧的压力，这种压力称为毛细压力，如图 2-6 所示。毛细压力的存在，使得水内压力小于大气压（假设大气压为 0），因此，孔隙水压力为负值，增加了粒间错动的摩阻力。这种由毛细水压力引起的摩阻力，使得湿砂具有一定的可塑性，称为“似粘聚力”现象。比如潮湿的砂土能开挖一定高度的直立坑壁，就是这种原因。但若砂土被水浸泡或风干，则弯液面消失，毛细压力变为零，这种“假粘聚力”也就消失了。

在工程中，毛细水的上升高度和速度对建筑物地下部分的防潮措施和地基土的浸湿、冻胀等有着重要的影响。干旱地区盐渍土的形成，也是因毛细水而引起。

2）重力水。存在于地下水位以下的透水层中，它在重力或水头压力作用下能自由流动。它与一般水一样，具有溶解能力，能传递水压力，对土粒有浮力作用。重力水的渗流特征，是地下工程排水和防水的主要控制因素，对土中应力状态和开挖槽、基坑及地下建筑修建有着重要的影响。

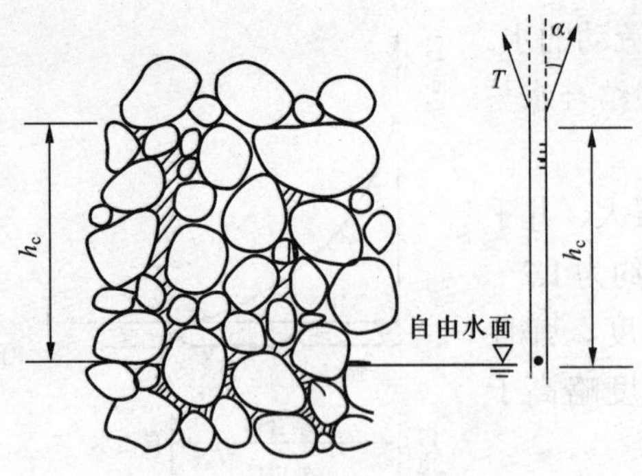

图 2-5　土中毛细管内水升高

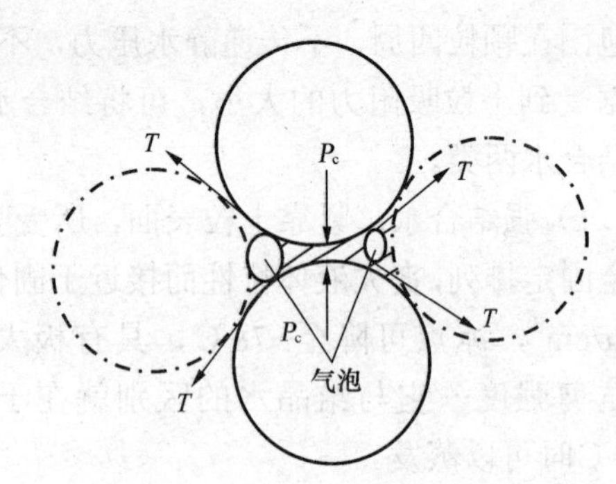

图 2-6　球状颗粒缝隙处的毛细压力

3. 土中的气

土中的气体按照其存在状态可以分为两种：一种与大气连通的气体；另一种与大气不连通的以气泡形式存在的封闭气体。土的饱和度较低时，土中气体与大气相连通，当土受到外力作用时，气体很快就会从孔隙中排出，土的压缩稳定和强度提高得较快。但若土的饱和度较高时，在外力作用下，土中的封闭气泡则会被压缩或溶解，而一旦外力消失，气泡就会膨胀复原，这对土的性质有着较大的影响。

2.3　土的物理状态

土粒（固相）、水（液相）和气体（气相）三相的质量与体积间的比例关系称为土的基本物理性质，主要研究土的密实度和干湿状况。固液两相相互作用表现出来的物理性质主要是来研究黏性土的可塑性、胀缩性及透水性等。土的物理性质在一定程度上决定着土的力学性质，因此认识土的物理指标及其变化规律，对于认识土的特性有着重要的意义。

1. 土的三相指标

土的三相组成各部分的质量和体积之间的比例关系，随着各种条件的变化而改变。表示土的三相比例关系的指标，称为土的三相比例指标。可以分为两类：一类必须通过试验测定，如含水量、密度和土粒的相对密度；另一类可根据试验测定的指标换算，如孔隙比、孔隙率、饱和度等。为了使问题形象化，常用三相草图来表示土的三相组成，如图 2-7 所示。

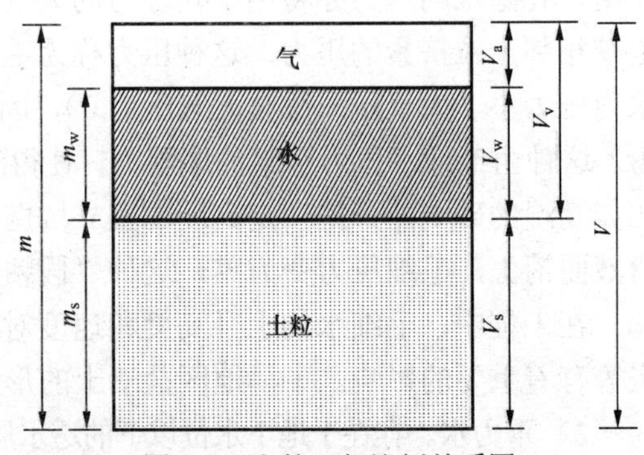

图 2-7　土的三相比例关系图

（1）土的质量特征指标

1）相对密度。土粒的相对密度是指固体颗

粒的质量 m_s 与同体积 V_s 的标准状态（一个大气压，4℃）下纯水的质量之比，无单位。

$$d_s = \frac{m_s}{V_s \rho_w} \tag{2-3}$$

式中 ρ_w——标准状态下纯水的密度（g/cm³），工程计算中取为 1g/cm³。

土粒的相对密度可以间接反映土的矿物成分特征，其大小仅与组成土粒的矿物密度有关，而与土的孔隙大小和含水量无关，它是纯土粒的相对密度而不是指整个土体的密度。

2）土的密度。土的密度是指土单位体积的质量，以 mg/m³ 或 g/m³ 计。

$$\rho = \frac{m}{V} \tag{2-4}$$

按土中孔隙充水的程度，有天然密度、干密度、饱和密度和浮密度之分，平常所说的密度一般是指天然密度，其计算公式如下：

$$\rho = \frac{m}{V} = \frac{m_s + m_w}{V_s + V_w + V_a} \tag{2-5}$$

天然密度直接反映了土的物质组成和结构特征。土的密度一般常用“环刀法”测得，即用一个圆环刀（刀刃向下）放在削平的原状土样面上，徐徐削去环刀外围的土，边削边压，使保持天然状态的土样装满环刀内，称得环刀内土样的质量，求得它与环刀容积之比。

3）干密度。干密度是指土单位体积中固体颗粒部分的质量，即土的孔隙中完全没有水时的密度，其表达式如下：

$$\rho_d = \frac{m_s}{V} \tag{2-6}$$

干密度与土中含水多少无关，只取决于土中的矿物成分和孔隙性。工程中常把干密度作为土体密实程度的指标，尤其是在填土工程的质量控制中，土的干密度越大，表明土体压得越密实，工程质量就越好。

4）饱和密度。饱和密度是指土孔隙中充满水时单位体积的质量，其表达式如下：

$$\rho_{sat} = \frac{m_s + V_v \rho_w}{V} \tag{2-7}$$

式中 ρ_w——水的密度，可近似取为 1g/m³。

5）浮密度。浮密度是指地下水位以下，土体受水的浮力作用，单位体积的质量，其计算公式如下：

$$\rho' = \frac{m_s - V_s \rho_w}{V} = \rho_{sat} - \rho_w \tag{2-8}$$

土的三相指标中的质量密度指标有以上的五个，与之对应的土单位体积的重力（即土的密度与重力加速度的乘积）称为土的重力密度，简称为重度，单位为 kN/m³。有关重度的指标也有四个，即天然重度γ、干重度γ_d、饱和重度γ_{sat}和有效重度γ'。在数值上它们等于相应的密度乘以重力加速度 g，$g = 9.80665\text{m/s}^2 \approx 9.81\text{m/s}^2$，实用时常取近似值 10.0m/s^2。

在工程中若透水土层处于地下水位以下，那么土的实际重力将因受到水的浮力作用而变小，这种处于地下水位以下的重度，称为有效重度γ'。从单位体积来考虑，有效重度等于土的饱和重度减去水的重度，即

$$\gamma' = \gamma_{sat} - \gamma_w \tag{2-9}$$

综上所述可知，以上各重度在数值大小上有以下关系：$\gamma_{sat} \geqslant \gamma \geqslant \gamma_d \geqslant \gamma'$。

（2）土的含水特征指标

1）含水量。

土的含水量为土中水的质量与土料质量之比，以百分数表示。

$$w = \frac{m_w}{m_s} = \frac{m - m_s}{m_s} \times 100\% \tag{2-10}$$

土的含水量一般采用“烘干法”进行测定。先称小块原状土样的湿质量，然后将其置于烘箱内维持 100~105℃烘至恒重，再称干土质量，湿土、干土的质量之差与干土质量之比就是该土的含水量。

2）饱和度。

饱和度是指土中孔隙水的体积与孔隙体积之比，其表达式如下：

$$S_r = \frac{V_w}{V_v} \tag{2-11}$$

饱和度表示土中孔隙充水的程度，在工程中饱和度越大，表明含水量越高。显然干土的饱和度 S_r=0，饱和土的饱和度 S_r=1.0。

在学习中要注意含水量与饱和度的区别，含水量是表示土体含水量的大小，而饱和度是表示土含水后的状态。对于不同的土样 a、b，$S_a > S_b$不能得出$w_a > w_b$。

（3）土的孔隙特征指标

1）孔隙率。孔隙率是土的孔隙体积与土体积之比，或单位体积土中孔隙的体积，以百分数表示，表达式如下：

$$n = \frac{V_v}{V} \times 100\% \tag{2-12}$$

2）孔隙比。孔隙比是孔隙体积与土粒体积之比，以小数表示，表达式如下：

$$e = \frac{V_v}{V_s} \tag{2-13}$$

土的孔隙率和孔隙比都是表示孔隙体积含量的概念，两者有如下关系：

$$n = \frac{e}{1+e} \tag{2-14}$$

或

$$e = \frac{n}{1-n} \tag{2-15}$$

土的孔隙率或孔隙比都可用来表示一种土的松、密程度。它们随土形成过程中所受的

压力、粒径级配和颗粒排列的状况而变化。一般来说，粗粒土的孔隙比小，细粒土的孔隙比大。

（4）三相指标间的关系

通过土工试验可直接测定土粒的三个基本指标：相对密度 d_s、含水量 w 和密度 ρ。根据三相草图，如图2-8所示，进行各指标间相互关系变换，设 $\rho_{w1}=\rho_w$，$V_s=1$，$V=1+e$，$m_s=V_s d_s \rho_w = d_s \rho_w$，$m_w = w m_s = \omega d_s \rho_w$，$m = d_s(1+\omega)\rho_w$。

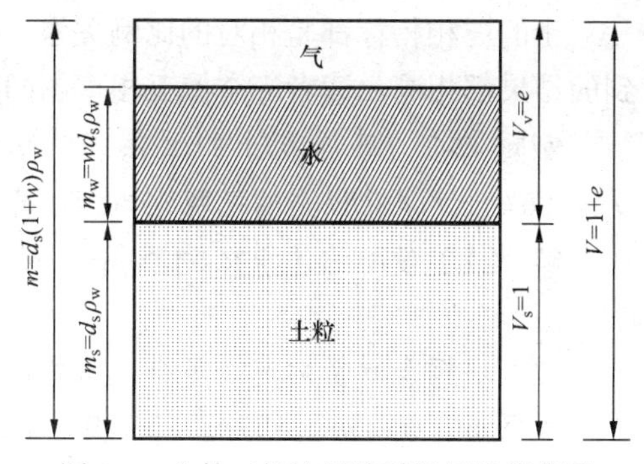

图2-8　土的三相比例关系指标换算草图

三相指标换算公式见表2-7。

表2-7　土的三相指标常用换算公式

名称	符号	三相比例关系	常用换算公式	常见数值范围
土粒相对密度	d_s	$d_s=\frac{m_s}{V_s\rho_{w1}}$	$d_s=\frac{S_r e}{\omega}$	黏性土：2.72～2.75 粉土：2.72～2.75 砂土：2.65～2.69
含水量	w	$w=\frac{m_w}{m_s}\times100\%$	$w=\frac{S_r e}{d_s}$ $w=\frac{\rho}{\rho_d}-1$	黏土：10%～80% 砂土：10%～30%
密度	ρ	$\rho=\frac{m}{V}$	$\rho=\rho_d(1+\omega)$	黏土：1.4g/cm³ 粉质砂土：1.4g/cm³ 砂土：1.6～2.2g/cm³
干密度	ρ_d	$\rho_d=\frac{m_s}{V}$	$\rho_d=\frac{\rho}{1+\omega}$ $\rho_d=\frac{\rho}{1+e}\rho_w$	一般为：1.4～1.7g/cm³
饱和密度	ρ_{sat}	$\rho_{sat}=\frac{m_s+V_v\rho_w}{V}$	$\rho_{sat}=\frac{d_s+e}{1+e}\rho_w$	一般为：1.8～2.3g/cm³
浮密度	ρ'	$\rho'=\frac{m_s-V_v\rho_w}{V}$	$\rho'=\rho_{sat}-\rho_w$ $\rho'=\frac{d_s-1}{1+e}\rho_w$	一般为：0.8～1.3g/cm³
孔隙比	e	$e=\frac{V_v}{V_s}$	$e=\frac{\omega d_s}{S_r}$ $e=\frac{d_s(1+\omega)\rho_w}{\rho}-1$	黏性土与粉土：0.4～1.20 砂土：0.30～0.90
孔隙率	n	$n=\frac{V_v}{V}\times100\%$	$n=\frac{e}{1+e}$ $n=1-\frac{\rho_d}{d_s\rho_w}$	黏性土与粉土：30%～60% 砂土：25%～45%
饱和度	S_r	$S_r=\frac{V_w}{V_v}$	$S_r=\frac{\omega d_s}{e}$ $S_r=\frac{\omega\rho_d}{n\rho_w}$	S_r<0.5 稍湿 S_r=0.5～0.8 很湿 S_r>0.8 饱和

土的三相指标都是相对的比例关系，不是量的绝对值，取任一量等于任何值进行计算得到的结果都相同。读者应掌握三相草图间的关系灵活应用，而不是死记硬记。

例题 2-2 某原状土的天然密度 $\rho=1.67\text{g/cm}^3$，含水量 $w=12.9\%$，土粒相对密度 $d_s=2.67$。试求：该土的孔隙比 e、孔隙率 n 和饱和度 S_r。

解：（1）设土的体积 $V=1.0\text{cm}^3$，根据 $m=\rho v$ 可得土体的总质量：

$$m=1.67\times1.0=1.67(\text{g})$$

（2）根据含水量的定义可得：水的质量 $m_w=wm_s=0.129m_s$

根据 $m=m_s+m_w$，则 $m_s+0.129m_s=1.67(\text{g})$

所以 $m_s=1.48\text{g}$、$m_w=1.67-1.48=0.19(\text{g})$

（3）根据土的相对密度定义，可求得土粒的密度：

$$\rho_s=d_s\rho_w=2.67\times1.0=2.67(\text{g/cm}^3)$$

则 $V_s=\dfrac{m_s}{\rho_s}=\dfrac{1.48}{2.67}=0.554(\text{cm}^3)$

（4）设水的密度为 1.0，则可求得水的体积

$$V_w=\frac{m_w}{\rho_w}=\frac{0.190}{1.0}=0.190(\text{cm}^3)$$

（5）根据 $V=V_s+V_w+V_a$，则

$$V_a=1-V_s-V_w=1-0.554-0.190=0.256(\text{cm}^3)$$

根据以上的计算结果，绘制三相图，如图 2-9 所示（正常计算中，可先画出草图，然后把计算的数据补充完整，得到三相图，以便直观理解土三相间的关系）。

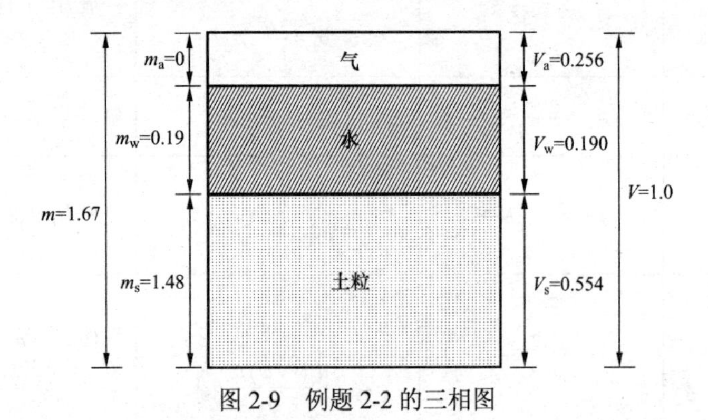

图 2-9 例题 2-2 的三相图

（6）根据孔隙比的定义可得：

$$e=\frac{V_v}{V_s}=\frac{V_a+V_w}{V_s}=\frac{0.256+0.190}{0.554}=0.805$$

（7）根据孔隙度定义可得：

$$n=\frac{V_v}{V}=\frac{0.256+0.190}{1.0}=0.446=44.6\%$$

（8）根据饱和度的定义可得：

$$S_r = \frac{V_w}{V_v} = \frac{0.190}{0.256 + 0.190} = 0.426$$

2. 土的物理状态指标

土的物理状态对于粗粒土而言就是指土的密实度；对于细粒土则是指土的软硬程度或称为黏性土的稠度。

（1）粗粒土（无黏性土）的密实度

无黏性土一般指碎石（类）土和砂（类）土，它们中黏粒含量少，呈单粒结构，不具有可塑性。土的密实度对无黏性土的物理状态、力学性质与工程特征有着较大的影响。一般来说，无黏性土的密实程度越大，压缩性越小，其工程特性越好，否则相反；描述无黏性土密实程度的指标有干密度、孔隙比等，但是孔隙比受土的类型影响大，考虑到粒径级配的影响，两种不同类型的无黏性土就无法进行比较。

1）相对密实度。

目前工程中，采用现场土的孔隙比 e 与该土所能达到最密时的孔隙比 e_{min} 和最松时的孔隙比 e_{max} 相对比的方法来表示孔隙比为 e 时土的密实度。这种衡量密实度的指标就称为相对密实度 D_r，表达式如下：

$$D_r = \frac{e_{max} - e}{e_{max} - e_{min}} \tag{2-16}$$

式中　e_{max}——最大孔隙比，即最疏松状态下的孔隙比，一般用“松砂器法”测定，如图 2-11（a）所示。将松散的风干土样通过长颈漏斗慢慢地倒入容器，求得土的最小干密度，再经换算即可得到。

e_{min}——最小孔隙比，即最紧密状态下的孔隙比，一般采用“振击法”测定，如图 2-10（b）所示。将松散风干的土样装在金属容器内，按规定的方法振动和锤击，直到密度不再提高，求得最大容重后换算可得。以上 e_{max}、e_{min} 测定的详细操作规程见《土工试验方法标准》（GB/T 50123—1999）。

e——天然孔隙比。

当 $D_r = 0$，即 $e = e_{max}$，表示砂土处于最松散状态；

当 $D_r = 1$，即 $e = e_{min}$，表示砂土处于最密实状态。

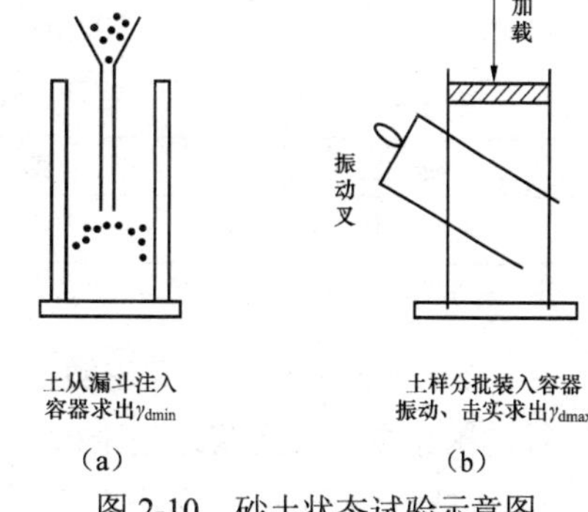

图 2-10　砂土状态试验示意图

（a）松砂器法；（b）振击法

粗粒土密实度按相对密实度 D_r 划分的标准见表 2-8。

表 2-8　　按相对密实度划分粗粒土密实度

密实度	密　实	中　密	疏　松
D_r	$D_r > 2/3$	$2/3 \geq D_r > 1/3$	$D_r \leq 1/3$

通过前节讲述的三相指标的换算关系 $e=\dfrac{\rho_s}{\rho_d}-1$，可以用干密度来表示相对密度，其表达式如下：

$$D_r=\frac{(\rho_d-\rho_{d\min})\rho_{d\max}}{(\rho_{d\max}-\rho_{d\min})\rho_d} \tag{2-17}$$

式中　$\rho_{d\max}$——孔隙比为 e_{max} 时的干密度，即最松干密度；

$\rho_{d\min}$——孔隙比为 e_{min} 时的干密度，即最小干密度；

ρ_d——天然干密度。

这种方法理论上讲，是表示粗粒土密实度的好方法，但是由于测定 e_{max}、e_{min} 时人为误差较大，而且原状土样不易取得，天然孔隙比测定不准确，往往测得的结果离散性大，因此不常用。

2）标准贯入击数。标准贯入击数法，主要用于砂土密实度的评价。为避免原状砂土取样的困难，在现行的国家标准《建筑地基基础设计规范》（GB 5007—2011）和《公路桥涵地基与基础设计规范》（JTG D63—2007）中均采用原位标准贯入试验锤击数 N 来划分砂土的密实度，见表 2-9。

标准贯入试验简称 SPT 试验，试验采用一定重量（63.5kg）的锤，按规定的落距（76cm），将标准贯入器（图 2-11）打入土中，根据贯入土中一定距离（30cm）所用的击数 N 来判断土的密实度。

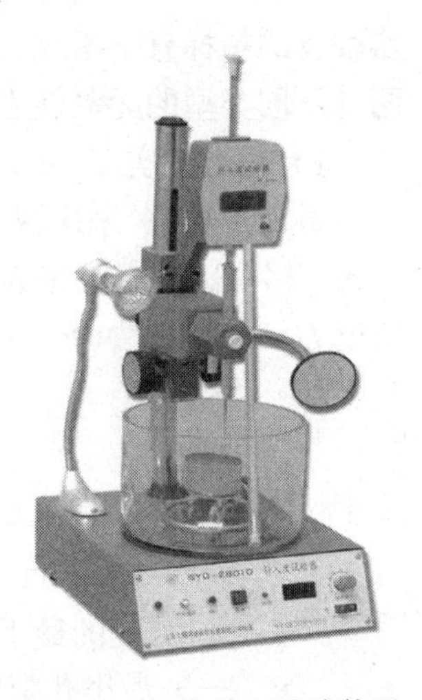

图 2-11　标准贯入试验装置

表 2-9　　按标准贯入数 N 来划分砂土的密实度

密实度	密　实	中　密	稍　密	松　散
标贯击数 N	$N>30$	$30\geq N>15$	$15\geq N>10$	$N\leq 10$

注：标贯击数 N 为实测平均值。

3）重力型动力触探击数。重力型动力触探击数主要用于碎石土密实度的评价。我国现行的国家规范《建筑地基基础设计规范》（GB 5007—2011）和《公路桥涵地基与基础设计规范》（JTG D63—2007）中，碎石密实度可按重力型（圆锥）动力触探试验锤击数 $N_{63.5}$ 划分，见表 2-10。

表 2-10　　按重力型动力触探试验锤击数划分碎石土密实度

密实度	密　实	中　密	稍　密	松　散
$N_{63.5}$	$N_{63.5}>20$	$20\geq N_{63.5}>10$	$10\geq N_{63.5}>5$	$N_{63.5}\leq 5$

注：本表适用于平均粒径小于或等于 50mm 且最大粒径不超过 100mm 的卵石、碎石、圆砾、角砾，对于漂石、块石及粒径大于 200mm 的颗粒含量较多的碎石土可用《建筑地基基础设计规范》（GB 5007—2011）中的碎石野外鉴别方法进行确定。

（2）黏性土（细粒土）的稠度

1）黏性土的稠度状态。黏性土的物理状度可以用稠度来表示。稠度是指土体在各种不同湿度条件下，受外力作用后所具有的活动程度，即土的软硬程度或土对外力引起的变形或破坏的抵抗能力。

当土中含水量较低时，如图 2-12（a）所示，水紧紧地被土粒吸在周围，成为强结合水，颗粒间的强结合水联结牢固，力学强度较高，表现为固态或半固态。

当土中水含量有所增加时，如图 2-12（b）所示，土颗粒周围的水膜增厚，土粒间靠弱结合水联结，在外力作用下易产生变形，可揉搓成任意形状而不破裂，去掉外力后不能恢复原状，此时土则表现为可塑性。弱结合水的存在是土具有可塑状态的原因。

当土中水的含量继续增加时，如图 2-12（c）所示，土粒间被液态水占据，这些水脱离了电场影响成为了自由水。此时，土体不能承担任何剪应力，不能维持一定的形状，受外力作用即可流动，呈现出流动状态。

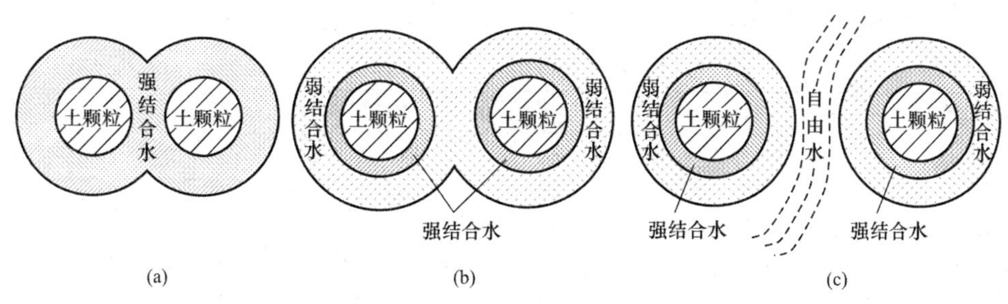

图 2-12　土的工程状态与结合水的关系示意图

（a）固态、半固态；（b）可塑状态；（c）流态

可见，从物理概念分析，土的稠度实际上反映的是土中水的形态。

2）稠度界限。相邻两稠度状态既相互区别又逐渐过渡，土从一种状态到另外一种状态的界限含水量，称为土的特征含水量，称为稠度界限。如图 2-13 所示，黏性土随含水量变化而呈现不同状态。它对黏性土的分类及工程性质评价有着重要的意义，工程上常用的稠度界限有液性界限（w_L）、塑性界限（w_P）。

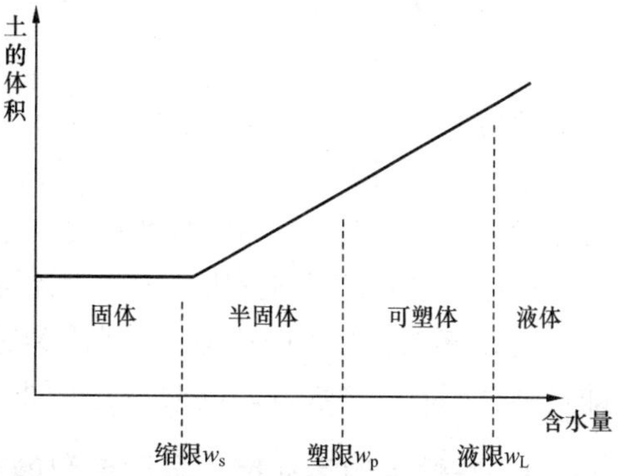

液性界限（w_L）简称液限，是指土从可塑状态转变为液性状态时的含水量。此时，土中水除结合水外，还有相当量的自由水，因此，液限也就是可塑状态的上限含水率。

土的体积
固体　半固体　可塑体　液体
含水量
缩限w_s　塑限w_p　液限w_L

图 2-13　稠度界限

塑性界限（w_P）简称塑限，是指土从可塑状态转为半固态的界限含水量。此时，土中水为强结合水，且其含水量达到最大，因此，塑限也就是可塑状态的下限含水率。

试验室中，液限 w_L 采用液限仪测定，塑限 w_P 采用搓条法测定，目前也有联合测定仪进行一起测定［详见《土工试验方法标准》（2007 年版）GB/T 50123—1999］。但是，这些测定方法都通过人眼观察其是否处于“可塑”或“流动”而定，而不是根据理论上土中水的形态而定。因此，液限与塑限其实是一种人为确定的标准，但其对人们认识黏土的性质依然有着重要的意义。

3）液性指数。一种黏土处于什么样的稠度状态，主要是取决于其含水量，但是，由于黏土自身的特征（主要有比表面积与矿物成分）不同，单知道一含水量仍然无法判断土处于什么状态。因此，为说明黏性土所处的稠度状态，一般用液性指数 I_L 来表示。

液性指数 I_L 是指黏性土的天然含水量和塑限的差值和液限与塑限差值之比，表达式如下：

$$I_L = \frac{w - w_P}{w_L - w_P} \tag{2-18}$$

从上式可以得知，当 I_L=0 时，$w = w_p$，表示土由可塑状态转为半固态；当 I_L=1 时，$w = w_L$，表示土由可塑状态转为液态，因此液性指数 I_L 可反映土的软硬程度，工程上按其大小，将黏性土划分为五种状态，见表 2-11。

表 2-11　　按液性指数划分黏性土（细粒土）的稠度状态

液性指数 I_L	$I_L \leqslant 0$	$0<I_L \leqslant 0.25$	$0.25<I_L \leqslant 0.75$	$0.75<I_L \leqslant 1$	$I_L>1$
稠度状态	坚硬	硬塑	可塑	软塑	流塑
状态	固态	塑态			流态

必须指出的是，在实际操作过程中都是以扰动土（试验时的重塑土膏）的液限与塑性作为黏性土的指标，因此，用液限指数反映天然土的稠度，自然就存在一定误差。实际上，天然状态下土的液限 w_L 与塑限 w_P 要比试验测得的值更大，天然状态下的液限指数 I_L 要比试验测得的值小。

4）塑性指数。习惯上，把液性指数的分母 $w_L - w_p$ 称为塑性指数 I_p，用百分数的绝对值来表示，其表达式如下：

$$I_p = w_L - w_P \tag{2-19}$$

从前面分析可知，I_p 是表示黏性土具有可塑性的含水量的变化范围，因此，可以反映黏土可塑性的强弱能力。塑性指数 I_p 越大，表明黏土处于可塑状态的含水量变化范围越大，表明土能吸附的结合水越多，保水能力越强，即土的塑性就越强。

I_p 是指可塑状态的变化范围，因此可用 I_p 对土进行分类；I_L 是指土所处的软硬状态，因此可用 I_L 来判断黏土的状态。含水量对黏土的状态有着很大的影响，但是对于不同的黏土，即使具有相同的含水量，也未必处于同一种状态。

3. 黏性土的活动度、灵敏度和触变性

（1）活动度

有时两种性质完全不同的土，塑性指标 I_p 可能很接近。比如高岭土（以高岭石类矿物为主）和皂土（以蒙脱石类矿物为主），因此仅靠塑性指标无法区别。斯凯普顿（Skempton）通过试验发现，对于给定的土，其塑性指数与小于 0.002mm 颗粒的含量成正比，并建议采用

活动度来衡量所含矿物的活动性，其表达式如下：

$$A=\frac{I_P}{m} \tag{2-20}$$

式中　A——黏土的活动度；

m——粒径小于 0.002mm 的颗粒含量的百分数。

活性黏土的矿物成分以吸水能力很强的蒙脱石矿物为主，而非活动黏土中的矿物成分则以高岭石等吸水能力较差的矿物为主。根据计算，皂石的活动度为 1.11，蒙脱石的活动度为 0.29，所以用活动度可以将黏性土分为不活动黏土、正常黏土、活动黏土三类（表 2-12）。

表 2-12　　按活动度来划分黏性土

活动度	$A<0.75$	$0.75\leqslant A\leqslant 1.25$	$A>1.25$
类别	不活动黏土	正常黏土	活动黏土

（2）灵敏度

天然状态的黏性土受到外来因素的扰动破坏后，土粒就会发生重新组合，表现出强度降低、压缩性增大的特征，这就是通常所说的土的结构性。工程上，用灵敏度来衡量黏性土结构性对强度的影响。

土的灵敏度定义为原状土的强度与重塑土强度之比，以上的强度均指无侧限单轴抗压强度，黏性土灵敏度的表达式如下：

$$S_t=\frac{q_u}{q'_u} \tag{2-21}$$

式中　q_u——原状土的无侧限单轴抗压强度（kPa）；

q'_u——重塑土的无侧限单轴抗压强度（kPa）。

灵敏度反映黏性土结构性的强弱，根据灵敏度，黏性土划分情况见表 2-13。

表 2-13　　按灵敏度来划分黏性土

S_t	$S_t\leqslant 1$	$1<S_t\leqslant 2$	$2<S_t\leqslant 4$	$4<S_t\leqslant 8$	$8<S_t\leqslant 16$	$S_t>16$
类别	不灵敏	低灵敏	中等灵敏	灵敏	很灵敏	流动

灵敏度越高表明其结构性越强，当其结构受到扰动后，强度降低就越多，在工程施工中要特别注意，尽量避免对这种土的扰动。例如，近代沉积的黏性土，其灵敏度 S_t 可达 50 左右，甚至更大，这种土结构受扰动后，强度几乎丧失。

（3）触变性

黏性土的触变性是与灵敏度相关的另一特性。黏性土受外界因素作用而扰动破坏后，若静置一段时间，则土颗粒、水分子各离子会重新组合排列，形成新的结构，使得土的强度随时间逐渐部分恢复。黏性土的这种强度随时间而部分恢复的性质，称为黏性土的触变性。

在黏性土中打桩时，常常利用振扰的办法，使桩侧土及桩尖土的结构遭受破坏，以降低摩擦阻力。在打桩完成后，土的强度可随时间而逐渐部分恢复，使桩基承载力增加，因此打桩过程中要连续作业，避免土体强度恢复而造成后续沉桩困难，这些都是土的触变性机理的生动体现。

2.4 土的结构与构造

在试验中，同一种土的原状土与重塑土的力学性质有着很大的区别，因此土的组成和物理状态并不是决定土性质的全部因素。由前节可知，灵敏度与触变性都是因土结构重新变化而引起的特性，因此对土性质有着重要影响的另一个因素，就是土的结构。土的结构是指土粒在空间的排列及它们之间的相互联结作用。在微观上，土的结构表现为土粒大小、矿物成分、形状、相互排列及联结作用、土中水性质和孔隙特征等因素的综合特征；在宏观上，表现为同一土层中物质成分和颗粒大小等相近的各部分间的相互关系，体现为土层的层理、裂隙及大孔隙等特征。

1. 粗粒土的结构

粗粒土间重力起着决定性的作用，各颗粒在重力的作用下而发生下沉，当相互间达到平衡时，就处于稳定状态。这种结构的土粒是点与点的接触，表现为松散的单粒结构，如图 2-14（a）所示。松散的单粒结构极不稳定，当这种结构受到较大的压力作用时，特别是受到动力作用后，土粒就会发生移动，土中孔隙急剧减小，引起很大的变形，变成了密实的单粒结构，如图 2-14（b）所示。

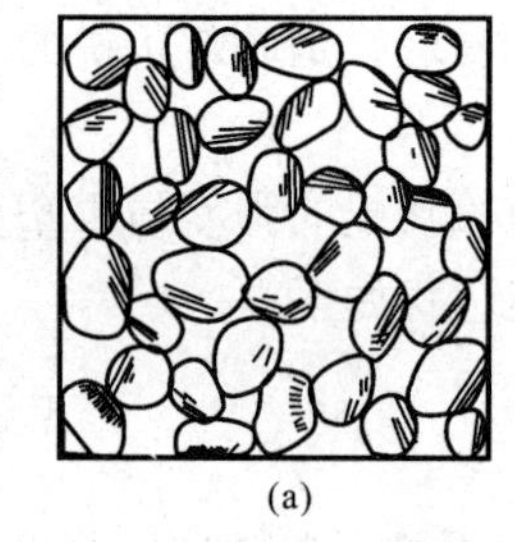
(a)
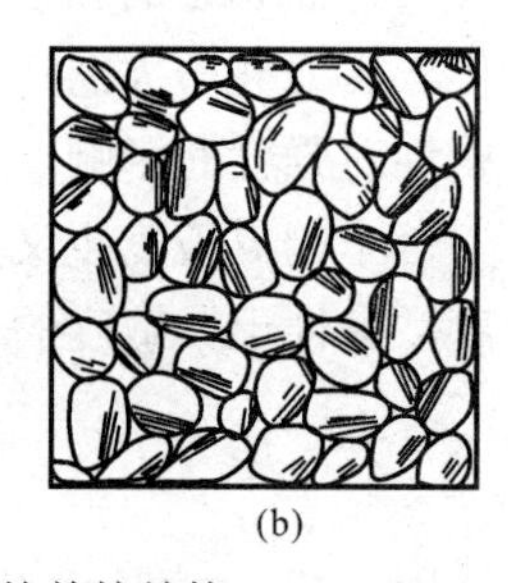
(b)

图 2-14 土的单粒结构
（a）疏松；（b）紧密

当粗粒土位于地下水位以上一定范围内，颗粒间还会受到毛细压力的作用，毛细压力会增加土粒间的联结力。因此，松散的砂土当含少量水分时，就表现出了假粘聚力。

2. 细粒土的结构

细粒土的比表面积一般都较大，颗粒很小、重量很轻，重力不起主导作用。在细粒土的结构形成中，粒间作用主要表现为范德华力、库仑力、毛细压力、胶结作用力。细粒土的结构形式主要表现为蜂窝结构和絮状结构。

1）蜂窝结构。粒径在 0.075～0.005mm（粉粒粒组）范围内的细粒土在水中沉积时，基本上是以单个土粒下沉，当碰到已沉积的土粒时，它们之间的吸引力大于重力，土粒就不再下沉，而凝聚成较复杂的集合体进行沉积。这种细粒土形成的团聚结构孔隙较大、形状不规则、易破碎，表现出像蜂窝的结构，因此称为蜂窝结构（图 2-15）。

2）絮状结构。粒径在 0.005～0.0001mm 范围内细小黏粒或粒径在 0.0001～0.000001mm 范围内的胶粒，重力作用非常小，能在水中长期悬浮并运动。这种细粒在水中相互碰撞并吸引成小链环状的土集粒，随着小链的相互碰撞与集聚形成大链环状的絮状结构，它们质量不断增大而逐渐下沉。这就是所说的絮状结构，如图 2-16 所示，常见于海积黏性土中。

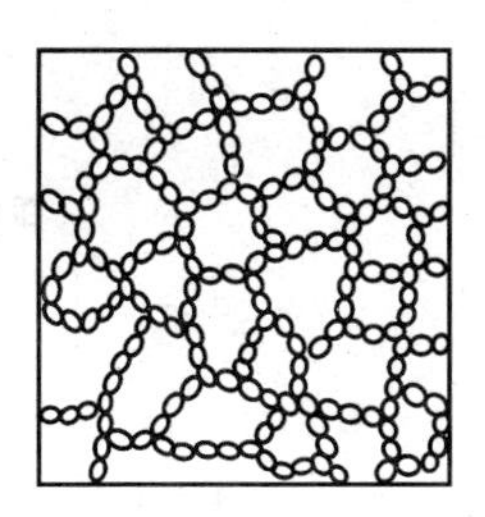

图2-15　蜂窝状结构

图2-16　土的絮状结构

絮凝沉积形成的土在结构中亦称为片架结构，这类结构极不稳定，随着溶液性质的改变或击振作用而分散，颗粒分析试验中的沉降法就是利用了这个原理。

在上述的三种结构中，以密实的单粒结构土的工程性质最好，蜂窝状次之，絮状结构最差。后两种结构土土粒之间的联结强度（结构强度），往往由于长期固结作用和胶结作用而得到加强。

3. 土的构造

土的构造就是土层在空间的存在状态，表示土层的层理、裂隙及大孔隙等宏观特征。土的构造最主要的特征就是成层性，即层理构造（图 2-17）。它是土在形成过程中，由于不同阶段沉积的物质成分、颗粒大小或颜色不同，而沿竖向呈现出的成层特征。

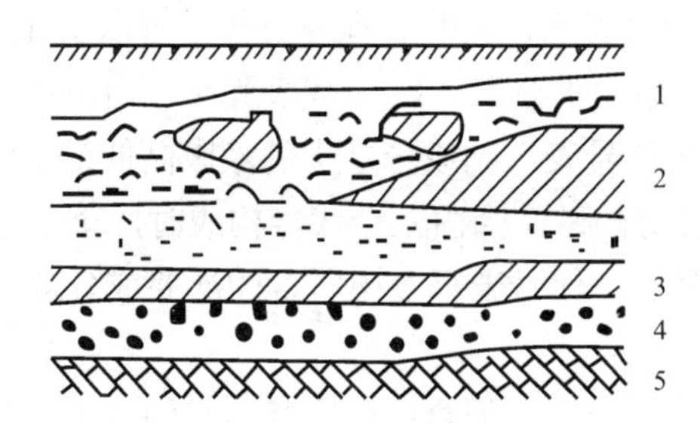

图2-17　土的层理结构

1—淤泥夹黏土透镜体；2—黏土夹灭层；3—砂土夹黏土层；4—砾石层；5—基岩

土构造的另一特征是土的裂隙性，这是由于土在自然演化过程中，经受地质构造作用或自然阳光、风雨作用而形成，如膨胀土的收缩裂隙等。裂隙的存在降低了土的强度，增加了透水性，往往是造成地基破坏、边坡失稳的原因。土的构造特征造成了土的各向异性。

2.5　土的工程分类

1. 概述

自然界土类众多，性质各异，为了便于研究与工程实践，通常需将土进行分类，以便对不同土间作出比较、评价和学术交流（表 2-14）。当前，国内外依然没有一个统一标准，我国各部门的规范也不尽相同。这主要是由于土性质的复杂多变与国家各部门重视的侧重点不同而很难取得一致的标准。

虽然土的分类众多，但一般都遵循以下两个原则：一是差异性原则，即土的分类指标能够反映土的不同特性；二是易测性原则，即采用的指导要明确，易于测定，方便使用。

考虑到知识的实用性，本书介绍两种国内常用的分类方法：一种为水利部《土工试验规程》(SL 237—1999) 分类法；另一种为《建筑地基基础设计规范》(GB 50007—2011)。

表 2-14　土的总分类

- 土
  - 一般土
    - 无机土
      - 粗粒土
        - 砾类土 (G)
        - 砂类土 (S)
      - 细粒土
        - 粉质土 (M)
        - 黏质土 (C)
    - 有机土
  - 特殊土
    - 黄土
    - 膨胀土
    - 冻土
    - 红黏土
    - 盐渍土

2. 土的工程分类标准

《土的工程分类标准》(GB/T 50145—2007) 适用于土的基本分类，该标准按不同粒组的相对含量将土划分为巨粒类土、粗粒类土和细粒类土。巨粒类土按粒组划分；粗粒类土按粒组、级配、细粒土含量划分；细粒土按塑性图、所含粗粒类别以及有机质含量划分。

土的成分、级配、液限和特殊土等基本代号按如下规定使用：漂石、块石 (B)，卵石、碎石 (Cb)，砾、角砾 (G)，砂 (S)，粉土 (M)，黏土 (C)，细粒土 (黏土、粉土) (F)，混合土 (粗、细土) (SL)，有机质土 (O)，级配良好 (W)，级配不良 (P)，高液限 (H)，低液限 (L)。

土类的名称可用不同的代号表示，土的工程分类代号可以由 1～3 个基本代号构成。当用一个基本代号表示时，代号代表土的名称，如 C 代表黏土。当由两个基本代号构成时，第一个代号表示土的主成分；第二个代号表示副成分 (土的液限高低或土的级配好坏)，如 ML 表示低液限粉土、SW 表示级配良好的砂。当由三个代号构成时，第一个代号表示土的主成分；第二个代号表示土的副成分；第三个代号表示土中所含的次要成分，如 CHG 表示含砾高液黏土。

(1) 巨粒类土的分类

巨粒类土按粒组含量分为巨粒土、混合巨粒土和巨粒混合土三种类型。根据漂石含量与卵石含量的多少又将巨粒土分为漂石和卵石、混合巨粒土分为混合土漂石和混合土卵石、巨粒混合土分为漂石混合土和卵石混合土，具体划分标准见表 2-15，表中的巨粒指粒径 d>60mm 的颗粒。

当试样中巨粒组含量不大于 15%时，可扣除巨粒，按粗类土或细类土的相应规定进行分类；当巨粒土对土的总体性状有影响时，可将巨粒并入砾粒组进行分类。

表 2-15　　巨粒类土的分类

土类	粒组含量		代号	名称
巨粒土	巨粒含量＞75%	漂石含量＞卵石含量	B	漂石 (块石)
		漂石含量≤卵石含量	Cb	卵石 (碎石)
混合巨粒土	50%≤巨粒含量≤75%	漂石含量＞卵石含量	BS1	混合土漂石 (块石)
		漂石含量≤卵石含量	CbS1	混合土卵石 (碎石)
巨粒混合土	15%≤巨粒含量＜50%	漂石含量＞卵石含量	S1B	漂石 (块石) 混合土
		漂石含量≤卵石含量	S1Cb	卵石 (碎石) 混合土

注：巨粒混合土可根据所含粗粒或细粒的含量进行划分。

（2）粗粒土的分类

粗粒组（60mm≥粒径＞0.075mm）含量大于50%的土称为粗粒土，分为砾类土和砂类土两大类，砾粒组含量大于砂粒组含量的土称为砾类土，砾粒组含量不大于砂粒组含量的土称为砂类土。

根据粒组和细粒（粒径≤0.075mm）含量，砾（砂）类土又分为砾（砂）、含细粒土砾（砂）和细粒土质砾（砂）三种类型。其中，砾（砂）根据级配情况，又分为级配良好砾（砂）、级配不良砾（砂）。细粒土质砾（砂）根据粉粒含量，又分为黏土质砾（砂）和粉土质砾（砂），具体划分标准见表2-16和表2-17。

表2-16　砾类土的分类

土类	粒组含量		土代号	名称
砾	细粒含量＜5%	级配 $C_u \geq 5, C_c = 1 \sim 3$	GW	级配良好砾
		级配不同时满足上述要求	GP	级配不良砾
含细粒土砾	细粒含量5%～15%		GF	含细粒土砾
细粒土质砾	15%＜细粒含量≤50%	细粒组中粉粒含量≤50%	GC	黏土质砾
		细粒组中粉粒含量＞50%	GM	粉土质砾

表2-17　砂类土分类

土类	粒组含量		土代号	名称
砂	细粒含量＜5%	级配 $C_u \geq 5, C_c = 1 \sim 3$	SW	级配良好砂
		级配不同时满足上述要求	SP	级配不良砂
含细粒土砂	细粒含量5%～15%		SF	含细粒土砂
细粒土质砂	15%＜细粒含量≤50%	细粒组中粉粒含量≤50%	SC	黏土质砂
		细粒组中粉粒含量＞50%	SM	粉土质砂

（3）细粒土的分类

细粒组含量不小于50%的土为细粒类土，分为细粒土和含粗粒的细粒土两大类。粗粒组含量不大于25%的土称为细粒土；粗粒组含量大于25%且不大于50%的土称为含粗粒的细粒土。

细粒土根据塑性图进行分类，如图2-18所示，图中的液限 w_L 是用碟式液限仪测定的液限含水量或用质量76g、锥角30°的液限仪，锥尖入土深度17mm时的含水量。根据塑性指数，细粒土又分为黏土和粉土两类，黏土和粉土根据液限的大小，分为高液限黏土（粉土）和低液限黏土（粉土），见表2-18。

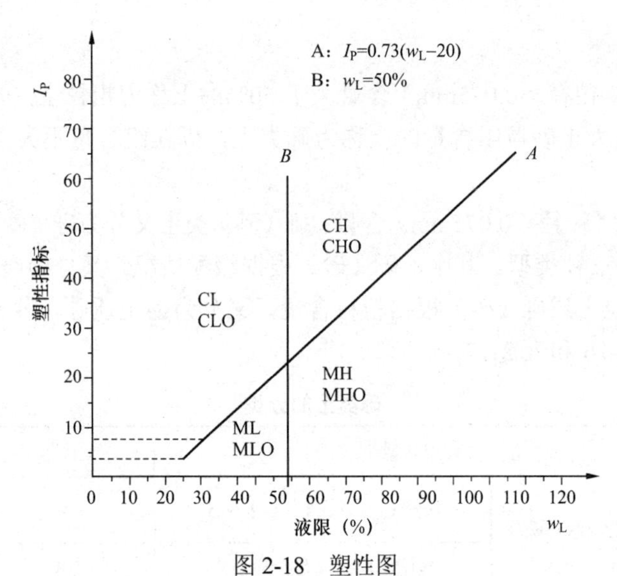

图 2-18 塑性图

注：图中的代号见表 2-18 与表 2-18 下面的文字。

表 2-18 细粒土的分类

土的塑性指标在塑性图 2-18 中的位置		代号	名称
塑性指数 I_p	液限 w_L		
$I_p \geqslant 0.73(w_L-20)$且$I_p \geqslant 7$	≥50%	CH	高液限黏土
	＜50%	CL	低液限黏土
$I_p < 0.73(w_L-20)$或$I_p < 4$	≥50%	MH	高液限粉土
	＜50%	ML	低液限粉土

注：黏土—粉土过渡区的土可按相邻土层的类别划分。

含粗粒的细粒土又分为含砾细粒土和含砂细粒土两大类。含砾细粒土和含砂细粒土还应根据所含细粒土的塑性指标在塑性图中的位置、液限及所含粗粒土类别，然后按表 2-18 进行分类，并按以下规则进行命名：当粗粒中的砾粒含量大于砂粒含量，称含砾细粒土，在细粒土代号后加代号 G，如含砾低液限黏土代号为 CLG；当粗粒中的砾粒含量不大于砂粒含量，称为含砂细粒土，在细粒土代号后加 S，如含砂高液限黏土的代号为 CHS。

有机质含量小于 10%且不小于 5%，有特殊气味、压缩性高的粉土和黏土称为有机质土；有机质含量大于等于 10%，有特殊气味、压缩性高的粉土和黏土称为有机土。有机质应根据细粒土的塑性指标在塑性图中的位置和液限，按表 2-18 进行分类，并在土名前加“有机质”，如高液限有机质粉土的代号为 MHO。

3. 《建筑地基基础设计规范》分类

《建筑地基基础设计规范》（GB 50007—2011）分类体系的主要特点是注重土天然结构特性和强度。因此，首先将土按沉积年代和地质成因进行划分，然后考虑对粗粒土按粒径级配划分，细粒土按塑性指数 I_p 进行划分。

（1）按沉积年代和地质成因划分

按沉积年代对土进行划分，见表 2-19。

表 2-19　按沉积年代对土进行划分

类别	形成年代	特性
老沉积土	第四纪晚更新世 Q_3 及以前	呈超固结状态、具有较高的强度
新沉积土	第四纪全新世近期	呈欠固结状态、强度相对较低

按地质成因可以分为：残积土、坡积土、洪积土、冲积土、湖积土、海积土、风积土和冰积土，详见本章第一节所述。

（2）按颗粒级配和塑性指数划分

1）碎石土。粒径大于 2mm 的颗粒含量超过全重 50%的土，称为碎石土，根据颗粒级配和颗粒形状，可将其分为漂石、块石、卵石、碎石、圆砾与角砾六类（表 2-20）。

表 2-20　碎石土分类（GB 50007—2011）

土的名称	颗粒形状	颗粒级配
漂石	圆形及亚圆形为主	粒径大于 200mm 的颗粒含量超过全重的 50%
块石	棱角为主	
卵石	圆形及亚圆形为主	粒径大于 20mm 的颗粒含量超过全重的 50%
碎石	棱角为主	
圆砾	圆形及亚圆形为主	粒径大于 2mm 的颗粒含量超过全重的 50%
角砾	棱角为主	

注：分类时根据颗粒级配由大到小，以最先符合者确定。

2）砂土。指粒径大于 2mm 的颗粒含量不超过全重的 50%，而粒径大于 0.075mm 的颗粒含量超过全重的 50%的土。根据颗粒级配可将其分为：砾砂、粗砂、中砂、细砂和粉砂（表 2-21）。

表 2-21　砂土分类（GB 50007—2011）

土的名称	颗粒级配
砾砂	粒径大于 2mm 的颗粒含量占全重的 25%～50%
粗砂	粒径大于 0.5mm 的颗粒含量超过全重的 50%
中砂	粒径大于 0.25mm 的颗粒含量超过全重的 50%
细砂	粒径大于 0.075mm 的颗粒含量超过全重的 85%
粉砂	粒径大于 0.075mm 的颗粒含量超过全重的 50%

注：分类时根据颗粒级配由大到小，以最先符合者确定。

3）粉土。指粒径大于0.075mm的颗粒含量小于50%而塑性指数$I_p \leqslant 10$的土。这类土既不具有砂土透水性大、容易排水固结、抗剪强度较高的优点，也不具有黏性土防水性能好、不易被水冲蚀流失、具有较大粘聚力的优点，因此将其单列一类，以便进行研究。一般根据地区规范，根据黏粒含量的多少，可将其进一步划分为砂质粉土与黏质粉土（表2-22）。

表2-22　　粉土按黏粒含量分类

土的名称	颗粒级配
砂质粉土	粒径小于0.005mm的颗粒含量不超过全重的10%
黏质粉土	粒径小于0.005mm的颗粒含量超过全重的10%

4）黏性土。指塑性指数$I_p>10$的土，其中$10<I_p \leqslant 17$的称为粉质黏土；$I_p>17$的称为黏土。

5）其他。此外，自然界中还分布着许多与一般土不一样性质的土，它们具有特殊的成分、状态、结构特征，称为特殊土。大体有黄土、膨胀土、多年冻土、红黏土、盐渍土、污染土等。它们的分类都有各自的规范，工程实际中可结合具体问题，选择相应规范。

延伸阅读

东方古城堡——福建永定土楼

福建土楼（图2-19）是东方文明的一颗明珠，它是我国古代人民自觉利用土性能的智慧结晶。它以历史悠久、种类繁多、规模宏大、结构奇巧、功能齐全、内涵丰富著称，被誉为“东方古城堡”、“世界建筑奇葩”、“世界上独一无二的、神话般的山区建筑模式”，于2008年初被评为世界文化遗产。

福建永定土楼无论是方楼还是圆楼，大多都在3层以上，最高的达6层，如永隆昌楼群、承启楼等。它们都是用生土夯筑成的高大民居建筑，为世所罕见。粗壮的石基，高大的土墙，配比适当的出檐瓦顶，加上楼中紧密相连的庞大木构架，让人备感震撼。

图2-19

原本松散的泥土夯筑出了整体性、坚固性极强的高厚土墙，经历几百年的风雨剥蚀，地震摇曳，仍巍然屹立，如日应楼、环极楼，那古朴、粗犷、雄奇之美一览无遗，见证了永定土楼建筑顽强的生命力。有的土楼因年久失修或遭遇灾祸，仅剩下断壁残垣，但其风骨仍不失沧桑之美，观之扣人心弦。

土楼的建设者们就近取材，利用山区的土、石、竹、木，建造出了一座座“建筑奇葩”。这些材料有的要在未开工前就备好，有的可以边施工边进料，主要有以下几种。

生土：夯墙的泥土一般用黏性黄土或田骨泥（农田熟土之下的土层），以田骨泥为佳。

石料：大墙石基一般用山石或河石砌成，无须加工。用小石块作石基的填料。石门框一般用青花岗石打造。石柱础一般用青花岗石打造成方柱形、圆柱形、鼓形。有的土楼底层干脆用石柱替代木柱。有些土楼的窗框也用石条，许多土楼的底层内外走廊檐边还镶了石板。

木料：大构件有梁、柱、桁、桷、梯等一般用杉木。地基不实的，还要准备大松木，用来打桩和作基础枕木。还有一些辅助性材料，如夯墙时埋入墙中的“门排”、“窗排”、“墙骨”等。房间装修时作间面、楼板、门、窗等的木料有枋材、板材，大都用杉木，也有用松木做楼梯和楼板的。

竹料：用作挑土上墙的畚箕，遮盖土墙的竹墙笪及埋入墙中的“拖骨”。还有以老竹头做竹钉，将其用砂炒微黄后钉桷板。

砖瓦：建楼者一般请来砖瓦师傅开窑烧制砖瓦。不同用途的砖瓦，其规格不一样。另有一种印制的泥砖，用来砌矮墙及楼内房间的隔墙，晒后阴干备用，无须煅烧。

石灰：有的土楼夯墙的泥土中掺入一定比例的砂和石灰，使墙体更加坚固且有防水性能。装修时也可用来粉刷墙壁，铺盖地板。

本章复习要点

掌握：土的粒径组成；粒径分析；粒径级配曲线的绘制及应用；土三相指标的意义及相互换算；土的物理状态及相应指标。

理解：土的由来；粒径的分析法；不均匀系数；曲率系数；土的矿物成分及物理性质；土中水的形态及相应性质；土的工程分类。

复习题

1. 土是怎么形成的？为何说土是三相体系？
2. 土粒粒组的概念及划分标准是什么？
3. 什么是土的级配，土的级配曲线怎么绘制，为什么土的级配曲线要用半对数坐标？
4. 比较下列指标的异同：ρ与ρ_s；e与n；ρ与ρ_{sat}；ρ_d与ρ'。
5. 土的三相指标中，哪些指标可以直接测定？用何方法测得？
6. 地基土可分为几大类，各类土的划分标准是什么？
7. 某原状土样的密度为 1.77g/cm^3，含水量为 34%，土粒的相对密度为 2.71，试求该土样的饱和密度、有效密度和有效重度。
8. 某地基土的干重度 15.7kN/m^3，含水量为 9.43%，土粒的相对密度为 2.71。液限为 28.3%，塑限为 16.7%。试求：

   （1）土的孔隙比、孔隙率和饱和度；

   （2）该土的塑性指数、液性指数并定出该土的名称及状态。

第3章　土的渗透性及渗流

3.1　概述

土是一种由三相组成的多孔介质，其孔隙是相互联通的。饱和土中，土中孔隙被水充满，由于水的位置不同，存在着能量差异，水就会从能量高（水位高）的位置向能量低（水位低）的位置流动。水在土体孔隙中流动的现象称为渗流；土具有被水等液体透过的性质称为土的渗透性。非饱和土的渗透性与土的饱和度有很大的关系，问题复杂、工程实用性较小，本书将不作介绍。

土的渗透性与土的强度、变形特征是土力学中研究的几个主要力学性质，它们之间相互影响。水在土中孔隙里渗流，会导致土的应力状态、变形和强度变化 ，严重时将引起工程的渗透破坏，归纳起来，土的渗透性主要包括以下三个方面：

（1）渗流量问题

基坑开挖或施工围堰时的渗水量及排水量计算；土坝坝身、坝基及渠道的渗漏水量计算；水进的供水量计算等（图3-1）。

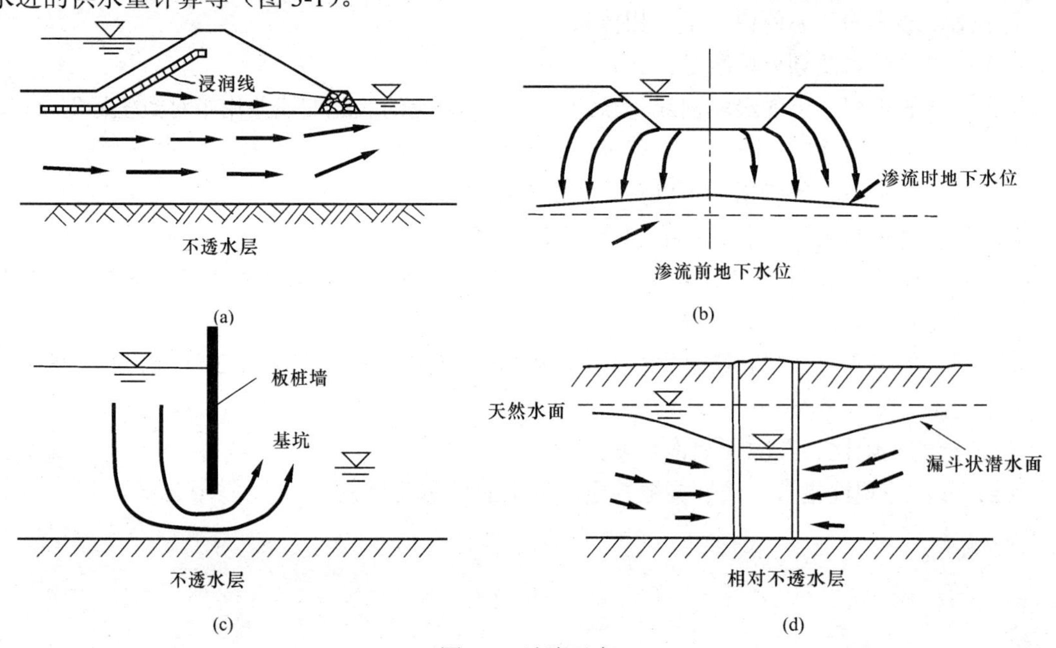

图3-1　渗流示意

（a）坝身及坝基中的渗流；（b）渠道渗流；（c）板桩围护下的基坑渗流；（d）水井渗流

（2）渗透破坏问题

水流经土体会对土颗粒和土体施加一定的作用力，这种力称为渗透力。当渗透力达到一定程度时，就会引起土颗粒或土体的移动，从而对建筑物和地基产生破坏。常见的有边坡坍塌、地面隆起、坝基失衡等现象。

（3）渗流控制问题

当渗流量或渗透变形超过一定量时，就要对工程采取相应的控制措施，以防对工程产生破坏。

综上所述，水在土中渗流不仅会引起基坑积水，影响工程进度及效益，还会引起土体变形，影响建筑物安全。因此，掌握土体的渗透规律，是土木工程师最基本的一个素质，本章将从渗透规律、二维渗流理论及流网应用、渗透破坏控制等几个方面进行阐述。

3.2　土的渗透规律

1. 渗流模型

土中孔隙的形状、大小分布极其复杂，因此水在土体孔隙中流动也很不规则，如图 3-2 所示。为了对问题进行简化研究，做如下简化：一是不考虑渗流路径的曲折性，只分析主流方向；二是不考虑土颗粒的影响，即认为孔隙和土粒所占的空间都被渗流所充满。为了使简化模型在渗流特性上与真实渗流情况大体一致，它还应符合以下几个条件：

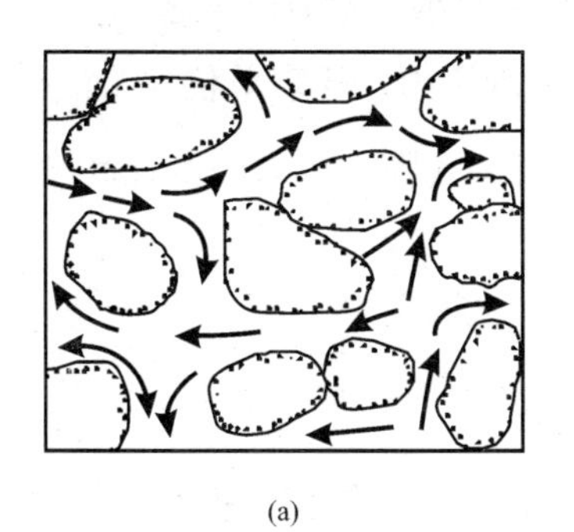

(a)

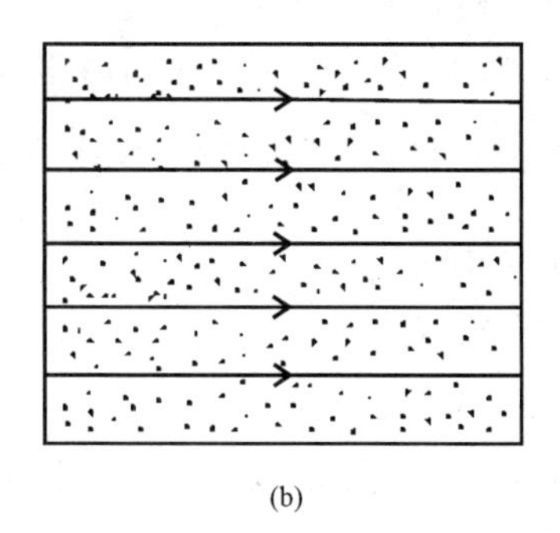

(b)

图 3-2　渗流模型

（a）水在孔隙中的运动轨迹；（b）理想化的渗流模型

（1）在同一过水断面上，渗流模型的流量与真实流量相等。

（2）在任一界面上，渗流模型的压力与真实渗流压力相等。

（3）在相同体积内，渗流模型所受的阻力与真实渗流阻力相等。

根据以上渗流模型，运用流体运动的有关概念和理念对土体渗流问题进行分析。假设过水断面面积为 A（m^2），通过该断面的渗流流量为 Q（m^3/s），则可得该断面的平均流速 v（m/s）。

$$v = \frac{Q}{A}$$

真实渗流仅发生于相应断面 A 所包含的孔隙面积 A' 内，因此真实的渗流速度为 v_0 （m/s）。

$$v_0 = \frac{Q}{A'} \tag{3-1}$$

因此

$$v/v_0 = \frac{A'}{A} = n \tag{3-2}$$

式中 n——孔隙率。

实际中 $n<1.0$，所以一定有 $v<v_0$，但由于真实流度很难测定，因此，工程实际中仍然采取平均流速，本书中若未作特别说明，所提及流速均指平均流速。

2. 渗流基本概念

从水力学中可知，水在土中渗流是由水头差或水力梯度（hydraulic gradient）引起的，根据伯努利（D.Bernoulli）方程，渗流中一点的总水头 h，由位置水头 z，压力水头 $\frac{u}{\gamma_w}$ 和流速水头 $\frac{v^2}{2g}$ 组成，即：

$$h = z + \frac{u}{\gamma_w} + \frac{v^2}{2g} \tag{3-3}$$

式中 h——某点的水头。

z——该点相对于基准面的高度，代表单位重量液体所具有的位能。

u——该点的水压力，在土力学中称为孔隙水压力，代表单位重量液体所具有的压力势能。将它们除以水表观密度 γ_w 就得到孔隙水压力的水柱高度，因此，$\frac{u}{\gamma_w}$ 称为压力水头。

v——该点渗流流速。

g——是重力加速度。

$\frac{v^2}{2g}$——代表单位重量液体所具有的动能，因此，$\frac{v^2}{2g}$ 称为流速水头。

实际中，水在土中渗流的速度非常小，因此流速水头 $\frac{v^2}{2g}$ 引起的水头可忽略不计，所以上式又可写成：

$$h = z + \frac{u}{\gamma_w} \tag{3-4}$$

将图 3-3 中的 A、B 两点的测管水头连接起来，得到测管水头线（又称为水力坡降线）。可得 A、B 两点的水头差为：

$$\Delta h = h_A - h_B = \left(\frac{u}{\gamma_w} + z_A\right) - \left(\frac{u}{\gamma_w} + z_B\right) \tag{3-5}$$

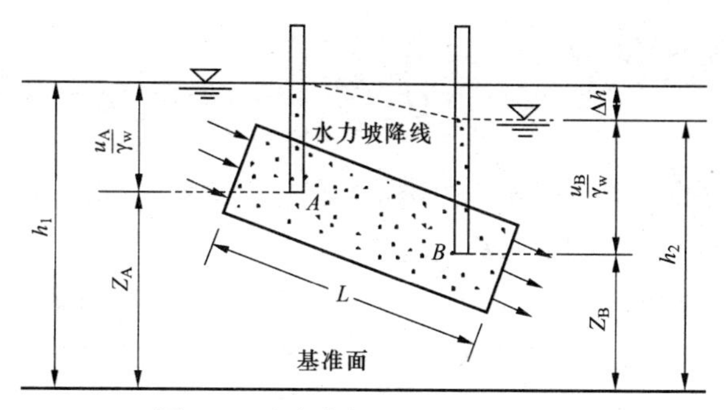

图 3-3　渗流中的位置、压力和总水头

并定义水力梯度为 i，其表达式如下：

$$i = \frac{\Delta h}{L} \tag{3-6}$$

L 是 A、B 两点间的渗流途径，也就是使水头损失 Δh 的渗流长度。因此，水力梯度 i 的物理意义就是单位渗流长度上的水头损失。

3. 土的层流渗透规律——达西定律

土体中的孔隙一般都非常微小且很曲折，水在土中流动的黏滞阻力较大，因此，水在土体孔隙中流动速度很小，属于层流状态，即相邻两分子运动的轨迹相互平行而不混流。

法国工程师达西利用图 3-4 所示的试验装置，得出了层流条件下，土中水渗流速度与能量（水头）间的渗流规律，即达西定律。

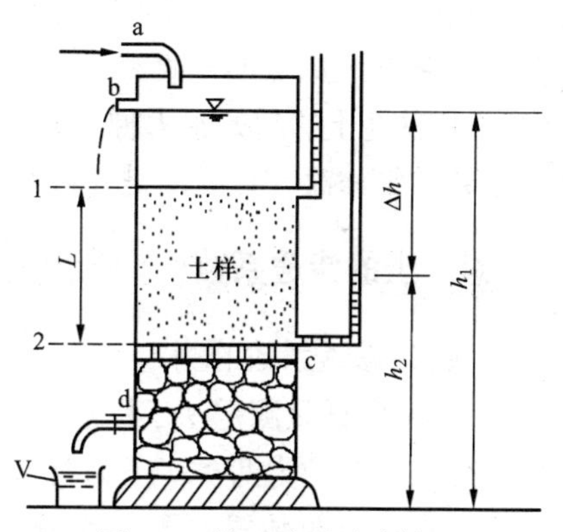

图 3-4　达西渗透试验装置

达西试验装置的主要部分是一个上端开口的直立圆筒，下部放碎石，碎石上放一多孔滤板 c，滤板上面放置颗粒均匀的土样，其断面面积为 A，长度为 L。直筒的侧壁安装两支测压管，分别设置在土样两端的 1、2 过水断面处。水由上端进入管 a 流入圆筒，并以溢水管 b 保持筒内恒定水位。透过土样的水从装有控制阀门 d 的弯管流入容器 V 中。

当筒的上部水面保持恒定后，通过砂土样的渗流就是恒定流，测压管中的水面恒定不定。现即装置底面 O-O 为基准面，h_1、h_2 分别为 1、2 断面处的测管水头，Δh 即为渗流流经 L 长度土样后的水头损失。

达西采用不同尺寸的圆筒和不同类型及长度的土样进行试验，发现单位时间内的渗出水量 Q 与圆筒断面面积 A 和水力梯度 i 成正比，即与土的透水性质有关，即

$$Q \propto A \times \frac{\Delta h}{L}$$

写成等式则为

$$Q = kAi$$

根据前面所述可求出渗流的平均速度 v

$$v=\frac{Q}{A}=ki \tag{3-7}$$

上式中的 k 是一重要的参数，反映土的透水性的比例系数，称为渗透系数。它相当于水力梯度 $i=1$ 时的渗流速度，其量纲与渗流速度相同。

达西定律只适用于层流状态的渗流中，故一般只用于中砂、细砂、粉砂等，而对于粗砂、砾石、卵石等粗颗粒就不适合，因为在粗颗粒水的渗流速度较大，已不再是层流而是紊流了。

在黏性土中，土颗粒周围存在着结合水，结合水受到分子作用而呈现出黏滞性。因此，只有当水力梯度超过一定数值，克服了黏滞阻力后才能发生渗流。将这一开始发生渗透时的水力梯度，称为黏性土的起始水力梯度 i_0。一些资料表明，当水力梯度超过初始水力梯度后，渗流速度与水力梯度的规律还偏离达西定律而呈非线性关系，如图 3-5 所示的Ⅱ虚线所示，但实践中常用近似的实线Ⅲ来取代，以便于计算，其表达式如下：

$$v=k\left(i-i_{\mathrm{b}}\right) \tag{3-8}$$

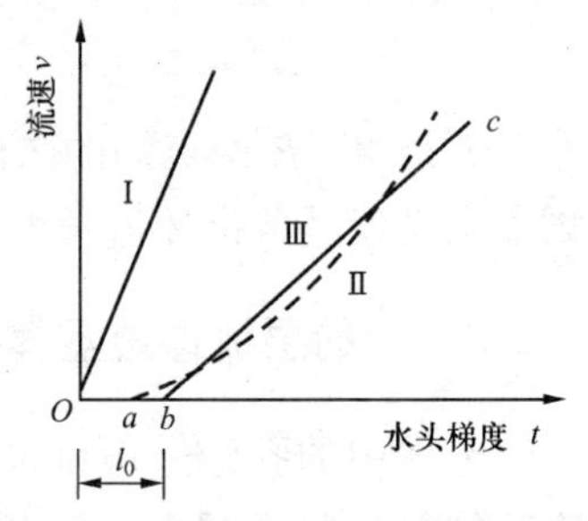

图 3-5　砂土与黏土的渗透规律

图 3-5 绘出了砂土与黏性土的渗透规律。直线Ⅰ是砂土 $v-i$ 关系，它是过原点的一直线。曲线Ⅱ是黏性土的 $v-i$ 关系，其中 a 是黏性土的起始水力梯度，当水力梯度超过起始水头梯度后才会发生渗流。直线Ⅲ是一般简化的黏性土 $v-i$ 关系，即认为 b 是起始水力梯度 i_{b}。

4. 土的渗透系数

（1）渗透系数的测定

1）室内试验测定法。目前，试验室内测定渗透系数 k 的装置与方法很多，但从试验原理上划分，可归纳为两类：一为常水头试验；二为变水头试验。

常水头试验装置如图 3-6 所示，试验过程中水头为一常数。试验开始时，水自上而下流经土样，等渗流稳定后，测得时间 t 内流经土样的流量为 Q，同时读出 a、b 两点的水头差 ΔH。

$$Q=qt=kiAt=k\frac{\Delta h}{L}At$$

可得土样的渗透系数

$$k=\frac{QL}{\Delta hAt} \tag{3-9}$$

变水头试验装置如图 3-7 所示，试验过程中水头差一直在随时间而变化。试验筒上设计贮水管，贮水管截面面积为 a，在试验过程中，贮水管的水头不断减小。若试验开始时，贮水管水头为 h_1，经过时间 t 后降为 h_2。令在时间 $\mathrm{d}t$ 内水头变化量为 $-\mathrm{d}h$，则在 $\mathrm{d}t$ 时间内通过土样的流量 $\mathrm{d}q$ 为

$$\mathrm{d}q=-a\mathrm{d}h$$

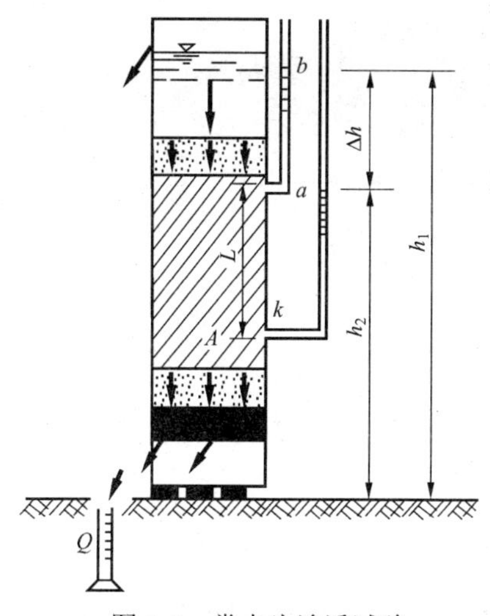

图 3-6　常水头渗透试验

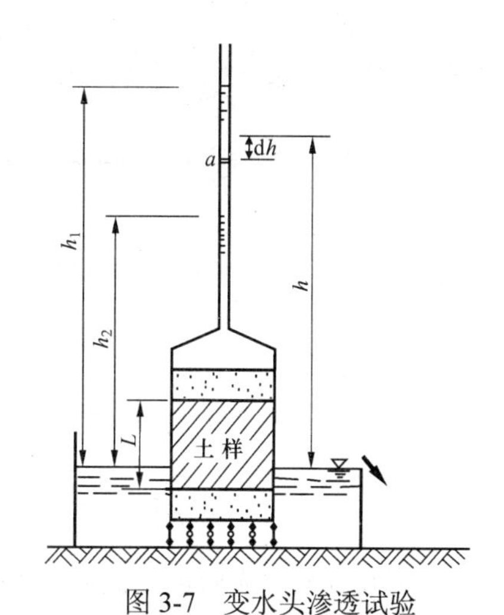

图 3-7　变水头渗透试验

又有

$$dq = q dt = kiA dt = k\frac{\Delta h}{L}A dt$$

$$-a dh = k\frac{\Delta h}{L}A dt$$

$$dt = -\frac{aL}{kA}\frac{dh}{\Delta h}$$

对上式两边进行积分

$$\int_0^t dt = -\frac{aL}{kA}\int_{\Delta h_1}^{\Delta h_2}\frac{dh}{\Delta h}$$

$$t = \frac{aL}{kA}\ln\frac{\Delta h_1}{\Delta h_2}$$

因此，可得土的渗透系数为

$$k = \frac{aL}{At}\ln\frac{\Delta h_1}{\Delta h_2} \tag{3-10}$$

由于土的渗透性与土的结构有着很大的关系，因此试验室测得的都是经过外界因素扰动过的重塑土的渗透系数，它与工程实际有着一定的偏差。因此，有必要对某些工程进行现场渗透系数 k 的测定。

2）现场测定法。现场测定法采用的有现场井孔抽水试验或井孔注水试验，对于均质的粗粒土层，一般采用现场抽水试验测得的渗透系数 k 。

如图 3-8 所示为现场抽水试验示意。首先在现场钻一中心抽水井，该井贯穿要测定 k 的砂土层，并在距抽水井中心不同距离处设置一个或两个观测孔；然后，自井中以不变的速率连续进行抽水，井周围的地下水位逐渐下降，形成一个以井孔为轴心的降落漏斗。当地下水进入抽水井量与抽水量相近时，测定出抽水井与观测井的稳定水位，并画出测压管水位变化图形。测管水头差形成的水力梯度，使水流向抽水井内。

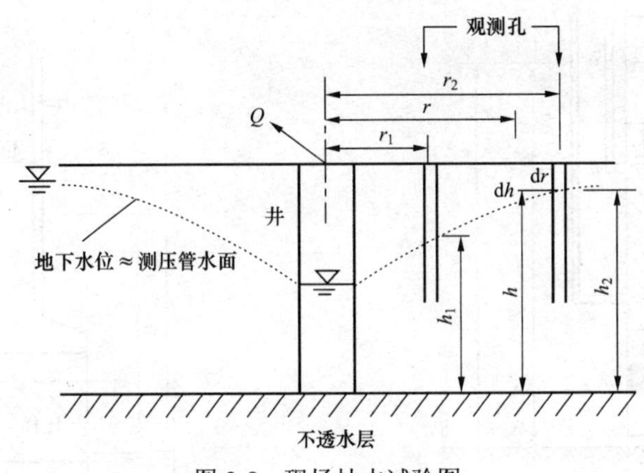

图 3-8　现场抽水试验图

假定水流是水平流向，则流向水井的渗流过水断面是一系列同心的圆柱面。待出水量和井中动水位稳定一段时间后，测得抽水量为Q，观测孔距抽水井轴线的距离分别为r_1、r_2，孔内水位高度为h_1、h_2，通过达西定律即可求得土层的平均k值。

现围绕井轴取一过水断面，该断面距井中心距离为r，水面高度为h，则过水断面面积为

$$A = 2\pi rh$$

假设该过水断面上各处水力坡降为常数，且等于地下水位线该处的坡度，则

$$i = \frac{\mathrm{d}h}{\mathrm{d}r}$$

根据达西定律单位时间内的抽水量为

$$Q = Aki = 2\pi rhk\frac{\mathrm{d}h}{\mathrm{d}r} \tag{3-11}$$

即

$$Q\frac{\mathrm{d}r}{r} = 2\pi kh\mathrm{d}h$$

对上式两端进行积分，得

$$Q\int_{r_1}^{r_2}\frac{\mathrm{d}r}{r} = 2\pi k\int_{h_1}^{h_2} h\mathrm{d}h$$

得

$$Q\ln\frac{r_2}{r_1} = \pi k\left(h_2^2 - h_1^2\right)$$

因此，土的平均渗透系数为

$$k = \frac{Q}{\pi}\frac{\ln\left(r_2/r_1\right)}{\left(h_1^{\ 2} - h_2^{\ 2}\right)} \tag{3-12}$$

（2）层状地基的等效渗透系数

工程实际中的沉积土大多由渗透系数不同的几层土组成，具有非均质性。为了简化问题，常常把几个土层等效为在厚度上与原各土层相等，渗透系数为等效渗透系数的单一土层。但

要注意，等效渗透系数的大小与水流方向有关，因此可按水平渗流与竖直渗流分别进行考虑。

1）水平渗流。考虑水平渗流时，其简图如图 3-9（a）所示，此时，各土层的水力梯度相同，总的流量等于各土层流量之和，总截面等于各土层截面之和。这种平行于各层面的水平渗流有以下几个特点：

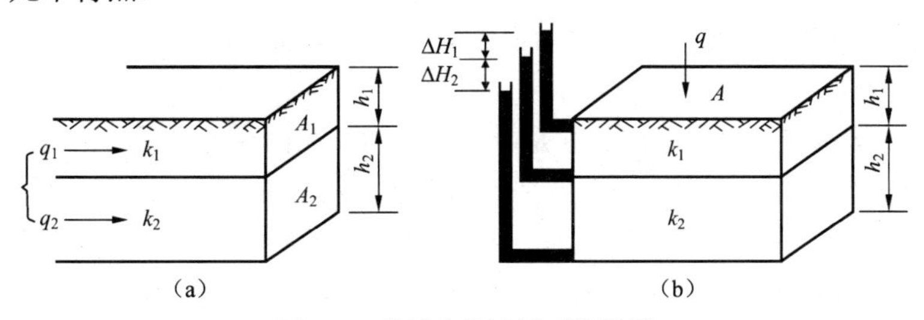

图 3-9　成层土的渗透系数计算

a. 等效土层的平均水力梯度 i 与各土层的水力梯度相同：$i = i_1 = i_2 = \dfrac{\Delta h}{L}$

b. 等效土层的总渗流量等于各土层渗流量之和：$Q = q_1 + q_2$

c. 根据达西定律，可得：

$$k_h AI = k_1 A_1 i_1 + k_2 A_2 i_2$$

因此，可得土层水平向的平均渗透系数

$$k_h = \frac{k_1 h_1 + k_2 h_2}{h_1 + h_2} = \frac{\sum k_i h_i}{\sum h_i} \tag{3-13}$$

2）竖直渗流。考虑竖直渗流时其简图如图 3-9（b）所示，则总水头损失等于各土层水头损失之和。这种垂直于各层面的竖直渗流有以下几个特点：

a. 流经各土层的流量与流经等效土层的流量相等：$Q = q_1 = q_2$

b. 流经等效土层的总水头损失等于各土层水头损失之和：$\Delta h = \Delta h_1 + \Delta h_2$

因此，可得土层竖向平均渗透系数

$$\begin{aligned} k_V &= \frac{Q}{Ai} = \frac{Q}{A} \times \frac{H}{\Delta h} = \frac{Q}{A} \times \frac{(h_1 + h_2)}{(\Delta h_1 + \Delta h_2)} \\ &= \frac{Q}{A} \times \frac{(h_1 + h_2)}{\left(\dfrac{q_1 h_1}{A_1 k_1}\right) + \left(\dfrac{q_2 h_2}{A_2 k_2}\right)} = \frac{h_1 + h_2}{\dfrac{h_1}{k_1} + \dfrac{h_2}{k_2}} = \frac{\sum h}{\sum \dfrac{h_i}{k_i}} \end{aligned} \tag{3-14}$$

综上所述，平行于层面的等效渗透系数 k_h 是各土层渗透系数按厚度的加权平均值；垂直平层面的等效渗透系数 k_V 则是渗透系数小的土层起主要作用。在实际工程问题中要注意渗透水流的方向，选择正确的等效系数。

5. 渗透系数的影响因素

渗透系数 k 是表示水在土孔隙中运动的难易程度，因此必然受到土的物理特征、矿物组成及水的性质的综合影响。归纳起来，影响土体渗透系数的主要因素有土的粒径大小及颗粒级配、矿物成分、结构构造，渗透水的性质等。

（1）土的粒径大小及颗粒级配。水流过土体孔隙的难易程度必然与土中孔隙的大小及单位体积土体中孔隙的含量（孔隙率）有关。土中孔隙的大小及孔隙率受颗粒大小、形状及级配情况的影响，土颗粒越粗、越浑圆、越均匀，渗透性就越大。

（2）土的矿物成分。特别是对于黏性土，由于颗粒表面的表面力起着重要的作用，当黏性土中含有亲水性的黏土矿物成分（如蒙脱石）或有机质时，它们具有很大的膨胀性，会很大程度上降低土的渗透性。

（3）土的结构构造。天然土层往往是各向异性的，在微观上絮凝结构的黏性土，其渗透系数比分散结构的大。在宏观上成层土及扁平黏性土，水平方向的渗透系数远大于垂直方向。

（4）渗透水的性质。渗透水的性质主要是通过影响水的流速而影响渗透系数。温度升高时，水的动力黏度减小，水的流速增大，于是，渗透系数也随之增大。因此，《土工试验规程》中规定，以10℃作为标准温度进行渗透系数的测定。

常见土的渗透系数范围见表3-1。

表3-1　　常见土的渗透系数范围

土的类型	渗透系数范围 k（cm/s）
砾石、粗砂	$a\times10^{-1}\sim a\times10^{-2}$
中砂	$a\times10^{-2}\sim a\times10^{-3}$
细砂、粉砂	$a\times10^{-3}\sim a\times10^{-4}$
粉土	$a\times10^{-4}\sim a\times10^{-6}$
粉质黏土	$a\times10^{-6}\sim a\times10^{-7}$
黏土	$a\times10^{-7}\sim a\times10^{-10}$

3.3　二维渗流与流网

前面阐述的都属于简单的一维渗流情况，运用达西定律就能进行渗流计算。但工程实际问题中遇到的渗流问题都是二维或三维渗流。如堤坝地基和坝体中的渗流，如图3-10所示，此时土介质中各点渗流特性各不相同，渗流路径也非直线，不能视为一维渗流，而是一个复杂的渗流场，常用微分方程来表达，按边界条件求解。

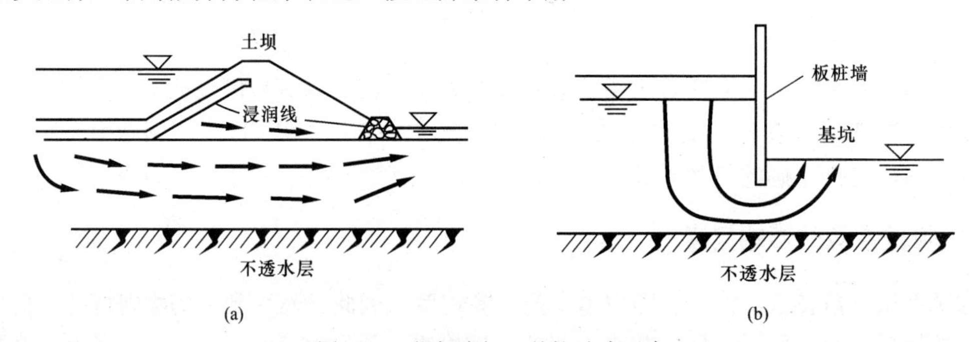

图3-10　堤坝水闸、基坑渗流示意

（a）水库堤坝地基渗漏；（b）基坑渗流

1. 平面渗流方程

稳定渗流是指在渗流场中水头及流速等渗流要素不随时间改变的一种特殊渗流。这是我们进行二维渗流分析的一个最基本的假定条件。

现从稳定渗流场中任意点 A 取一微元体，面积为 dxdz，厚度 dy=1，在 x 和 z 方向各有流速 v_x、v_z 如图 3-11 所示。

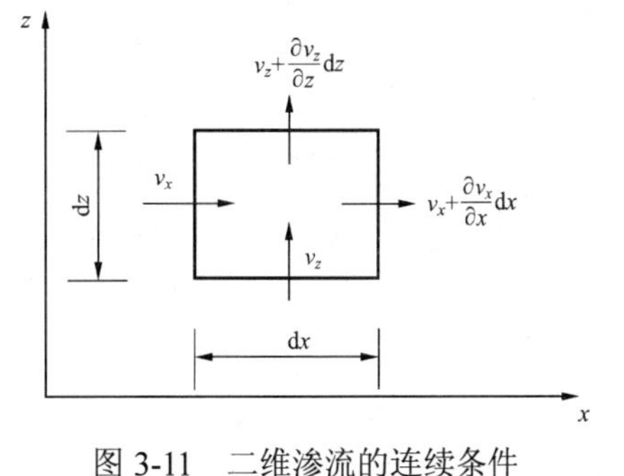

图 3-11　二维渗流的连续条件

单位时间内流入这个微元体的渗水量为 $\mathrm{d}q_{\mathrm{e}}$，则：

$$\mathrm{d}q_{\mathrm{e}} = v_x \mathrm{d}z \times 1 + v_z \mathrm{d}x \times 1$$

单位时间内流出这个微元体的渗水量为 $\mathrm{d}q_0$

$$\mathrm{d}q_0 = \left(v_x + \frac{\partial v_x}{\partial x}\mathrm{d}x\right)\mathrm{d}z \times 1 + \left(v_z + \frac{\partial v_z}{\partial z}\mathrm{d}z\right)\mathrm{d}x \times 1$$

假定水体不可压缩，则根据水流连续原理，单位时间内渗入和渗出微元体的水量应相等，即 $\mathrm{d}q_{\mathrm{e}} = \mathrm{d}q_0$

可得

$$\frac{\partial v_x}{\partial x} + \frac{\partial v_z}{\partial z} = 0 \tag{3-15}$$

式（3-15）即为二维渗流连续方程。

根据达西定律，对于各向异性土：

$$v_x = k_x i_x = k_x \frac{\partial h}{\partial x} \tag{3-16}$$

$$v_z = k_z i_z = k_z \frac{\partial h}{\partial z} \tag{3-17}$$

式中　k_x、k_z——x 和 z 方向的渗透系数；

　　　h——测压管水头。

将式（3-16）和式（3-17）代入式（3-15）可得

$$k_x \frac{\partial^2 h}{\partial x^2} + k_z \frac{\partial^2 h}{\partial z^2} = 0 \tag{3-18}$$

对于各向同性的土，$k_x = k_z$ 则上式可以写成

$$\frac{\partial^2 h}{\partial x^2} + \frac{\partial^2 h}{\partial z^2} = 0 \tag{3-19}$$

式（3-19）即为著名的拉普拉斯方程，也是平面渗流的基本方程，通过求解一定的边界条件下的拉普拉斯方程，即可求出该条件下的渗流场。

拉普拉斯方程的求解可采用数学解析法、近似数值计算法（差分或有限元）、电模拟试验法和图绘流网法等。除简单的边界条件外，数学解析法不易求解，因此，实际中多用数学近似求解法或图绘流网法。后者比较简便，快捷，在工程中实用性强，但精度稍差。

2. 流网的特征、绘制及应用

从拉普拉斯方程中可知，渗流场内任一点水头是其坐标的函数，知道了水头分布，即可确定渗流场的特征。

（1）流网的特征

流网是由流线和等势线组成的曲线正交网格。在稳定渗流场中，流线表示水质点的流动路线，流线上任一点的切线方向就是流速矢量方向。等势线是渗流场中势能或水头的等值线。

对于各向同性渗流介质，由水力学规律可知，流网具有以下特征：

1）流线与等势线相互正交。

2）流线与等势线构成的各个网格的长宽比为常数，当长宽比为 1 时，网格为曲线正方形，这是最常见的一种流网。

3）相邻两等势线间的水头损失相等。

4）相邻两流线间的水流通道称为流槽，流网上各个流槽的流量相等。

由此可知，在流网中等势线越密的部位，水力梯度越大；流线越密的部位，流速越大。

（2）流网的绘制

绘制出的流网不仅要满足流网的基本特征，还要满足流场的边界条件，以保证解的唯一性。下面以图 3-12 为例，说明流网绘制的基本步骤。

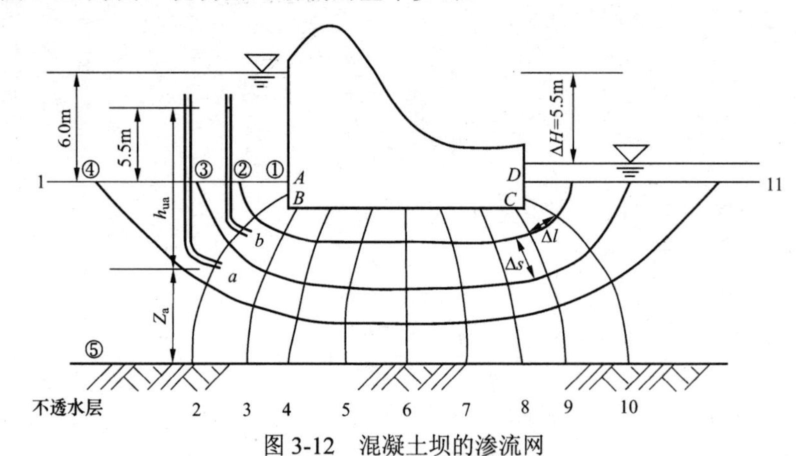

图 3-12　混凝土坝的渗流网

1）首先根据渗流场的边界条件，确定边界流线和边界等势线。图中的渗流是有压渗流，因而坝基轮廓线 *A-B-C-D* 是第一条流线；其次，不透水层面 *O-O* 也是一条边界流线。上游透水地基表面 1-*A* 和下游透水地基 *D*-11 都是两条等势线。

2）根据边界条件趋势大致画出几条流线②、③、④，彼此不能相交，且在两端均要与上下游的透水地基表面（等势线）正交。

3）从坝体中央向两侧画等势线，图 3-12 中先画出中线 6，依次绘制两侧等势线，注意每根等势线要与流线正交，并绘制成弯曲正方形。

4）反复修改调整，直到大体满足流网的基本特征。但是要注意到，由于边界形状的不规则，在边界处很难画成正方形，这主要是由于绘制流线与等势线根数有限所造成。只要做到网格的平均长度和宽度大致相等，一般就可以满足工程计算要求。

（3）流网的应用

根据流网，可以直观地获得渗流特性的总体轮廓，并可定量求得渗流场中各点的水头、水力起降、渗流速度和渗流量。以图 3-12 为例讲述以下几个量的计算。

1）测管水头。

任意两相邻等势线间的势能差相等，即水头损失 Δh 相等。

$$\Delta h=\frac{\Delta H}{N}=\frac{\Delta H}{n-1} \tag{3-20}$$

式中　ΔH——上下游水位差，即水从上游渗到下游的总水头损失；

N——等势线间隔数；

n——等势线数。

2）孔隙水压力。

一点的孔隙水压力等于该项点以上测压管中的水柱高度 h_u 乘以水的容重 γ_w，因此，a 点的孔隙水压力为

$$u_a=h_{ua}\gamma_w \tag{3-21}$$

注意，图中 a、b 两点虽然在同一等势线上，虽然两者测管水头高度相同，但两者的孔隙水压力却不同，$u_a \neq u_b$。

3）水力梯度。

流网中任意网格的平均水力梯度 $i=\frac{\Delta h}{\Delta l}$，$\Delta l$ 为网格处流线的平均长度，因此，流网中网格越密 Δl 越小，水力梯度就越大。因此，图 3-12 中 CD 段的水力梯度最大，常是地基渗透稳定的控制梯度。

4）渗流流速。

求出水力梯度 i 后，根据达西定律 $v=ki$，可得渗流速度，其方向为流线的切线方向。

5）渗透流量。

每个流槽的单宽渗流流量 Δq，且是相等的。

$$\Delta q=v\Delta A=ki\times\Delta s\times 1.0=k\times\frac{\Delta h}{\Delta l}\times\Delta s$$

当网格是正方形时，$\Delta q=k\Delta h$

由于 $\Delta h=\frac{\Delta H}{N}$ 为常数，因此 Δq 也是常数。

通过坝下渗流区的总单宽流量

$$q=\sum\Delta q=M\Delta q=Mk\Delta h \tag{3-22}$$

式中　M——流网中的流槽数，数值上等于流线数减 1。

因此，通过坝底的总渗流流量是

$$Q = qL \tag{3-23}$$

式中 L——坝基长度。

例题 3-1 图 3-13 为一板桩打入透水层后形成的流网。已知透水土层深 18m，渗透系数 $k = 5\times10^{-4}\text{mm/s}$，板桩打入土层表面以下 9.0m，板桩前后水深如图 3-13 所示。试求：

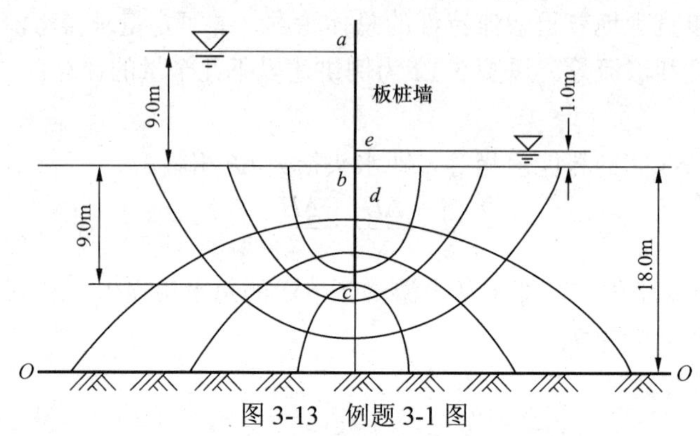

图 3-13 例题 3-1 图

（1）图中所示 a、b、c、d、e 点的孔隙压力（$\gamma_w = 9.8\text{kN/m}^3$）；

（2）地基的单宽渗流量。

解：（1）根据图中的流网可知，每一等势线间隔的水头降落 $\Delta h = \dfrac{9-1}{8} = 1.0(\text{m})$。计算 a、b、c、d、e 点的孔隙水压力见表 3-2。

表 3-2 **各点孔隙水压力**

位置	位置水头 z（m）	测管水头 h（m）	压力水头 h_u（m）	孔隙水压力 u（kN/m²）
a	27	27	0	0
b	18	27	9.0	88.2
c	9	23	14.0	137.2
d	18	19	1.0	9.8
e	19	19	0	0

（2）地基单宽渗流量：

根据公式，$q = \sum \Delta q = M\Delta q = Mk\Delta h$

题中 $M = 4$，$\Delta h = 1.0\text{m}$，$k = 5\times10^{-4}\text{mm/s} = 5\times10^{-7}\text{m/s}$

则 $q = 4\times1\times5\times10^{-7} = 20\times10^{-7}(\text{m}^3/\text{s})$

3.4 工程中的渗透破坏

水在土体中渗流会引起土体内部应力状态的改变，常会引起土体及建筑物的渗透破坏。渗透破坏可归结为两类：一是由于渗流力作用，使土体颗粒流失或土体局部移动，导致土体变形甚至失稳，主要表现为流砂或管涌现象；二是由于渗流作用，使水压力或浮力发生变化，导致土体或结构物失稳。主要表现为岸坡滑动或挡土墙等构造物的整体失稳。

1. 渗流力

如图 3-14 所示，为一定水头试验装置，土样长度为 L，面积 A=1，土样的两端各安装一测压管，其测管水头相对于基准面 O-O 的高度分别为 h_1 和 h_2。当 $h_1 = h_2$ 时，土中水处于静止状态，无渗流发生。若将左侧的联通贮水器缓慢向上提升，使 $h_1 > h_2$，则由于水头差的存在，土体中将产生向上的渗流。水流经土样损失的能量即为 Δh，此能量损失是由于土粒对水的阻力造成的。根据作用力与反作用力原理，渗流过程中水必然对每个土颗粒有推动、摩擦和拖拽的作用。为研究方便，定义单位土体内土颗粒所受的渗流作用力为渗透力，用 j 表示。

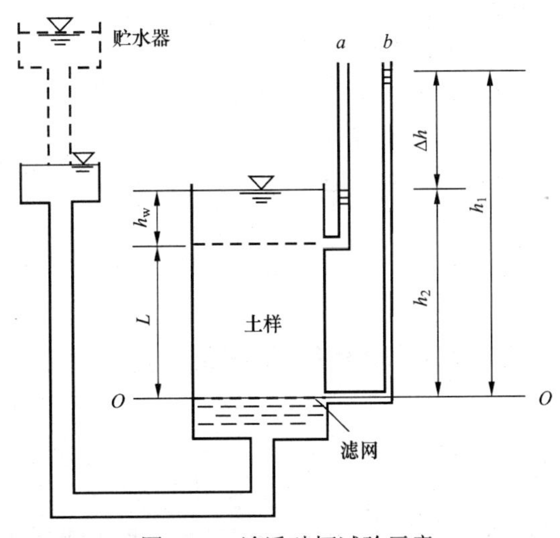

图 3-14　渗透破坏试验示意

现假设土骨架与水分开来取隔离体，如图 3-15 所示，土骨架浸没于水中，土颗粒受到浮力作用，其值等于排开同体积的水重，故计算时采用浮表观密度 γ'。此外，土颗粒还受到渗透力作用，因此，作用在土柱内土骨架上的作用力有：

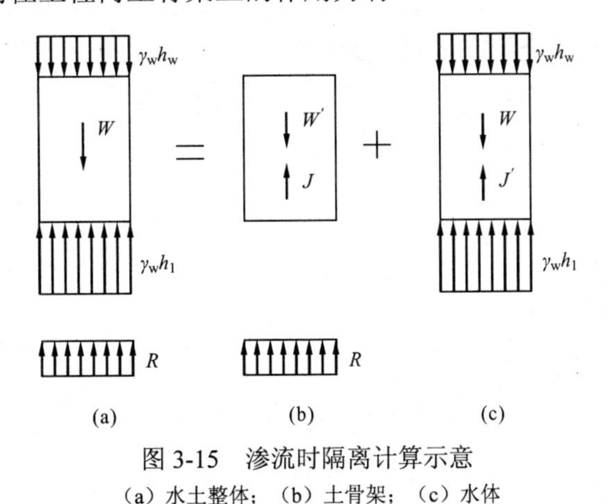

图 3-15　渗流时隔离计算示意

（a）水土整体；（b）土骨架；（c）水体

（1）土粒有效重度 $W' = \gamma' l$。

（2）渗透力 $J = jL$，方向竖直向上。

（3）下部支承反力 R。

作用在土柱孔隙水中隔离体的作用力有：

（1）孔隙水重量和土粒浮力的反力之和，后者等于与土颗粒同体积的水重，即：

$$W_{w} = V_{v}\gamma_{w} + V_{s}\gamma_{w} = V\gamma_{w}$$

（2）水柱上下两端面的边界水压力 $\gamma_{w}h_{w}$ 和 $\gamma_{w}h_{1}$。

（3）土柱内土粒对水流的阻力，其大小和渗透力相等，方向相反。若单位土体内土粒给水流的阻力为 j'，则总阻力 $J' = j'L = J$，方向竖直向下。

显然以上土柱与水柱隔离体的效果是一样的，现考虑水体隔离体［图 3-15（c）］的平衡条件，可得：

$$\gamma_{w}h_{w} + W_{w} + J' = \gamma_{w}h_{1} \tag{3-24}$$

即

$$\gamma_{w}h_{w} + L\gamma_{w} + J' = \gamma_{w}h_{1} \tag{3-25}$$

$$j' = \frac{\gamma_{w}\left(h_{1} - h_{w} - L\right)}{L} = \frac{\gamma_{w}\Delta h}{L} = \gamma_{w}i \tag{3-26}$$

因此，渗透力为：

$$j = j' = \gamma_{w}i \tag{3-27}$$

从式（3-27）可以看出渗透力是一种体积力，量纲与 γ_{w} 相同。其大小与水力梯度成正比，方向与渗透方向一致。

2. 渗透破坏的类型

土工建筑及地基由于渗流作用而出现的变形或破坏，称为渗透变形或渗透破坏。土的渗透变形主要有流土、管涌、接触流土和接触冲刷四种，但对单一土层而言，渗透变形主要有流土和管涌两种基本形式。

（1）流土

流土是指在渗流过程中，土体中某一范围内的颗粒同时发生移动而流失的现象。只要水力梯度达到一定的大小，任何类型的土都会发生流土破坏。使土开始发生流土现象的水力称为临界水力梯度，用 i_{cr} 表示。显然，渗流力 $\gamma_{w}i$ 等于土的浮重度 γ' 时，土处于流土的临界状态。

由 $\gamma_{w}i_{cr} = \gamma'$，得

$$i_{cr} = \frac{\gamma'}{\gamma_{w}} \tag{3-28}$$

由于土的浮表观密度可以为 $\gamma' = \dfrac{(G_{s} - 1)\gamma_{w}}{1 + e}$

因此，式（3-28）又可写成：

$$i_{cr} = \frac{G_{s} - 1}{1 + e} \tag{3-29}$$

流土破坏一般发生于堤坝下游渗出处或基坑开挖渗流出口处，常见的有以下两种：

1）如图 3-16 所示的堤坝，建于双层地基之上。表层为透水性较小且厚度较薄的黏土层，

下卧层为渗透性较大的无黏性土层。当渗流通过双层地基时，水头主要损失在上游水流渗入和下游水流渗出薄黏性土层的过程中。因此下游溢出处的水力梯度较大，下游坝脚处就会出现土表面隆起，砂粒涌出，整体土体被渗透水流抬起而破坏。

2）若地基为均匀的砂层，砂土的均匀系数 $C_u < 10$。当水位差较大且渗透路径较短时，下游渗流溢出处就会有 $i > i_{cr}$。这时，地表就会出现小泉眼、冒气泡，继而土粒群向上举起，发生浮动、跳跃，成为砂沸。

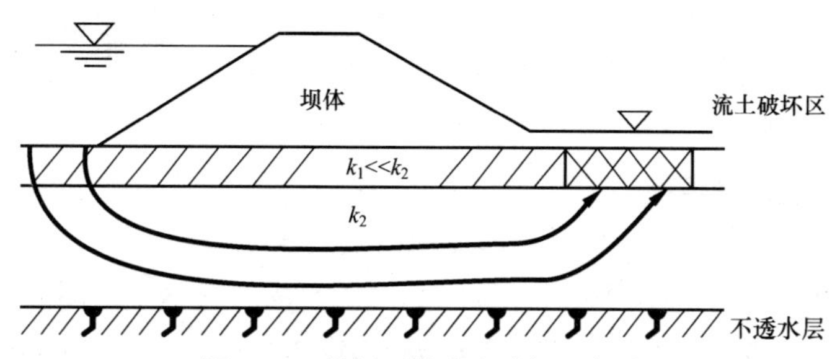

图 3-16　堤坝下游流土破坏示意图

在实际应用中，只要用流网求出渗流溢出处的水力梯度 i，再用式（3-28）或式（3-29）求出临界水力梯度 i_{cr}，即可根据下列条件，判断是否能发生流土。

若 $i < i_{cr}$，土体处于稳定状态。

$i = i_{cr}$，土体处于临界状态。

$i > i_{cr}$，土体发生流土破坏。

流土造成的地基破坏在工程上是绝不允许的，因此，设计时要保证一定的安全度，把溢出水力梯度控制在允许的范围内，即：

$$i \leqslant [i] = \frac{i_{cr}}{F_s} \tag{3-30}$$

式中　F_s——安全系数，一般取 $F_s = 1.5 \sim 2.0$。

（2）管涌

管涌是指在渗流作用下，土中颗粒在粗颗粒形成的孔隙中移动的现象。随着土颗粒的移动，土的孔隙不断扩大，渗透流速不断增加，较粗的颗粒也相继被水带走，最终在土体中形成贯通的渗流管道。因此，管涌破坏是一个随时间发展的过程，是一种渐近性质的破坏。这种现象既可在渗流溢出处也可在土体内部，主要发生于缺少中间粒径的砂砾石土中。

土是否发生管涌，首先取决于土的性质。管涌多发生在砂性土中，其特征是颗粒大小差别较大，往往缺少某种粒径，孔隙直径较大且相互连通。无黏性土发生管涌必须具备以下两个条件：

1）几何条件。土中粗颗粒所构成的孔隙直径必须大于细颗粒的直径，这是管涌发生的必要条件。一般均匀系数 $C_u > 10$ 的土才会发生管涌。

2）水力条件。渗透力大于土颗粒对土颗粒的阻力，就会使细颗粒在孔隙间滚动或移动而发生管涌破坏。可用管涌的水力梯度来表示，但目前对管涌水力梯度的计算尚未成熟，国内外学者提出了许多计算方法，但差异性较大。对于一些重要的工程，应尽量采用渗透破坏试验来确定。

3. 渗透破坏的控制

根据渗透变形破坏的原因分为流土破坏的控制措施和管涌破坏的控制措施。

（1）流土破坏的控制措施

1）减小水头差。通过采取基坑外的井点降水法降低地下水位。

2）增长渗透路径。常用打板桩，上游做水平防渗铺盖或做垂直混凝土防渗墙。

3）平衡渗透力。在下游渗流出口处地表用透水材料覆盖压重平衡渗透力，以防止土体被渗透力所悬浮。

4）土层加固。常用冻结法、注浆法处理。

（2）管涌破坏的控制措施

1）改变水力条件。降低土层内部和渗流溢出处的渗透起降，如打板柱或做防渗铺盖。

2）改变几何条件。在渗流溢出部位铺设层间关系满足要求的反滤层，是防止管涌破坏的有效措施。反滤层一般是1～3层级配较为均匀的砂子和砾石层，以保护基土不让细颗粒带出，同时应具有较大的渗透性，使渗流通畅。

延伸阅读

蒂顿坝的溃决

蒂顿水库位于爱达荷州（Idaho State）的弗里蒙特县境内，是一个设计库容近4亿多立方米的大型水库，工程主要用于灌溉兼发电和供水效益。枢纽工程包括分区填筑的土坝，最大坝高93m，3孔的溢洪道位于右坝肩，左岸为一条隧道，电厂和抽水站位于左坝肩。

大坝为一厚心墙土坝，坝顶轴线全长950m，上游坡为1:2.5，下游坡为1:2.0，最大坝底宽度约520m。土坝与基岩间采用齿槽连接防渗，基岩中用灌浆帷幕防渗，如图3-17所示。

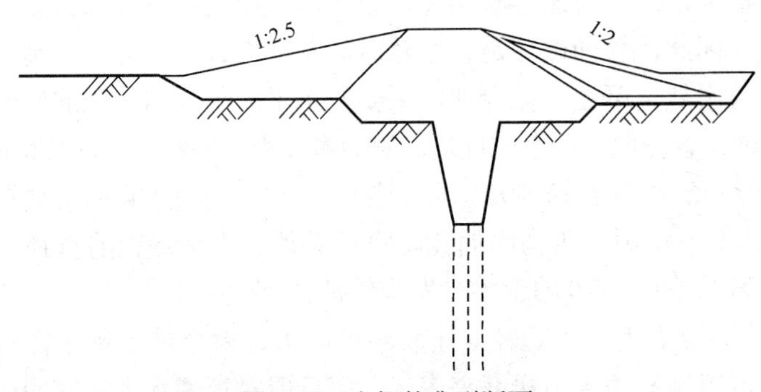

图3-17　土坝的典型断面

1976年6月5日7: 30，有人发现土坝的下游局部有浑水渗漏，形成泥泞，但现场技术人员不认为存在危险；9: 30 在右坝肩附近的坝体下游面渗漏水流带出坝体土料，呈现明显的湿亮点。这时，工作人员调来4台推土机在右坝肩的渗漏溢出点进行推土封堵，但是毫无效果。10: 30 警察局发出了警报，组织下游可能被淹没地区的居民疏散。11: 00 右岸坝面出现多处旋涡，随后右岸大约 1/3 的坝体被冲走，巨大的水墙扑面而来，冲向下游峡谷。到傍晚，3.7 亿多立方米的水完全泄空（图 3-18）。据统计，约 2.5 万人和 60 万亩土地受灾，32km 铁路被毁，总经济损失高达 20 亿美元。

（a）　（b）

（a）　（b）

图 3-18　大坝溃决过程

（a）下游坝面出现渗水并带出泥土；（b）洞口不断扩大，泥水流量增加；
（c）洞口扩大加速，泥水对坝基冲蚀更剧烈；（d）坝坡坍塌，泥水狂泻

事故调查与原因分析主要两个专家组完成，即内务部审查组和独立委员会，分析认为事故的原因主要有以下几个方面：

（1）灌浆帷幕：只设单层的帷幕是严重的设计缺陷，不能达到有效防渗目的，在坝体与基岩表面结合处岩石裂隙没有被灌浆处理，灌浆帷幕的盖板处发现有渗漏发生。

（2）大坝土方施工：防渗心墙的土粒属于粉土类，有一定的分散性，抗冲蚀性差；土料有的局部坝料没有压实，层间存在反坡和坡度突变，形成锯齿状的接缝；由于土料含水率不符合要求，施工时就采用一层干土盖一层湿土上的做法，在现场不可能使它们有效混合，土料压实不好。其结果可能造成填筑体和心墙不均匀沉降和开裂。

（3）截水齿槽：齿槽处基岩松散，有明显的裂缝但是浆没有灌进去；齿槽内填土质量

不好，齿槽填土与基岩壁间的结合缝成为渗漏的薄弱环节。

（4）没有设置任何观测设备，下游如果有孔隙水压力监测装置，就会及时发现险情。

（5）初次蓄水速度过快，没有加以限制。

最主要的是加固防渗灌浆帷幕不足和存在缺陷，齿槽内和齿槽与基岩间的结合薄弱导致齿槽中的渗漏、水力劈裂、管涌、渗漏的水流冲蚀齿槽和坝体防渗区，最后导致坝体溃决。

本章复习要点

掌握：达西定律；渗透系数的测定方法；渗透系数的影响因素；渗透变形的种类、判断及控制；渗透力的性质；土中水对工程的影响。

理解：流网的特征、绘制及应用。

复习题

1．为什么室内渗透试验与现场测试得出的渗透系数有着较大的区别？

2．地下渗流为什么会产生水头损失？

3．流土与管涌有什么区别与联系？

4．如图 3-19 所示，在渗透装置中砂Ⅰ的渗透系数为 $k_1=2\times10^{-1}\text{cm/s}$，砂Ⅱ的参透系数 $k_2=1\times10^{-1}\text{cm/s}$，砂样的断面积 $A=200\text{cm}^2$，试求：

（1）若在砂Ⅰ和砂Ⅱ的分界面处安装一测压管，则测压管中水面将上升至右端水面以上多高处？

（2）砂Ⅰ和砂Ⅱ界面处的单位渗水量 q 多大？

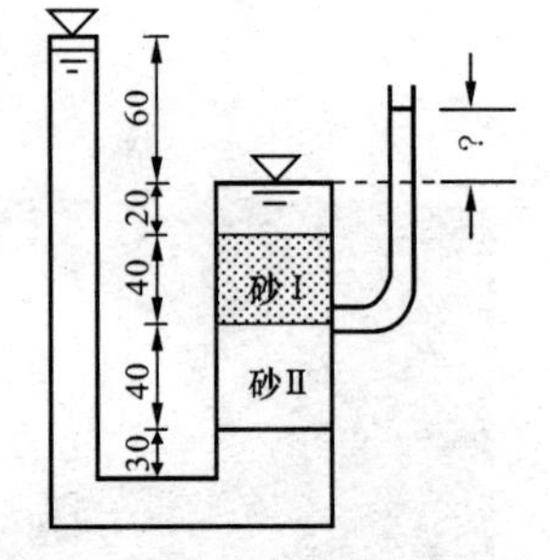

图 3-19　复习题 4 图(单位 cm)

5．某一砂样试样高 15cm，直径 5.5cm，在常水头渗透试样仪中进行试验，在静水头高位 40cm 下经过历时 6.0s，流过水量重为 400g，试求在试验湿度 20℃下试样的渗透系数。

第 4 章　土的应力

4.1　概述

土体在自重及外力（建筑荷载、交通荷载、地下水渗流及地震）作用下，均可产生应力。土应力的作用，将会引起土体或地基产生变形，使建筑物发生沉降、倾斜及位移。当土应力引起的变形过大时，就会导致土体的强度破坏，或者土体发生整体破坏而失稳，影响土工建筑物的正常使用，有时甚至造成工程事故。因此，在研究土的变形、强度及稳定性时，都必须掌握土中原有应力状态及其变化规律。

（1）土的应力按其起因，可以分为自重应力与附加应力，自重应力由于土体自身重量引起，附加应力由土自重以外的荷载所引起。

土的自重应力又可分成两种：一种是成土年代长久，土体在自重作用下已完成了压缩变形，这种自重应力不会产生土体或地基的变形；另一种是成土年代不久，如新近沉积土（第四纪全新世纪近期沉积的土）、近期人工填土（路堤、土坝等），土体在自身重力作用下尚未完成压缩变形，因而仍将产生土体或地基变形。

土的附加应力是地基产生变形的主要原因，也是导致地基土强度破坏和失稳的重要因素。

（2）土中应力按土骨架和土中孔隙的承担作用，可分为有效应力和孔隙应力。土中某点的有效应力与孔隙压力之和，称为总应力。

有效应力是指土粒所传递的粒间应力，它是控制土的体积（变形）和强度两者变化的土中应力。

土中孔隙应力是指土中水和土中气所传递的应力，它们传递的力分别称为孔隙水压力与孔隙气压力。在计算土体或地基变形及土的抗剪强度时，都必须应用土的有效应力。

土是由自然历史的产物，具有分散性、多相性等特点，这就使得土的应力-应变关系变得非常复杂，这在高等土力学的本构关系中有进行详细的阐述。目前，在计算土中应力时主要采用弹性力学解法，即把土看成线弹性体，假设土体为连续、完全弹性、均质和各向同性的介质。尽管这种假定与真实土体存在较大的差异，但在一定条件下，并结合工程实践，按此假设得到的结果仍可满足实际需求。

土体的变形和强度不仅与受力有关，还与土的应力历史和应力路径有关。应力路径是指土中某点的应力变化过程在应力坐标图上的轨迹。本章主要介绍自重应力与附加应力的计算方法，以及反映土中应力特点的有效应力原理及土中应力变化的描述方法，即应力路径等内容。

4.2 土的自重应力

1. 均质土的自重应力

在计算土中自重应力时，将地基视为半无限弹性体来考虑，地面以下任一深度处竖向自重应力都是均匀无限分布的，地基中的自重应力状态属于侧限应力，其内部任一水平面与垂直面上，均只有正应力而无剪应力。自重应力是地基土体本身有效重量产生的，因此地下水位以上用自然表观密度，地下水位以下用浮表观密度。

（1）竖向自重应力

如果天然地面下土质均匀，土的天然重度为 $\gamma(\text{kN/m}^3)$，则在天然地面下任意深度 $z(\text{m})$ 处水平面上任一点的竖向自重应力 $\sigma(\text{kPa})$ 为作用于该点平面任一单位面积土柱体的自重 $\gamma z\times1$，如图 4-1 所示，计算表达式如下：

$$\sigma_{cz}=\gamma z \tag{4-1}$$

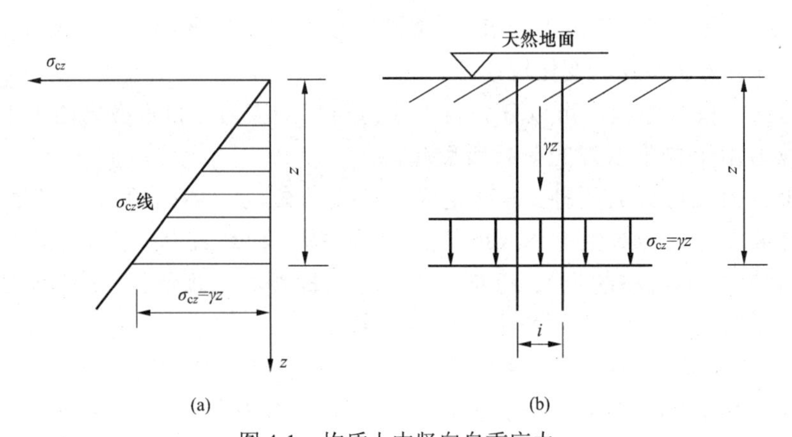

图 4-1　均质土中竖向自重应力

（a）自重应力沿深度分布；（b）自重应力计算单元示意

可知在均匀土质中 σ_{cz} 沿水平面均匀分布，且随深度 z 按直线规律分布。

（2）水平自重应力

地基中除任一点的侧向自重应力与竖向自重应力成正比关系，且剪应力 $\tau_{xy}=\tau_{yz}=\tau_{xz}=0$，因此地基中的水平自重应力 σ_{cx} 和 σ_{cy} 分别为

$$\sigma_{cx}=\sigma_{cz}=K_0\sigma_{cz} \tag{4-2}$$

上式中 K_0 为土的侧压力系数，它是侧限条件下土中水平有效应力与竖向有效应力之比。K_0 因土的种类、密度不同而异，可由试验确定。

2. 成层土的自重应力

实际工程的地基往往都是由不同性质的土层组成的，因而各层的表观密度等也不尽相同。

计算成层土的自重应力时就需进行分层处理，若有地下水时，地下水位面也应作为分层的界面。

如图 4-2 所示，地面下任意深度 z 范围向各土层的厚度为 h_1、h_2、…、h_i、…则任意深度 z 处的自重应力为

$$\sigma_{cz}=\gamma_1 h_1+\gamma_2 h_2+\cdots=\sum_{i=1}^{n}\gamma_i h_i \tag{4-3}$$

式中　n——成层土地基中的土层数。

γ_i——第 i 层土的表观密度；应特别注意在地下水位以上取天然表观密度 γ，地下水位以下取浮表观密度 γ'。

h_i——第 i 层土的厚度。

由式（4-3）可知，成层土的自重应力分布一般都是折线形的。

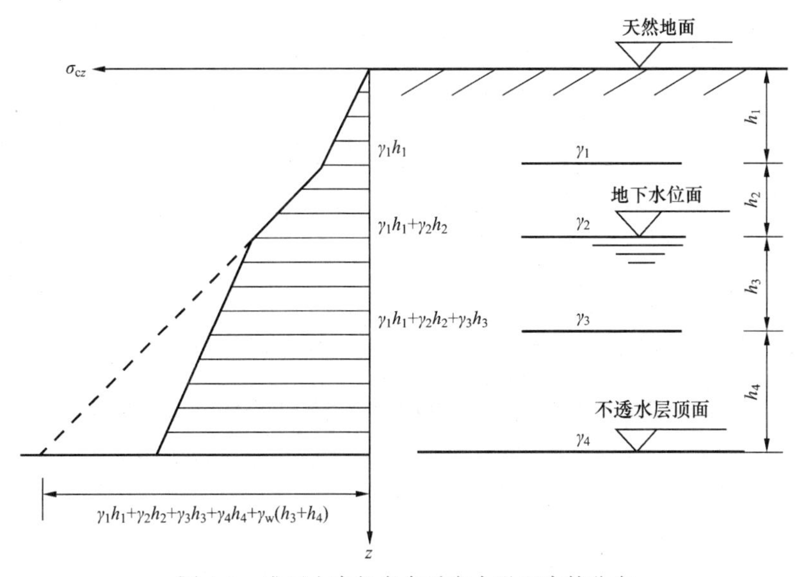

图 4-2　成层土中竖向自重应力沿深度的分布

3. 地下水位以下土的自重应力

如图 4-2 所示，若地下水位以下有不透水层（如岩层或只含结合水的坚硬黏土层），此时不透水层可视为不存在连续的透水通道，不能传递静水压力，因而其土颗粒不受水的浮力作用，上覆水土总压力只能依靠土颗粒承担。因此，计算不透水层顶面及以下自重应力时，上覆土层按水土总重计算。这样，上覆土层与不透水层交界面处的自重应力将发生突变。

此外，地下水位的变化，会使地基土中自重应力发生相应的变化。如软土地区，因大量抽取地下水，导致地下水位下降，就使地基中的有效自重应力增加，从而导致地面大面积的沉降，在实际工程中应该特别注意地下水位的影响，以免造成不必要的损失。

例题 4-1　某天然土层分布及相关物理性质指标如图 4-3 所示，试求土中自重应力并绘制 σ_{cz} 沿 z 方向的分布图。

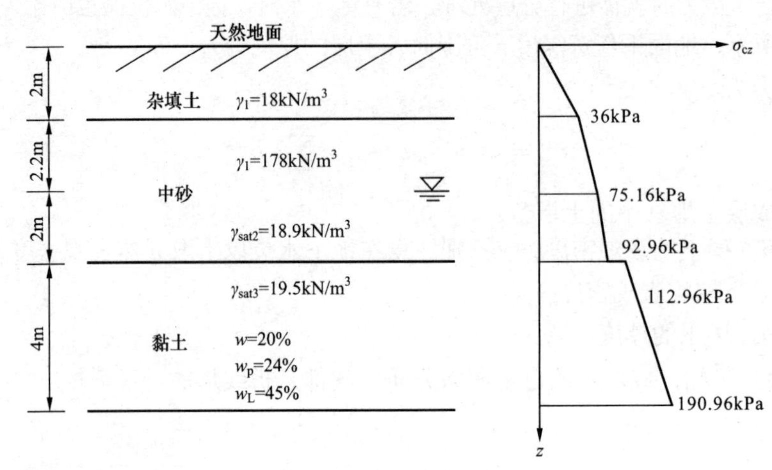

图 4-3　某土层分布图

解：$z=0$，$\sigma_{cz}=0$

$$z=2\text{，}\quad \sigma_{cz}=\gamma_1 z_1=18\times2=36(\text{kPa})$$

中砂层有部分在地下水位以下，必须考虑水浮力的影响，计算时要采用浮容重。

$$z=4.2\text{m}\text{，}\quad \sigma_{cz}=\sum_{i=1}^{n}\gamma_i z_i=18\times2+17.8\times2.2=75.16(\text{kPa})$$

$$\gamma_2'=\gamma_{\text{sat}2}-\gamma_{\text{w}}=18.9-10.0=8.9(\text{kN/m}^3)$$

$$z=6.2\text{m}\text{，}\quad \sigma_{cz}=\sum_{i=1}^{n}\gamma_i z_i=75.16+8.9\times2=92.96(\text{kPa})$$

第三层黏土，由于$w<w_{\text{p}}$、$I_{\text{L}}<0$，表明黏土处于坚硬状态，因此，可认为该土层不受水的浮力作用，该点在自重应力曲线存在突变现象。

黏土中的$z=6.2\text{m}$，$\sigma_{cz}=\sum_{i=1}^{n}\gamma_i z_i=92.96+10\times2=112.96(\text{kPa})$

$$z=10.2\text{m}\text{，}\quad \sigma_{cz}=\sum_{i=1}^{n}\gamma_i z_i=112.96+19.5\times4=190.96(\text{kPa})$$

根据以上计算数据，自重应力沿深度的分布如图 4-3 所示。

4.3　基底压力

1. 基底压力的分布

建筑物的荷载通过基础传递给地基，在基础底面与地基之间便产生了接触应力。它既是基础作用于地基的基底压力，同时也是地基反作用于基底的压力。地基附加应力的计算及基础结构的设计都必须研究基底压力的分布规律。基底压力的分布是上部结构（荷载大小及分布形式）、基础（尺寸大小、刚度、形状、埋深）、地基（土的性质）三者共同作用的结果。

下面将从基础刚度与地基土性质两个角度进行简要介绍。

（1）基础刚度的影响

荷载均匀分布的完全柔性基础（即抗弯刚度$EI=0$），像是放在地上的柔软橡皮板，可以完全变形的地基，基底压力的分布与作用在基础上的荷载分布完全一致。实际中并不存在完全柔性的基础，但是，在计算土坝（堤）的接触压力时，则视之为柔性基础，接触压力分布与土坝的外形轮廓相同，其大小等于各点以上的土柱重量，如图4-4所示。

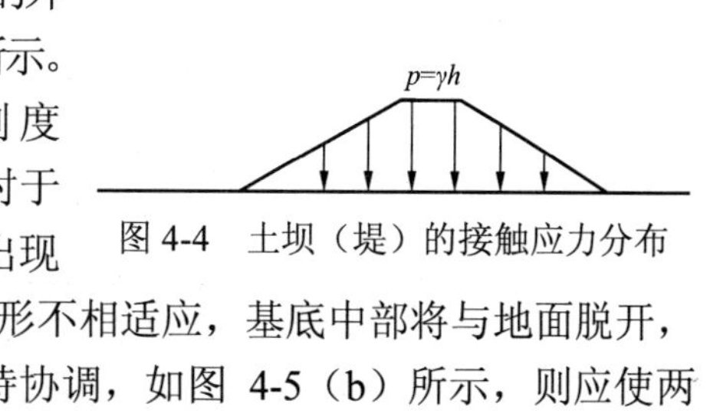

图4-4　土坝（堤）的接触应力分布

荷载均匀分布的完全刚性基础（即抗弯刚度$EI=\infty$），此时基础只能保持平面下沉而不能弯曲。对于地基而言，均匀分布的基底压力将产生不均匀沉降，出现如图4-5（a）中的虚线所示，导致基础变形与地基变形不相适应，基底中部将与地面脱开，出现“架越作用”。因此，为使基础与地基的变形保持协调，如图4-5（b）所示，则应使两端应力增大，中间应力减小，从而使地面保持均匀下沉，以适应绝对刚性基础的变形。如果地基是弹性体，基底压力分布出现两边大，中间小的马鞍状分布，如图4-5（c）所示。

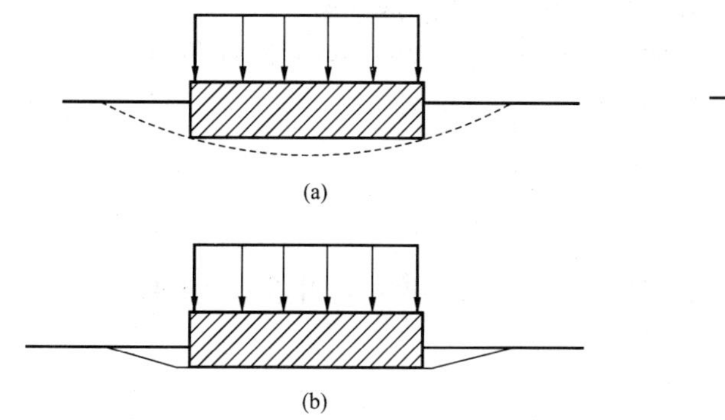

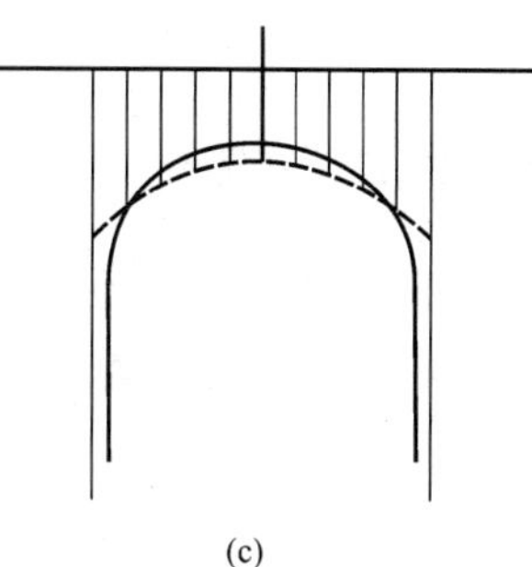

图4-5　刚性基础的基底压力分布

（2）地基土性质的影响

图4-6为一圆形刚性基础分别置于砂土和硬黏性土上所测得的基底压力分布图形。若将基础置于砂土表面，四周无超载，则基础边缘的砂粒很容易朝侧向挤出，而其应承担的压力转移至基底中间部位，于是就形成了抛物线形状的基底应力分布，如图4-6（a）所示。

若将基础置于砂土表面，但其四周作用有较大的超载（相当于基础有埋深），则基础边缘的砂粒较难挤出，此时基底中心和边缘反力大小差别比前都要小很多，其分布如图4-6（b）所示。

若将基础置于硬黏土上，由于硬黏土有着较大的内聚力，侧向土粒不易发生挤出，测得的基底压力分布图呈现出中间小，边缘大的马鞍形。若基础四周无超载，则形如图4-6（c）所示，若基础四周有超载，则形如图4-6（d）所示。

从以上分析可知，基底压力分布形式是十分复杂的，但由于基底压力都是作用在地表附近。根据弹性理论中的圣维南原理可知，在基础底面一定深度处所引起的附加应力与基底荷载的分布形态无关，只与合力的大小及其作用点位置有关。因此，目前地基计算中，都采用简化方法，即假定基底压力按基线分布的材料力学方法。

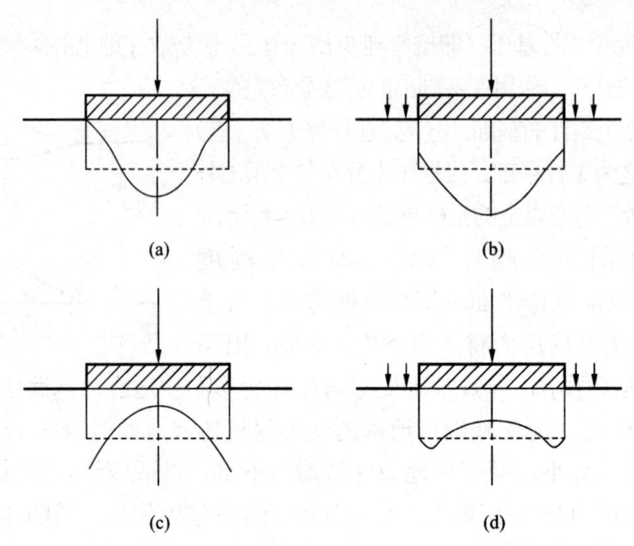

图 4-6　圆形刚性基础模型基底面反力分布图

（a）砂土上无超载；（b）砂土上有超载；（c）硬黏土上无超载；（d）硬黏土上有超载

2. 基底压力的计算简化

（1）中心荷载作用

荷载作用于基底形心时，基底应力分布如图 4-7（a）所示，并按式（4-4）计算：

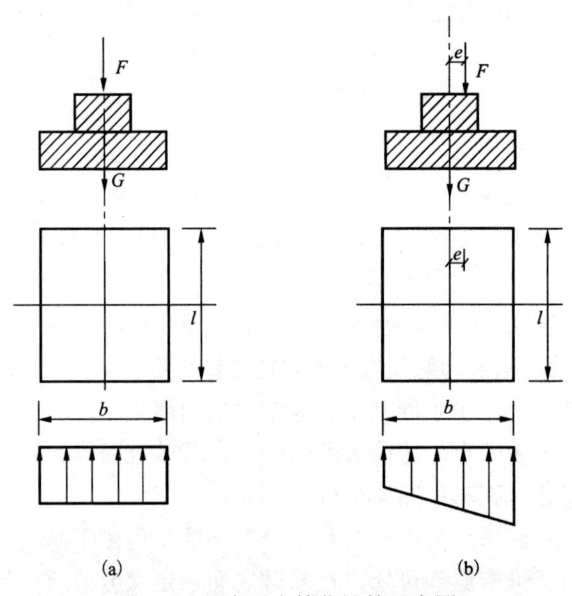

图 4-7　基底压力简化计算示意图

（a）中心荷载作用下；（b）偏心荷载作用下

$$p=\frac{F+G}{A} \tag{4-4}$$

式中　F——作用在基础上的竖向力（kN）；

G——基础及其上回填土的总重力（kN）；

A——基底底面面积（m^2），$A=bl$，b 和 l 分别为矩形基底的宽度和长度。

对于荷载均匀分布的条形，则沿长度方向截取一单位长度 1m 的截条进行基底平均压力计算，表达式如下：

$$p=\frac{F+G}{b} \tag{4-5}$$

式中　F、G——基础截条内的相应值（kN/m）。

（2）偏心荷载作用

对于单向偏心荷载下的矩形基础，如图 4-7（b）所示，基底压力 p 可按材料力学中的偏心受压公式计算：

$$\left.\begin{matrix}p_{\max}\\p_{\min}\end{matrix}\right\}=\frac{F+G}{A}\pm\frac{M}{W} \tag{4-6}$$

式中　F、G、A 的意义同式（4-4）；

M——作用于基础底面的力矩（kN・m），对于矩形基础 $W=\frac{1}{6}b^2l$，b 为荷载偏心方向的基础长度，l 为基础宽度。

将荷载的偏心矩 $e=\frac{M}{F+G}$ 代入式（4-6）得：

$$\left.\begin{matrix}p_{\max}\\p_{\min}\end{matrix}\right\}=\frac{F+G}{bl}\left(1\pm\frac{6e}{b}\right) \tag{4-7}$$

根据上式，荷载偏心矩 e 不同，基底压力的分布可能会出现以下三种情形：

1）当 $e<\frac{b}{6}$ 时，$p_{\min}>0$，基底压力呈梯形分布，如图 4-8（a）所示；

2）当 $e=\frac{b}{6}$ 时，$p_{\min}=0$，基底压力呈三角形分布，如图 4-8（b）所示；

3）当 $e>\frac{b}{6}$ 时，$p_{\min}<0$，表明偏心荷载远端的基底边缘压应力为负值，即为应力，如图 4-8（c）所示。

由于基底与地基之间不能承受拉力，基底与地基会局部脱开，使基底压力重新分布。设重分布后基底压力分布宽度为 b'，如图 4-8（d）所示，基底压力最大值为 $p'_{\max}$，则总的基底压力为 $\frac{1}{2}p'_{\max}b'l$，其合力作用点在距边缘 $\frac{1}{3}b'$，荷载 $F+G$ 距边缘的距离为 $\frac{b}{2}-e$。根据偏心荷载与基底反力相平衡的条件，$F+G$ 应通过三角形反力分布图的形心，因此有 $\frac{b'}{3}=\frac{b}{2}-e$。

再根据竖向荷载的平衡，可得：

$$F+G=\frac{1}{2}P'_{\max}3l\left(\frac{b}{2}-e\right) \tag{4-8}$$

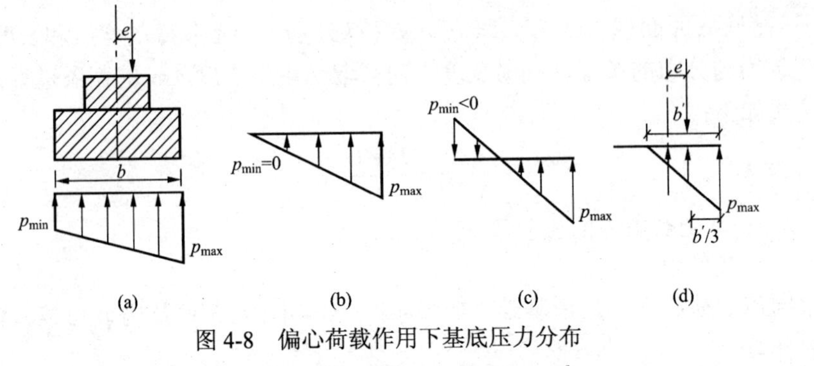

图 4-8　偏心荷载作用下基底压力分布

（a）$e<\frac{b}{6}$；（b）$e=\frac{b}{6}$；（c）、（d）$e>\frac{b}{6}$

即

$$p'_{\max}=\frac{2(F+G)}{3l\left(\frac{b}{2}-e\right)} \tag{4-9}$$

如图 4-9 所示，矩形基础在双向偏心荷载作用下，若基底最小压力 $p_{\min}>0$，则矩形基底边缘四个角点处的压力 p_a、p_b、p_c、p_d 分别为

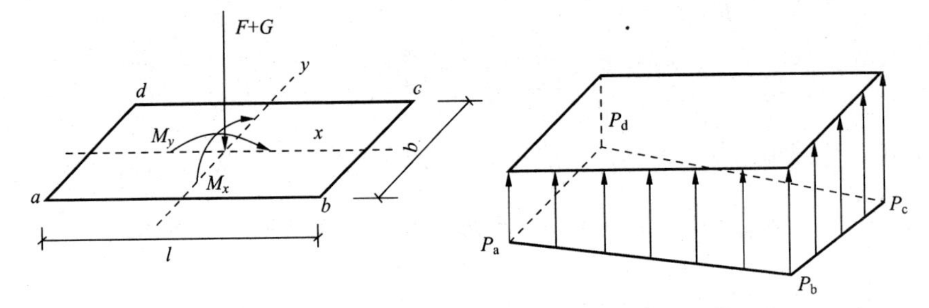

图 4-9　矩形基础在双向偏心荷载作用下基底压力分布

$$\begin{cases} p_a=\dfrac{F+G}{bl}-\dfrac{M_x}{W_x}-\dfrac{M_y}{W_y} \\ p_b=\dfrac{F+G}{bl}-\dfrac{M_x}{W_x}+\dfrac{M_y}{W_y} \\ p_c=\dfrac{F+G}{bl}+\dfrac{M_x}{W_x}+\dfrac{M_y}{W_y} \\ p_d=\dfrac{F+G}{bl}+\dfrac{M_x}{W_x}-\dfrac{M_y}{W_y} \end{cases} \tag{4-10}$$

式中 M_x、M_y——荷载合力分别对矩形基底 x、y 对称轴的力矩；

W_x、W_y——基础底面分别对 x、y 轴的抵抗矩。

3. 基底附加压力

在建筑物建造前，土中早已存在自重应力，基底附加应力是基底压力与基底处建筑前土中自重应力之差，即建筑物建造后的基底压力减去基底标高处原有土自重应力，就是基底平面处新增加于地基的基底附加压力。一般天然地层在自重作用下已不再变形，而基底附加压力的存在就会引起地基的变形。

基底平均附加压力的计算如下：

$$p_0 = p - \sigma_{cz} = p - \gamma_m h \tag{4-11}$$

式中 p——基底平均压力（kPa）；

σ_{cz}——基底处土中自重应力（kPa）；

γ_m——基底标高以上天然土层的加权平均重度，$\gamma_m = \sum_{i=1}^{n}\gamma_i h_i \Big/ \sum_{i-1}^{n} h_i$，位于地下水位下的地层要取浮重度（$kN/m^3$）；

h——从天然地面算起的基础埋深（m），$h = \sum_{i=1}^{n} h_i$。

由于基底附加压力一般作用在地表下一定深度（指浅埋基础的埋深）处，因而运用弹性力学解答所得的地基附加应力结果只是近似的。不过，对于一般的浅埋基础，这种误差是可以忽略的。

但是，当基坑平面尺寸及深度较大时，坑底回弹明显，具基坑中点的回弹大于边缘点。在沉降计算时，为了适当考虑这种坑底的回弹和再压缩而增加沉降，适当增加基底附加应力，改取 $p_0 = p - \alpha\sigma_{cz}$，其中 α 为 0～1 系数。

4.4 地基附加应力

一般天然土层，自重应力引起的压缩变形在地质历史上已经完成，不会再引起地基的沉降。附加应力则是由于修筑建筑物后，在地基中新增的应力，这是引起地基变形及沉降的主要原因。

1. 竖向集中力作用时的地基附加应力

19 世纪末法国数学家布辛内斯克（J.Boussinesq）用弹性理论推出了在半无限空间弹性体表面作用有竖直集中力 p 时，在弹性体内任意点 M 所引起的应力解析解。如图 4-10 所示，在半空间中任意一点 M（x，y，z）处的六个应力分量和三个位移分量的表达式如下：

法向应力

$$\sigma_x = \frac{3p}{2\pi}\left\{\frac{x^2 z}{R^5} + \frac{1-2\mu}{3}\left[\frac{R^2 - Rz - z^2}{R^3(R+z)} - \frac{x^2(2R+z)}{R^3(R+z)^2}\right]\right\} \tag{4-12}$$

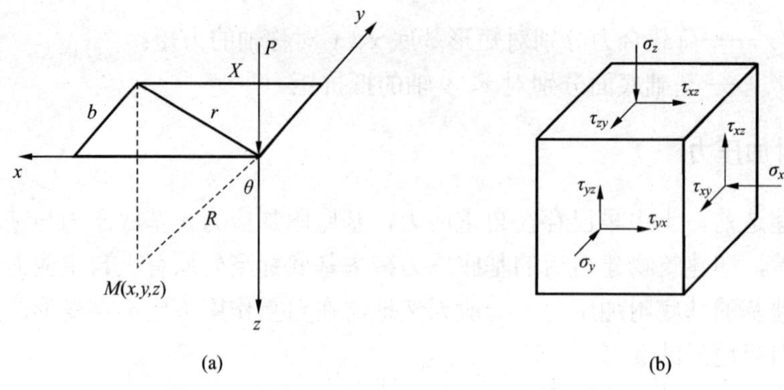

图 4-10　竖向集中荷载作用下土中应力分析

（a）半空间中任一点 M（x，y，z）；（b）M 点处的单元体

$$\sigma_y=\frac{3p}{2\pi}\left\{\frac{y^2z}{R^5}+\frac{1-2\mu}{3}\left[\frac{R^2-Rz-z^2}{R^3(R+z)}-\frac{y^2(2R+z)}{R^3(R+z)^2}\right]\right\} \tag{4-13}$$

$$\sigma_z=\frac{3p}{2\pi}\times\frac{z^3}{R^5}=\frac{3P}{2\pi R^2}\cos^3\theta \tag{4-14}$$

剪应力

$$\tau_{xy}=\tau_{yx}=-\frac{3p}{2\pi}\left[\frac{xyz}{R^5}-\frac{1-2\mu}{3}\times\frac{xy(2R+z)}{R^3(R+z)^2}\right] \tag{4-15}$$

$$\tau_{yz}=\tau_{zy}=-\frac{3p}{2\pi}\times\frac{yz^2}{R^5}=-\frac{3py}{2\pi R^3}\cos^2\theta \tag{4-16}$$

$$\tau_{zx}=\tau_{xz}=-\frac{3p}{2\pi}\times\frac{xz^2}{R^5}=-\frac{3px}{2\pi R^3}\cos^2\theta \tag{4-17}$$

x、y、z 轴方向的位移

$$u=\frac{p(1+\mu)}{2\pi E}\left[\frac{xz}{R^3}-(1-2\mu)\frac{x}{R(R+z)}\right] \tag{4-18}$$

$$v=\frac{p(1+\mu)}{2\pi E}\left[\frac{yz}{R^3}-(1-2\mu)\frac{y}{R(R+z)}\right] \tag{4-19}$$

$$w=\frac{p(1+2\mu)}{2\pi E}\left[\frac{z^2}{R^3}+2(1-\mu)\frac{1}{R}\right] \tag{4-20}$$

$$R=\sqrt{x^2+y^2+z^2}=\sqrt{r^2+z^2}=z/\cos\theta$$

式中　σ_x、σ_y、σ_z——平行于 x、y、z 坐标轴的正应力（kPa）；

τ_{xy}、τ_{yz}、τ_{zx}——其中第一个下标代表剪应力作用的法线方向，第二个下标代表剪应力的作用方向（kPa）；

u、v、w——计算点 M 沿坐标轴 x、y、z 方向的位移（m）；

R——计算点 M 至坐标原点 O 的距离（m），

θ——R 线与 z 坐标轴的夹角；

r——M 点与集中力作用点的水平距离；

E——弹性模量；

μ——泊松比。

当 $R=0$ 时，代入上式可知所得应力与位移均为无限大，因为此时土发生了塑性变形，所以以上由弹性理论得到的公式显然不再适用。

在上述的六个应力分量中，σ_z 对地基沉降计算最为重要，根据图 4-10 中的几何关系，$R=\sqrt{r^2+z^2}$ 则式可以写成：

$$\sigma_z=\frac{3p}{2\pi}\times\frac{z^3}{R^5}=\frac{3}{2\pi}\times\frac{1}{\left[\left(r/z\right)^2+1\right]^{5/2}}\times\frac{p}{z^2} \tag{4-21}$$

令

$$\alpha=\frac{3}{2\pi}\frac{1}{\left[\left(r/z\right)^2+1\right]^{5/2}}$$

则可以写成

$$\sigma_z=\alpha\frac{P}{z^2} \tag{4-22}$$

式中　α——地基竖向附加应力系数，是 r/z 的函数。

当地基表面作用有多个集中力时，可分别计算出各个集中力在地基中引起的附加应力，然后根据弹性体应力叠加原理求出附加应力总和。

$$\sigma_z=\sum_{i=1}^{n}\alpha_i\frac{p_i}{z^2}=\frac{1}{z^2}\sum_{i=1}^{n}\alpha_i p_i \tag{4-23}$$

式中　α_i——第 i 个集中应力系数。

集中力作用下竖向附加应力系数 α 见表 4-1。

表 4-1　　集中力作用下竖向附加应力系数 α

r/z	α	r/z	α	r/z	α	r/z	α	r/z	α
0.00	0.4775	0.50	0.2733	1.00	0.0844	1.50	0.0251	2.00	0.0085
0.05	0.4745	0.55	0.2466	1.05	0.0744	1.55	0.0244	2.05	0.0058
0.10	0.4657	0.60	0.2214	1.10	0.0658	1.60	0.0200	2.10	0.0040
0.15	0.4516	0.65	0.1978	1.15	0.0581	1.65	0.0179	2.15	0.0029
0.20	0.4329	0.70	0.1762	1.20	0.0513	1.70	0.0160	2.20	0.0021
0.25	0.4103	0.75	0.1565	1.25	0.0454	1.75	0.0144	2.25	0.0015
0.30	0.3849	0.80	0.1386	1.30	0.0402	1.80	0.0129	2.30	0.0007
0.35	0.3577	0.85	0.1226	1.35	0.0357	1.85	0.0116	2.35	0.0004
0.40	0.3294	0.90	0.1083	1.40	0.0317	1.90	0.0105	2.40	0.0002
0.45	0.3011	0.95	0.0956	1.45	0.0282	1.95	0.0095	2.45	0.0001

2. 矩形面积上各种分布荷载的附加应力

矩形基础是最常用的基础之一，其地基内任意点的附加应力，都可根据前节所述的集中荷载引起的应力计算方法与弹性体中应力叠加原理计算得到。如图 4-11 所示，一长度为l、宽度为b的矩形面积上作用均布荷载p。地基内各点的附加应力σ_z，通过先求出矩形面积角点下的应力，再利用“角点法”求出任意点下的应力。

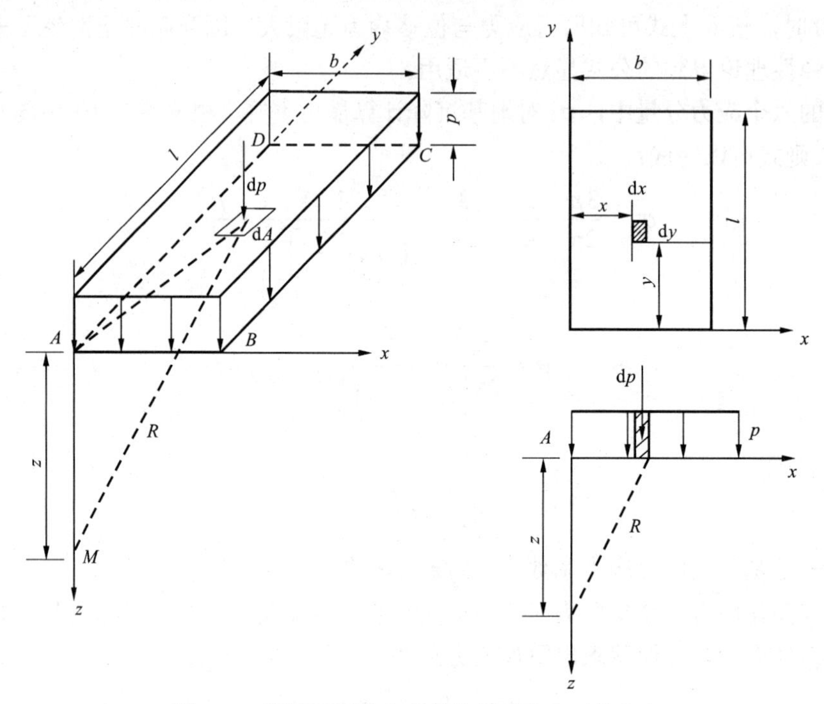

图 4-11　矩形面积均布荷载作用下角点下的应力

（1）矩形面积竖直均布荷载

1）角点下的应力。将坐标原点可取在矩形四个角点中的任意一个，现将坐标原点取在角点 A 上进行分析。在荷载面积内任取微分面积 $\mathrm{d}A=\mathrm{d}x\mathrm{d}y$，并将其上的荷载以集中力 $\mathrm{d}P=p\mathrm{d}A=P\mathrm{d}x\mathrm{d}y$ 代替。根据可求出该集中力在角点 A 以下深度 z 处 M 点所产生的竖直附加应力 $\mathrm{d}\sigma_z$ 为

$$\mathrm{d}\sigma_z=\frac{3p\mathrm{d}x\mathrm{d}yz^3}{2\pi R^5}=\frac{3}{2\pi}\frac{Pz^3}{\left(x^2+y^2+z^2\right)^{5/2}}\mathrm{d}x\mathrm{d}y \tag{4-24}$$

将上式沿整个矩形面积 $ABCD$ 进行积分，即可得出矩形面积上均布荷载 p 在 M 点引起的附加应力 σ_z：

$$\begin{aligned}\sigma_z&=\int_0^l\int_0^b\frac{3p}{2\pi}\times\frac{z^3}{\left(x^2+y^2+z^2\right)^{5/2}}\mathrm{d}x\mathrm{d}y\\&=\frac{p}{2\pi}\left[\frac{lbz\left(l^2+b^2+2z^2\right)}{\left(l^2+z^2\right)\left(b^2+z^2\right)\sqrt{l^2+b^2+z^2}}\right]+\arctan\frac{lb}{z\sqrt{l^2+b^2+z^2}}\end{aligned} \tag{4-25}$$

令 $m=\dfrac{l}{b}$，$n=\dfrac{z}{b}$，其中l为矩形的长边，b为矩形的短边。则上式可以写成：

$$\sigma_z = \frac{p}{2\pi}\left[\frac{mn}{\sqrt{1+m^2+n^2}}\left(\frac{1}{m^2+n^2}+\frac{1}{1+n^2}\right)+\arctan\frac{m}{n\sqrt{1+m^2+n^2}}\right] \tag{4-26}$$

令 $\alpha_c = \left[\frac{mn}{\sqrt{1+m^2+n^2}}\left(\frac{1}{m^2+n^2}+\frac{1}{1+n^2}\right)+\arctan\frac{m}{n\sqrt{1+m^2+n^2}}\right]$，称为矩形面积上均布荷载作用下角点的竖向附加应力系数。

则可以写成：

$$\sigma_z = \alpha_c p \tag{4-27}$$

为计算方便，把 α_c 制成了表格，见表 4-2。

表 4-2　　矩形面积上均布荷载作用下角点的竖向附加应力系数 α_c

n \ m	1.0	1.2	1.4	1.6	1.8	2.0	3.0	4.0	5.0	6.0	10.0
0.0	0.2500	0.2500	0.2500	0.2500	0.2500	0.2500	0.2500	0.2500	0.2500	0.2500	0.2500
0.2	0.2486	0.2489	0.2490	0.2491	0.2491	0.2491	0.2492	0.2492	0.2492	0.2492	0.2492
0.4	0.2401	0.2420	0.2429	0.2434	0.2437	0.2439	0.2442	0.2443	0.2443	0.2443	0.2443
0.6	0.2229	0.2275	0.2300	0.2315	0.2324	0.2329	0.2339	0.2341	0.2342	0.2342	0.2342
0.8	0.1999	0.2075	0.2120	0.2147	0.2165	0.2176	0.2196	0.2200	0.2202	0.2202	0.2202
1.0	0.1752	0.1851	0.1911	0.1955	0.1981	0.1999	0.2034	0.2042	0.2044	0.2045	0.2046
1.2	0.1516	0.1626	0.1705	0.1758	0.1793	0.1818	0.1870	0.1882	0.1885	0.1887	0.1888
1.4	0.1308	0.1423	0.1508	0.1569	0.1613	0.1644	0.1712	0.1730	0.1735	0.1738	0.1740
1.6	0.1123	0.1241	0.1329	0.1436	0.1445	0.1482	0.1567	0.1590	0.1598	0.1601	0.1604
1.8	0.0969	0.1083	0.1172	0.1241	0.1294	0.1344	0.1434	0.1463	0.1474	0.1478	0.1482
2.0	0.0840	0.0947	0.1034	0.1103	0.1158	0.1202	0.1314	0.1350	0.1363	0.1368	0.1374
2.2	0.0732	0.0832	0.0917	0.0984	0.1039	0.1084	0.1205	0.1248	0.1264	0.1271	0.1277
2.4	0.0642	0.0734	0.0812	0.0879	0.0934	0.0979	0.1108	0.1156	0.1175	0.1184	0.1192
2.6	0.0566	0.0651	0.0725	0.0788	0.0842	0.0887	0.1020	0.1073	0.1095	0.1106	0.1116
2.8	0.0502	0.0580	0.0649	0.0709	0.0761	0.0805	0.0942	0.0999	0.1024	0.1036	0.1048
3.0	0.0447	0.0519	0.0583	0.0640	0.0690	0.0732	0.0870	0.0931	0.0959	0.0973	0.0987
3.2	0.0401	0.0467	0.0526	0.0580	0.0627	0.0668	0.0806	0.0870	0.0931	0.0959	0.0973
3.4	0.0361	0.0421	0.0477	0.0527	0.0571	0.0611	0.0747	0.0814	0.0847	0.0864	0.0882
3.6	0.0326	0.0382	0.0433	0.0480	0.0523	0.0561	0.0694	0.0763	0.0799	0.0816	0.0837
3.8	0.0296	0.0348	0.0395	0.0439	0.0479	0.0516	0.0645	0.0717	0.0753	0.0773	0.0796
4.0	0.0270	0.0318	0.0362	0.0403	0.0441	0.0474	0.0603	0.0674	0.0712	0.0733	0.0758
4.2	0.0247	0.0291	0.0333	0.0371	0.0407	0.0439	0.0563	0.0634	0.0674	0.0712	0.0733
4.4	0.0227	0.0268	0.0306	0.0343	0.0376	0.0407	0.0527	0.0597	0.0639	0.0662	0.0692
4.6	0.0209	0.0247	0.0283	0.0317	0.0348	0.0378	0.0493	0.0564	0.0606	0.0630	0.0663
4.8	0.0193	0.0229	0.0262	0.0294	0.0324	0.0352	0.0463	0.0533	0.0576	0.0601	0.0635

续表

m / n	1.0	1.2	1.4	1.6	1.8	2.0	3.0	4.0	5.0	6.0	10.0
5.0	0.0179	0.0212	0.0243	0.0274	0.0302	0.0328	0.0435	0.0504	0.0547	0.0573	0.0610
6.0	0.0127	0.0151	0.0174	0.0196	0.0218	0.0238	0.0325	0.0388	0.0431	0.0460	0.0506
7.0	0.0094	0.0112	0.0130	0.0147	0.0164	0.0180	0.0251	0.0306	0.0346	0.0376	0.0428
8.0	0.0073	0.0087	0.0101	0.0114	0.0127	0.0140	0.0198	0.0246	0.0283	0.0311	0.0367
9.0	0.0058	0.0069	0.0080	0.0091	0.0102	0.0112	0.0161	0.0202	0.0235	0.0262	0.0319
10.0	0.0047	0.0056	0.0065	0.0074	0.0083	0.0092	0.0132	0.0167	0.0198	0.0222	0.0280

注：$m=l/b, n=z/b$，l 为基础底面长度（m）；b 为基础底面宽度（m）；z 为计算点离基础底面的垂直距离（m）。

2）任意点的应力。首先以该点为公共角点，把原矩形面积分成若干个小矩形，根据角点下的应力公式计算出各荷载对该点的角点应力，然后再运用叠加原理求得该任意点竖向附加应力。这种方法就叫做“角点法”。角点法有两种情形，一种是该点在矩形面积内，另一种是在矩形面积外。现分别对其进行讨论。

M 在矩形面积内的某一点，如图 4-12（a）所示，过 M 把矩形荷载面积分成 a、b、c、d 四个小矩形，则 M 是四个小矩形的公共角点，因此该情形下 M 点任意深度 z 的附加应力 σ_z 为：

$$\sigma_z = (\alpha_a + \alpha_b + \alpha_c + \alpha_d)p \tag{4-28}$$

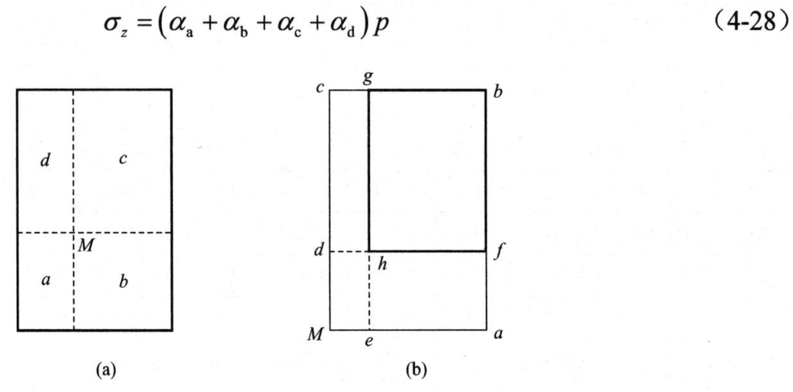

图 4-12　矩形面积作用均布荷载非角点下竖向附加应力计算示意图

（a）M 是矩形内的任一点；（b）M 是矩形外的任一点

式中　α_a、α_b、α_c、α_d——分别为矩形 a、b、c、d 的角点应力分布系数；

p——荷载强度。

M 在矩形面积外的某一点，如图 4-12（b）所示，设法使 M 成为划分后几个矩形的公共角点，然后将其应力进行代数叠加，因此该情形下 M 点任意深度 z 的附加应力 σ_z 为：

$$\sigma_z = (\alpha_a - \alpha_b - \alpha_c + \alpha_d)p \tag{4-29}$$

式中　α_a、α_b、α_c、α_d——分别为矩形 $Mabc$、$Mafd$、$Megc$、$Mehd$ 的角点应力分布系数；

p——荷载强度。

在用角点法计算每一块矩形面积的角点应力分布系数 α 时，b 恒为短边，l 恒为长边。

例题 4-2　如图 4-13 所示，一均布荷载 $p=100\,\text{kN/m}^2$，荷载面积为 $(2\times1)\text{m}^2$。试求荷载面积上角点 A、边点 E、中心点 O 及荷载面积外 I 点和 J 点等各点下 $z=1\text{m}$ 深度处的附加应力，并说明附加应力的扩散规律。

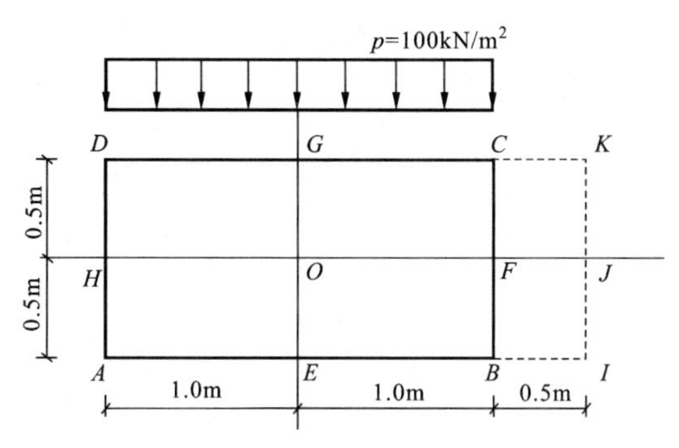

图 4-13　例题 4-2 图

解：（1）A 点下的应力

A 是矩形 $ABCD$ 的角点，且 $m=\dfrac{l}{b}=\dfrac{2}{1}=2$；$n=\dfrac{z}{b}=\dfrac{1}{1}=1$，由表 4-2，得竖向附加应力系数 $\alpha_c=0.1999$

所以，$\sigma_{zA}=\alpha_c p=0.1999\times100=19.99(\text{kN/m}^2)$

（2）E 点下的应力

通过 E 点把矩形荷载面积分成两个相等的矩形 $AEGD$ 和 $EBCG$，查表得两个矩形角点的竖向附加应力系数。

$m=\dfrac{l}{b}=\dfrac{1}{1}=1$；$n=\dfrac{z}{b}=\dfrac{1}{1}=1$，查表 4-2 得 $\alpha_c=0.1752$

则　$\sigma_{zE}=2\alpha_c p=2\times0.1752\times100=35.04(\text{kN/m}^2)$

（3）O 点下的应力

通过 O 点把矩形荷载面积分成四个相等的矩形 $OEAH$、$OEBF$、$OFCG$ 和 $OGDH$，查表得两个矩形角点的竖向附加应力系数。

$m=\dfrac{l}{b}=\dfrac{1}{0.5}=2$；$n=\dfrac{z}{b}=\dfrac{1}{0.5}=2$，查表 4－2 得 $\alpha_c=0.1202$

则　$\sigma_{zO}=4\alpha_c p=4\times0.1202\times100=48.08(\text{kN/m}^2)$

（4）J 点下的应力

通过 J 点作矩形 $JIAH$、$JKDH$、$JIBF$、$JKCF$，并设它们角点的竖向附加应力系数分别为 α_{c1}、α_{c2}、α_{c3}、α_{c4}。

对于矩形 $JIAH$、$JKDH$，$m=\dfrac{l}{b}=\dfrac{2.5}{0.5}=5$；$n=\dfrac{z}{b}=\dfrac{1}{0.5}=2$，查表 4-2 得 $\alpha_{c1}=\alpha_{c2}=0.1363$。

对于矩形 $JIBF$、$JKCF$，$m=\dfrac{l}{b}=\dfrac{0.5}{0.5}=1$；$n=\dfrac{z}{b}=\dfrac{1}{0.5}=2$，查表 4-2 得 $\alpha_{c3}=\alpha_{c4}=0.0840$。

所以，$\sigma_{zJ}=(\alpha_{c1}+\alpha_{c2}-\alpha_{c3}-\alpha_{c4})p=2\times(0.1363-0.0840)\times100=10.46(\text{kN/m}^2)$。

（5）I 点下的应力

通过 J 点作矩形 $IKDA$、$IKCB$，并设它们角点的竖向附加应力系数分别为 α_{c1}、α_{c2}。

矩形 $IKDA$：$m=\dfrac{l}{b}=\dfrac{2.5}{1}=2.5$；$n=\dfrac{z}{b}=\dfrac{1}{1}=1$；查表 4-2 得 $\alpha_{c1}=0.2016$

矩形 $IKCB$：$m=\dfrac{l}{b}=\dfrac{1}{0.5}=2$；$n=\dfrac{z}{b}=\dfrac{1}{0.2}=2$；查表 4－2 得 $\alpha_{c2}=0.1202$

所以，$\sigma_{zI}=(\alpha_{c1}-\alpha_{c2})p=(0.2016-0.1202)\times100=8.14(\text{kN/m}^2)$。

从以上的结果可以看出 $\sigma_{zO}>\sigma_{zE}>\sigma_{zJ}$，$\sigma_{zE}>\sigma_{zA}>\sigma_{zG}$，不难发现：在矩形面积受均布荷载作用时，不仅在受荷面积垂直下才会产生附加应力，在荷载面积以外的土中也会产生附加应力；在同一深度处，离受荷面积中线越远处，其 σ_z 越小。

（2）矩形面积竖直三角形荷载

如图 4-14 所示，在矩形面积上作用三角形分布荷载，荷载的最大值为 p。取荷载零值边的角点 O 作为坐标原点。同样利用公式和积分法求出角点 O 下任意深度处的附加应力 σ_z。在荷载面内任取某点 $(x、y)$ 处的微小面积 $\mathrm{d}A=\mathrm{d}x\mathrm{d}y$，以集中力 $\mathrm{d}P=p\dfrac{x}{b}\mathrm{d}x\mathrm{d}y$ 代替其上分布的荷载，则 $\mathrm{d}P$ 在 O 点下任意处引起的竖直附加应力为：

$$\mathrm{d}\sigma_z=\frac{3}{2\pi}\times\frac{pxz^3}{b\left(x^2+y^2+z^2\right)^{5/2}}\mathrm{d}x\mathrm{d}y \qquad (4\text{-}30)$$

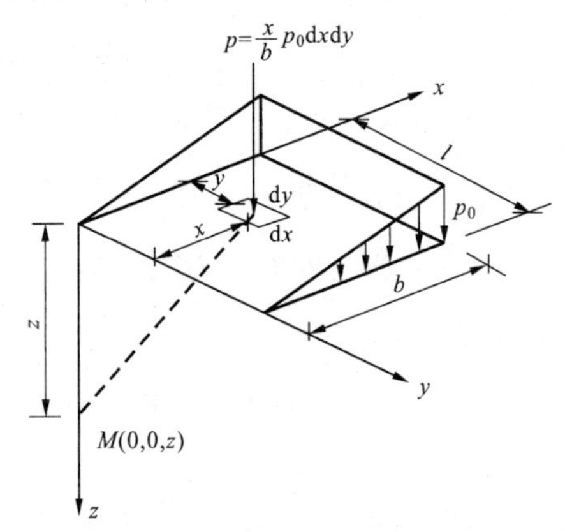

图 4-14　三角形分布矩形荷载面角点下的应力计算简图

对进行整个矩形面积上的积分，可得矩形面积基础在竖直三角荷载在零角点下任意深度 z 处的竖直附加应力 σ_z，表达式如下：

$$\sigma_z=\frac{mn}{2\pi}\left[\frac{1}{\sqrt{m^2+n^2}}-\frac{1}{\left(1+n^2\right)\sqrt{m^2+n^2+1}}\right]p=\alpha_t p \qquad (4\text{-}31)$$

式中，$\alpha_t=\dfrac{mn}{2\pi}\left[\dfrac{1}{\sqrt{m^2+n^2}}-\dfrac{n^2}{\left(1+n^2\right)\sqrt{m^2+n^2+1}}\right]$为荷载在零角点上的应力分布系数，是 $n=\dfrac{l}{b}$ 和 $m=\dfrac{z}{b}$ 的函数，b 是沿三角形荷载变化方向的矩形边长。表 4-3 给出了角点 O 下不同深度处的应力分布系数。

表 4-3　矩形面积上三角形分布荷载作用零角点的竖向附加应力系数

$m=l/b$ \ $n=z/b$	角点 1	角点 2	角点 1	角点 2	角点 1	角点 2	角点 1	角点 2	角点 1	角点 2
	0.2		0.4		0.6		0.8		1.0	
0.0	0.0000	0.2500	0.0000	0.2500	0.0000	0.2500	0.0000	0.2500	0.0000	0.2500
0.2	0.0223	0.0182	0.0280	0.2115	0.0296	0.2165	0.0301	0.2178	0.0304	0.2182

续表

$m=l/b$ $n=z/b$	角点 1	角点 2	角点 1	角点 2	角点 1	角点 2	角点 1	角点 2	角点 1	角点 2
	0.2		0.4		0.6		0.8		1.0	
0.4	0.0269	0.1094	0.0420	0.1604	0.0487	0.1781	0.0517	0.1844	0.0531	0.1870
0.6	0.0259	0.0700	0.0448	0.1165	0.0560	0.1405	0.0621	0.1520	0.0654	0.1575
0.8	0.0232	0.0480	0.0421	0.0853	0.0053	0.1093	0.0637	0.1232	0.0688	0.1311
1.0	0.0201	0.0346	0.0375	0.0638	0.0508	0.0852	0.0602	0.0996	0.0666	0.1086
1.2	0.0171	0.0260	0.0324	0.0491	0.0450	0.0673	0.0546	0.0807	0.0615	0.0901
1.4	0.0145	0.0202	0.0278	0.0386	0.0392	0.0540	0.0483	0.0661	0.0554	0.0751
1.6	0.0123	0.0160	0.0238	0.0310	0.0339	0.0440	0.0424	0.0547	0.0492	0.0628
1.8	0.0105	0.0130	0.0204	0.0254	0.0294	0.0363	0.0371	0.0457	0.0435	0.0534
2.0	0.0090	0.0108	0.0176	0.0211	0.0255	0.0304	0.0324	0.0387	0.0384	0.0456
2.5	0.0063	0.0072	0.0125	0.0140	0.0183	0.0205	0.0236	0.0265	0.0284	0.0311
3.0	0.0046	0.0051	0.0092	0.0100	0.0135	0.0148	0.0176	0.0192	0.0214	0.0233
5.0	0.0018	0.0019	0.0036	0.0038	0.0054	0.0056	0.0071	0.0074	0.0088	0.0091
7.0	0.0009	0.0010	0.0019	0.0019	0.0028	0.0029	0.0038	0.0038	0.0047	0.0047
10.0	0.0005	0.0004	0.0009	0.0010	0.0014	0.0014	0.0019	0.0019	0.0023	0.0024

$m=l/b$ $n=z/b$	角点 1	角点 2	角点 1	角点 2	角点 1	角点 2	角点 1	角点 2	角点 1	角点 2
	1.2		1.4		1.6		1.8		1.0	
0.0	0.0000	0.2500	0.0000	0.2500	0.0000	0.2500	0.0000	0.2500	0.0000	0.2500
0.2	0.0305	0.2148	0.0305	0.2185	0.0306	0.2185	0.0306	0.2185	0.0306	0.2185
0.4	0.0539	0.1881	0.0543	0.1886	0.0545	0.1889	0.0546	0.1891	0.0547	0.1892
0.6	0.0673	0.1602	0.0684	0.1616	0.0690	0.1625	0.0694	0.1630	0.0696	0.1633
0.8	0.0720	0.1355	0.0739	0.1381	0.0751	0.1396	0.0759	0.1405	0.0764	0.1412
1.0	0.0708	0.1143	0.0735	0.1176	0.0753	0.1202	0.0766	0.1215	0.0774	0.1225
1.2	0.0664	0.0962	0.0698	0.1007	0.0721	0.1037	0.0738	0.1055	0.0749	0.1069
1.4	0.0606	0.0817	0.0644	0.0864	0.0672	0.0897	0.0692	0.0921	0.0707	0.0937
1.6	0.0545	0.0696	0.0586	0.0743	0.0616	0.0780	0.0639	0.0806	0.0656	0.0826
1.8	0.0487	0.0596	0.0528	0.0644	0.0560	0.0681	0.0585	0.0709	0.0604	0.0730
2.0	0.0434	0.0513	0.0474	0.0560	0.0507	0.0596	0.0533	0.0625	0.0553	0.0649
2.5	0.0326	0.0365	0.0362	0.0405	0.0393	0.0440	0.0419	0.0469	0.0440	0.0491
3.0	0.0249	0.0270	0.0280	0.0303	0.0307	0.0333	0.0331	0.0359	0.0352	0.0380
5.0	0.0104	0.0108	0.0120	0.0123	0.0135	0.0139	0.0148	0.0154	0.0161	0.0167
7.0	0.0056	0.0056	0.0064	0.0066	0.0073	0.0074	0.0081	0.0083	0.0089	0.0091
10.0	0.0028	0.0028	0.0033	0.0032	0.0037	0.0037	0.0041	0.0042	0.0046	0.0046

$m=l/b$ $n=z/b$	角点 1	角点 2	角点 1	角点 2	角点 1	角点 2	角点 1	角点 2	角点 1	角点 2
	3.0		4.0		6.0		8.0		10.0	
0.0	0.0000	0.0025	0.0000	0.0025	0.0000	0.0025	0.0000	0.0025	0.0000	0.0025
0.2	0.0306	0.2186	0.0306	0.2186	0.0306	0.2186	0.0306	0.2186	0.0306	0.2186
0.4	0.0548	0.1894	0.0549	0.1894	0.0549	0.1894	0.0549	0.1894	0.0549	0.1894

续表

n=z/b \ m=l/b	角点 1	角点 2	角点 1	角点 2	角点 1	角点 2	角点 1	角点 2	角点 1	角点 2
	3.0		4.0		6.0		8.0		10.0	
0.6	0.0701	0.1638	0.0702	0.1639	0.0702	0.1640	0.0702	0.1640	0.0702	0.1640
0.8	0.0773	0.1423	0.0776	0.1424	0.0776	0.1426	0.0776	0.1426	0.0776	0.1426
1.0	0.0790	0.1244	0.0794	0.1248	0.0795	0.1250	0.0796	0.1250	0.0796	0.1250
1.2	0.0774	0.1096	0.0779	0.1103	0.0782	0.1105	0.0783	0.1105	0.0783	0.1105
1.4	0.0739	0.0973	0.0748	0.0982	0.0752	0.0986	0.0752	0.0987	0.0753	0.0987
1.6	0.0697	0.0870	0.0708	0.0882	0.0714	0.0887	0.0715	0.0888	0.0715	0.0889
1.8	0.0652	0.0782	0.0666	0.0797	0.0673	0.0805	0.0675	0.0806	0.0675	0.0808
2.0	0.0607	0.0707	0.0624	0.0726	0.0634	0.0734	0.0636	0.0736	0.0636	0.0738
2.5	0.0504	0.0559	0.0529	0.0585	0.0543	0.0601	0.0547	0.0604	0.0548	0.0605
3.0	0.0419	0.0451	0.0449	0.0482	0.0469	0.0504	0.0474	0.0509	0.0476	0.0511
5.0	0.0214	0.0221	0.0248	0.0256	0.0283	0.0290	0.0296	0.0303	0.0301	0.0309
7.0	0.0124	0.0126	0.0152	0.0154	0.0186	0.0190	0.0204	0.0207	0.0212	0.0216
10.0	0.0066	0.0066	0.0084	0.0083	0.0111	0.0111	0.0128	0.0130	0.0139	0.0141

注：b 为三角形荷载分布方向的基础边长；l 为矩形另一方向的边长。

3. 圆形面积上的竖直均布荷载作用时中心点下的附加应力

如图 4-15 所示，半径为 r 的圆形面积上，作用着竖向均布荷载 p 。以圆形荷载面的中心点为坐标原点，并在荷载面积上取微元，其面积为 $\mathrm{d}A=\rho\mathrm{d}\theta\mathrm{d}\rho$，并以集中荷载 $\mathrm{d}P=p\mathrm{d}A$ 代替原均布荷载。$\mathrm{d}P$ 作用点与 M 点距离 $R=\sqrt{\rho^2+z^2}$ ，则利用公式，$\mathrm{d}P$ 在 M 点引起的附加应力为 $\mathrm{d}\sigma_z$ ，其表达式如下：

$$\mathrm{d}\sigma_z=\frac{3pz^3}{2\pi}\times\frac{r\mathrm{d}\theta\mathrm{d}r}{\left(r^2+z^2\right)^{5/2}} \tag{4-32}$$

对整个圆进行积分，可求得整个圆形面积上均布荷载在圆心下任一深度处 M 点引起的附加应力 σ_z 。

$$\sigma_z=\int_0^{2\pi}\int_0^r\frac{3pz^3}{2\pi}\times\frac{\rho\mathrm{d}\theta\mathrm{d}\rho}{\left(\rho^2+z^2\right)^{5/2}}=\left[1-\frac{z^3}{\left(r^2+z^2\right)^{3/2}}\right]p$$

$$=\left[1-\frac{1}{\left(\frac{1}{z^2/r^2}+1\right)^{3/2}}\right]p=\alpha_r p \tag{4-33}$$

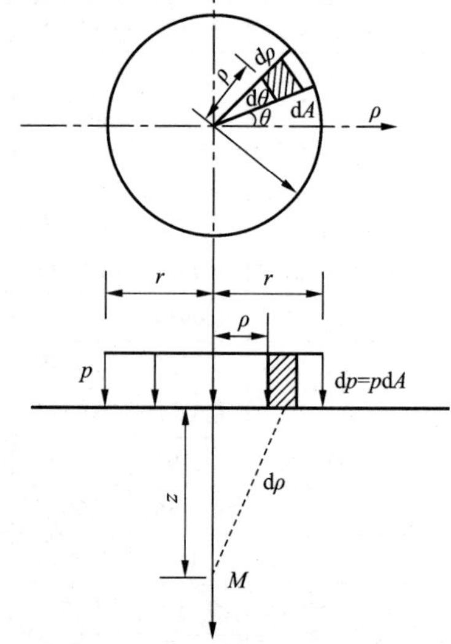

图 4-15　圆形面积均布荷载中心点下的应力计算简图

式中　α_r——均布圆形荷载面中心点下的附加应力系数，是 z/r 的函数。表 4-4 给出了角点 O 下不同深度处的应力分布系数。

表 4-4　　圆形面积上均布荷载作用下中心点下的竖向应力系数

系数 z/r_0	α_0	α_r	系数 z/r_0	α_0	α_r	系数 z/r_0	α_0	α_r
0.0	1.000	0.500	1.6	0.390	0.244	3.2	0.130	0.103
0.1	0.999	0.482	1.7	0.360	0.229	3.3	0.124	0.099
0.2	0.993	0.464	1.8	0.332	0.217	3.4	0.117	0.094
0.3	0.976	0.447	1.9	0.307	0.204	3.5	0.111	0.089
0.4	0.949	0.432	2.0	0.285	0.193	3.6	0.106	0.084
0.5	0.911	0.412	2.1	0.264	0.182	3.7	0.100	0.079
0.6	0.864	0.374	2.2	0.246	0.172	3.8	0.096	0.074
0.7	0.811	0.369	2.3	0.229	0.162	3.9	0.091	0.070
0.8	0.756	0.363	2.4	0.211	0.154	4.0	0.087	0.066
0.9	0.701	0.347	2.5	0.200	0.146	4.2	0.079	0.058
1.0	0.646	0.332	2.6	0.187	0.139	4.4	0.073	0.052
1.1	0.595	0.313	2.7	0.175	0.133	4.6	0.067	0.049
1.2	0.547	0.303	2.8	0.165	0.125	4.8	0.062	0.047
1.3	0.502	0.286	2.9	0.155	0.119	5.0	0.057	0.045
1.4	0.461	0.270	3.0	0.146	0.113			
1.5	0.424	0.256	3.1	0.138	0.108			

4. 线荷载和条形荷载作用时的地基附加应力

如图 4-16 所示，在半无限弹性体表面作用无限长的条形分布荷载，荷载在宽度方向分布是任意的，但在长度方向有着相同的分布规律。此时，地基中任一点的附加应力只与该点的体坐标 x、z 有关，而与坐标 y 无关，这在弹性力学中属平面问题。实际工程实践中虽然没有无限长的荷载面积，但一般把条形基础（$l/b \geqslant 10$）视为平面问题，其解答与 $l/b=\infty$ 时的解答相比，误差较小，可满足工程精度要求。因此，像墙基、路基、挡土墙及堤坝等条形基础，都可按平面问题计算地基中的附加应力。

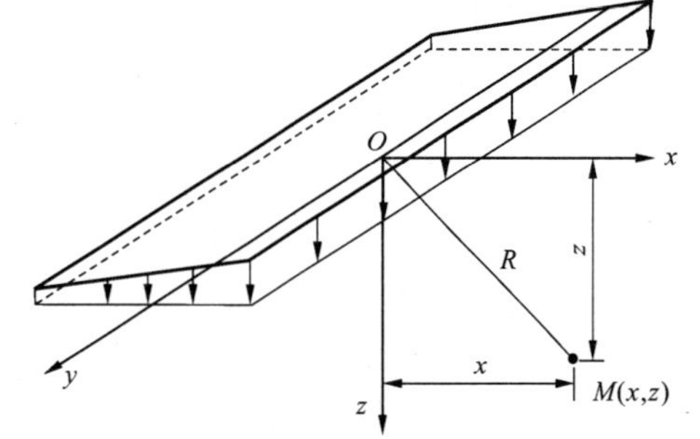

图 4-16　条形分布荷载作用下应力计算简图

（1）线荷载

如图 4-17 所示，在地表无限长直线上作用着竖直均布线荷载 $\overline{p}$。求地基中任意一点 M 的附加应力时，以 y 坐标轴上任一点为坐标原点 O，在 y 方向取一微长度 $\mathrm{d}y$，则作用在微单元上的分布荷载以集中力 $\mathrm{d}P=\overline{p}\mathrm{d}y$ 代替。由 $\mathrm{d}P$ 在地基中任一深度处 M 点产生的附加应力 σ_z，可由求得：

$$\mathrm{d}\sigma_z=\frac{3\overline{p}z^3}{2\pi R^5}\mathrm{d}y=\frac{3}{2\pi}\times\frac{\overline{p}z^3}{\left(x^2+y^2+z^2\right)^{5/2}}\mathrm{d}y \qquad (4\text{-}34)$$

对上式在整个荷载的作用长度上进行积分，可得：

$$\sigma_z = \int_{-\infty}^{+\infty} \frac{3\bar{p}z^3 \mathrm{d}y}{2\pi\left(x^2+y^2+z^2\right)^{5/2}} = \frac{2z^3}{\pi\left(x^2+z^2\right)^2}\bar{p} \tag{4-35}$$

类似地，还可求出以下应力分量：

$$\sigma_x = \frac{2x^2 z}{\pi\left(x^2+z^2\right)^2}\bar{p} \tag{4-36}$$

$$\tau_{xz} = \tau_{zx} = \frac{2xz^2}{\pi\left(x^2+z^2\right)^2}\bar{p} \tag{4-37}$$

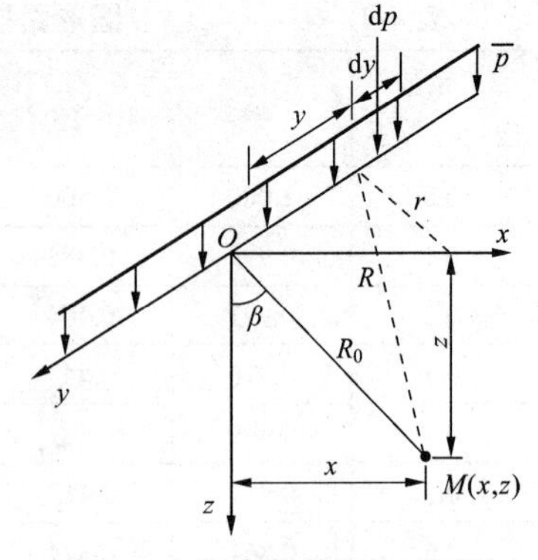

图 4-17 均布线荷载作用下的应力计算简图

式中 $\bar{p}$——单位长度上的线荷载（kN/m）。

虽然，在实际工程中并不存在理论意义上的线荷载，但是可以把它看作是条形面积在宽度上趋于零的特殊情况。以线荷载为基础，通过积分就可推导出条形面积上作用着各种分布荷载时的地基应力。

（2）均布条形荷载

如图 4-18 所示，在地基表面宽度为 b 的条形面积上作用着竖向均布荷载 p 时，地基内任一点 M 的附加应力 σ_z 可通过积分法求得。

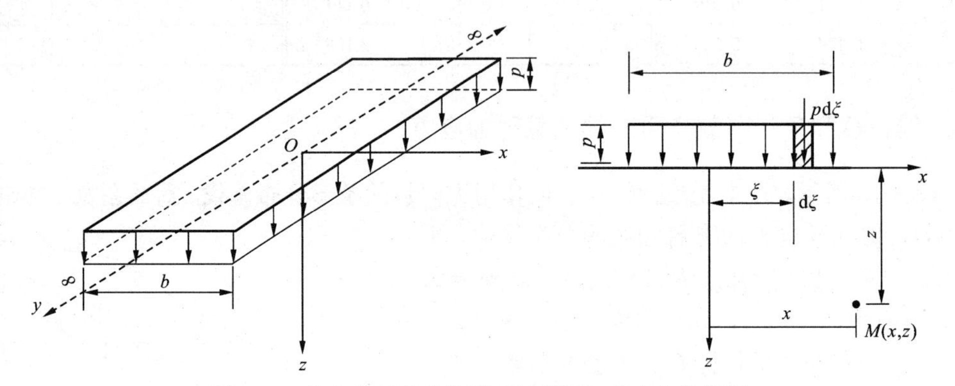

图 4-18 均布条形荷载作用下地基附加应力计算简图

在条形荷载宽度方向取微分宽度 $\mathrm{d}\xi$，将其上作用的荷载 $\mathrm{d}\bar{p} = p\mathrm{d}\xi$ 视为线布荷载，则根据公式，可求得 $\mathrm{d}\bar{p}$ 在 M 点引起的竖直向附加应力 $\mathrm{d}\sigma_z$：

$$\mathrm{d}\sigma_z = \frac{2z^3}{\pi\left[\left(x-\xi\right)^2+z^2\right]^2}p\mathrm{d}\xi \tag{4-38}$$

对上式在宽度 b 上进行积分，可得整个条形荷载在 M 的附加应力 σ_z：

$$\begin{aligned}\sigma_z &= \int_0^b \frac{2z^3}{\pi\left[\left(x-\xi\right)^2+z^2\right]^2}p\mathrm{d}\xi \\ &= \frac{1}{\pi}\left[\arctan\frac{m}{n} - \arctan\frac{m-1}{n} + \frac{mn}{m^2+n^2} - \frac{n\left(m-1\right)}{n^2+\left(m-1\right)^2}\right]p\end{aligned} \tag{4-39}$$

令 $\alpha_u=\frac{1}{\pi}\left[\arctan\frac{m}{n}-\arctan\frac{m-1}{n}+\frac{mn}{m^2+n^2}-\frac{n(m-1)}{n^2+(m-1)^2}\right]$，则公式可以写成：

$$\sigma_z=\alpha_u p \tag{4-40}$$

式中　α_u——应力分布系数，是 $m=\frac{x}{b}$ 和 $n=\frac{z}{b}$ 的函数，其数值可由表 4-5 查出。

表 4-5　　条形基底受垂直均布荷载作用时地基附加应力系数 α_{sz}

z/b \ x/b	0.00	0.25	0.50	0.75	1.00	1.50	2.00
0.00	1.000	1.000	0.500	0.000	0.000	0.000	0.000
0.25	0.960	0.905	0.496	0.088	0.019	0.002	0.001
0.50	0.820	0.735	0.481	0.218	0.082	0.017	0.005
0.75	0.668	0.607	0.450	0.263	0.146	0.040	0.017
1.00	0.552	0.513	0.410	0.288	0.185	0.071	0.029
1.50	0.396	0.379	0.332	0.273	0.211	0.114	0.055
2.00	0.306	0.292	0.275	0.242	0.205	0.134	0.083
2.50	0.245	0.239	0.231	0.215	0.188	0.139	0.098
3.00	0.208	0.206	0.198	0.185	0.171	0.136	0.103
4.00	0.160	0.158	0.153	0.147	0.140	0.122	0.102
5.00	0.126	0.125	0.124	0.121	0.117	0.107	0.095

（3）三角形分布条形荷载

图 4-19 所示三角形分布条形荷载作用情形，荷载分布的最大值为 p。将坐标轴原点定在三角形荷载的零点处，在条形荷载的宽度方向取微元 $\mathrm{d}\xi$，将其上作用的荷载 $\mathrm{d}p=\frac{\xi}{b}p\mathrm{d}\xi$ 视为线荷载，根据公式可求得 $\mathrm{d}p$ 在地基土中任一深度处 M 点处所引起的附加应力 σ_z。

$$\mathrm{d}\sigma_z=\frac{2p}{\pi b}\times\frac{z^3\xi}{\left[(x-\xi)^2+z^2\right]^2}\mathrm{d}\xi \tag{4-41}$$

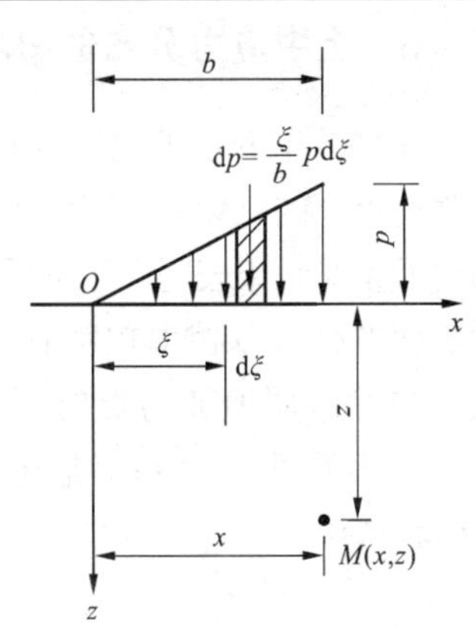

图 4-19　三角形分布条形荷载作用下地基附加应力计算

对上式沿荷载作用宽度 b 方向进行积分，即可求得三角形分布条形荷载作用下地基任意一点 M 的竖向附加应力 σ_z：

$$\begin{aligned}\sigma_z&=\frac{2z^3p}{\pi b}\int_0^b\frac{\xi\mathrm{d}\xi}{\left[(x-\xi)^2+z^2\right]}\\&=\frac{1}{\pi}\left[n\left(\arctan\frac{n}{m}-\arctan\frac{n-1}{m}\right)-\frac{m(n-1)}{(n-1)^2+m^2}\right]p\end{aligned} \tag{4-42}$$

令 $\alpha_s = \frac{1}{\pi}\left[n\left(\arctan\frac{n}{m} - \arctan\frac{n-1}{m}\right) - \frac{m(n-1)}{(n-1)^2 + m^2}\right]$，则可以写成：

$$\sigma_z = \alpha_s p \tag{4-43}$$

式中 α_s——应力系数，是 $n = \frac{x}{b}$ 和 $m = \frac{z}{b}$ 的函数，其值可从表 4-6 中查得。

表 4-6　　三角形分布条形荷载作用下竖向应力系数 α_{tz}

z/b \ x/b	−0.50	−0.25	0.00	0.25	0.50	0.75	1.00	1.25	1.50
0.01	0.000	0.000	0.003	0.249	0.500	0.750	0.497	0.000	0.000
0.10	0.000	0.002	0.032	0.251	0.498	0.737	0.468	0.010	0.002
0.20	0.003	0.009	0.061	0.255	0.489	0.682	0.437	0.050	0.009
0.40	0.010	0.036	0.011	0.263	0.441	0.534	0.379	0.137	0.043
0.60	0.030	0.066	0.140	0.258	0.378	0.421	0.328	0.177	0.080
0.80	0.050	0.089	0.155	0.243	0.321	0.343	0.285	0.188	0.106
1.00	0.065	0.104	0.159	0.224	0.275	0.286	0.250	0.184	0.121
1.20	0.070	0.111	0.154	0.204	0.239	0.246	0.221	0.176	0.126
1.40	0.080	0.144	0.151	0.186	0.210	0.215	0.198	0.165	0.127
2.00	0.090	0.108	0.127	0.143	0.153	0.155	0.147	0.134	0.115

5. 土中应力分布的影响因素

上面几节介绍了地基中附加应力的计算方法，都是基于弹性理论把土看成均质、等向的线弹性体而得到的。然而，现实工程中的土与理想条件均存在一定程度的偏离，根据一些学者的试验研究及量测结果表明，当土质较均匀，土颗粒较细，且压力不是很大时，用上述方法得到的竖直附加应力 σ_z 与实测值相差不大。下面简要讨论成层地基、变形模量、各向异性对土中应力的影响。

（1）成层地基的影响

大多数建筑地基都是由压缩性不同的土层组成的，研究表明，主要可以分成以下两类（图 4-20）：

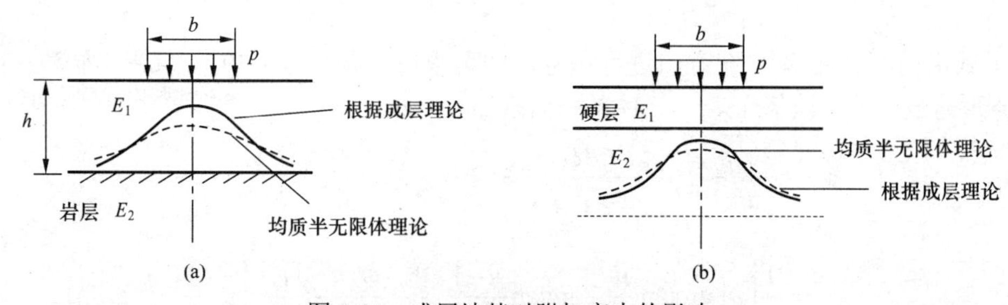

图 4-20　成层地基对附加应力的影响

（a）$E_1<E_2$ 时应力集中现象；（b）$E_1>E_2$ 时应力扩散现象

1）可压缩土层覆盖于刚性岩层上。

如图 4-20（a）所示，可压缩土层覆盖在刚性岩层上。由弹性理论解可知，上层土中荷载中轴线附近的附加应力 σ_z 比均质半无限体时增大。离开中轴线，应力逐渐减小至某一距离后，应力小于均匀半无限体时的应力，这种现象称为“应力集中”。应力集中程度与荷载宽度 b 与压缩层厚度 h 之比有关，随着 h/b 增大，应力集中现象减弱。图 4-21 为均布荷载下，岩层位于不同深度时，中轴线上 σ_z 的分布图，可看出 h/b 越小，应力集中程度越高。

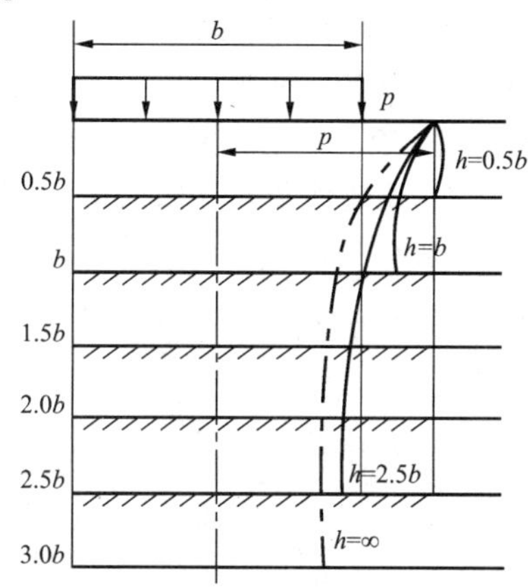

图 4-21　岩层在不同深度时基础轴线下的竖向应力分布

2）硬土层覆盖在软弱土层上。

如图 4-20（b）所示，此种情况将出现硬层下面，荷载中轴线附近附加应力减小的应力扩散。由于应力分布较为均匀，地基沉降也相应均匀。如图 4-22 所示，地基土层厚度为 h_1、h_2、h_3，相应的变形模量为 E_1、E_2、E_3，地基表面受半径 $r=1.6h_1$ 的圆形均布荷载 p 作用，荷载中心下面土层中的 σ_z 分布。从图可以看出，当 $E_1>E_2>E_3$ 时（曲线 A、B），荷载中心下土层中的应力 σ_z 明显低于 E 为常数时（曲线 C）均质土的情况。因此，在道路工程中，常用一层比较坚硬的路面来降低地基中的应力集中，减小路面因不均匀变形而破坏的概率。

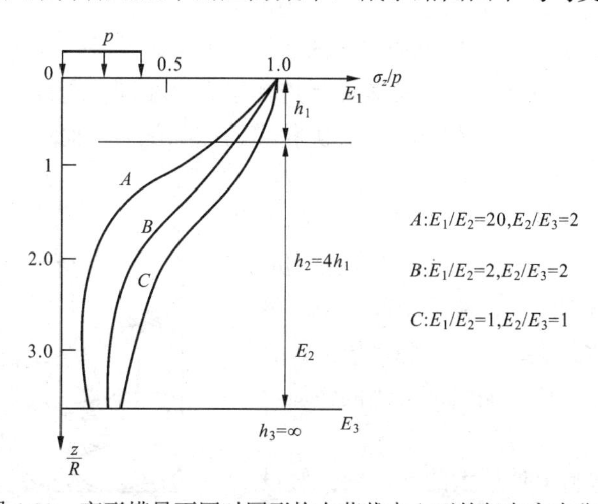

图 4-22　变形模量不同时圆形均布荷载中心下的竖向应力分布

（2）变形模量随深度增大的影响

与假定的均质地基相比，在砂土地基中常有土的变形模量随着深度的增大而增大的情况，前者没有荷载中心线下的地基附加应力σ_z发生应力集中的现象。弗罗利克对这一问题进行了研究，提出了集中力F作用下地基中附加应力的半经验公式，表达式如下：

$$\sigma_z=\frac{\upsilon F}{2\pi R^2}\cos^{\upsilon}\theta \tag{4-44}$$

式中 υ——大于 3 的集中因数，当$\upsilon=3$时上式与（4-14）一致。υ随地基弹性模量与地基深度关系以及泊松比的变化而不同。

由式（4-44）可知，当R相同，$\theta=0$或很小时，υ越大，σ_z越高。反之θ很大时，则υ越小，σ_z越低。可见，这类土的非均质现象将使地基中的应力向荷载作用线附近集中。

天然沉积土因沉积条件和应力状态不同常常使土体表现出各向异性的特征。例如层状结构的页片黏土，在垂直方向与水平方向的变形模量E就不同，从而影响土中应力的分布。研究表明，在泊松比ν相同，但土的水平向变形模量$E_x\left(=E_y\right)$与竖直变形模量E_z不等的情况下，若$E_x>E_z$，则在各向异性地基中将出现应力扩散现象；若$E_x<E_z$，则出现应力集中现象。

4.5 有效应力原理

土体是一种由三相体组成的碎散材料，它在受力后三相间如何分担，力在土体中又如何传递？1923 年太沙基在研究饱和土时提出了有效应力原理，阐明了碎散颗粒材料与连续固体材料在应力—应变关系上的重大区别。有效应力原理的提出，回答了上述问题，也标志着土力学真正成为了一门独立学科。

1. 有效应力原理的基本概念

为了形象地说明问题，现取两组完全相同的饱和土样，把它们放在相同的容器内。一个土样上面加 3kg 的水，另一个土样上加 3kg 的石块，就会发现第一组土样没有产生压缩，而第二组产生了一定压缩。尽管两组试样表面都施加了大小相同的荷载，但压缩结果却不同，这主要是因为加水方式施加的荷载是通过孔隙传递的孔隙压力，而第二个石块施加的荷载是通过颗粒间传递的有效应力。

饱和土是由固体颗粒构成的骨架和充满其间的水组成两相体，当受到外力作用后，一部分由颗粒间的接触面进行传递，由土骨架承担，称为粒间应力；另一部分通过连通的孔隙水传递，称为孔隙水压力。有效应力原理就是研究饱和土中这两种应力不同性质及它们与总应力的关系。

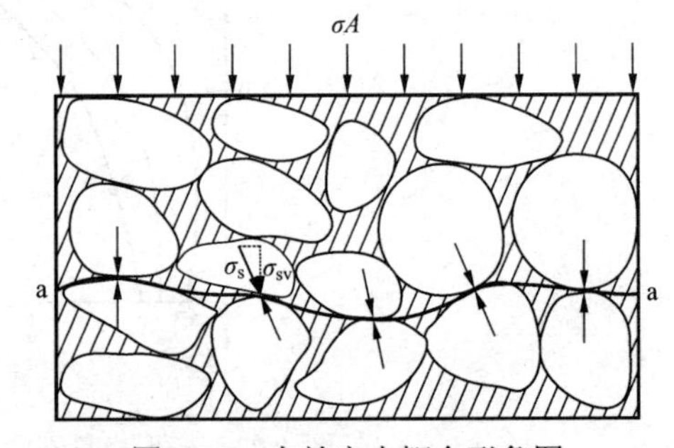

图 4-23　有效应力概念形象图

图 4-23 所示为饱和土体放大的形象图。假设土样的横截面面积为A，土颗粒接触面积为A_s，现沿

土颗粒间接触面截取一曲线状截面 $a-a$ 。则作用在 $a-a$ 横截面上的总应力 σ ，由土颗粒接触面间的法向应力 σ_{sv} 和孔隙水压力 u 组成。

由竖直方向的静力平衡有：

$$\sigma A=\sigma_{sv}A_s+u\left(A-A_s\right) \tag{4-45}$$

将上式两边均除以面积 A ，得：

$$\sigma=\frac{\sigma_{sv}A_s}{A}+\frac{u\left(A-A_s\right)}{A} \tag{4-46}$$

式中，右边第一项称为平均竖向粒间应力，即为有效应力，用 σ' 表示；因为 A_s 很小，因此 $A-A_s/A\approx1$，故右边 $\dfrac{u\left(A-A_s\right)}{A}\approx u$ 。所以式可以写成：

$$\sigma=\sigma'+u \tag{4-47}$$

式中　σ——土的总应力（kPa）；

　　σ'——土的有效应力（kPa）；

　　u——孔隙水压力（kPa）。

式（4-47）就是饱和土有效应力原理的表达式。

有效应力 σ' 是一个虚拟的物理量，它很难直接测定而得，而是通过求得总应力与孔隙水压力之差而得到。它不是颗粒间的接触应力，而是土体单位面积上所有颗粒间接触力的垂直分量之和。

2. 静水位下有效应力的计算

如图 4-24 所示，某均质土层的天然重度为 γ ，饱和重度为 γ_{sat} ，有效重度为 γ' ，地下水位距地面深度为 h_1 ，当 B、C 两点的水头相等时，土中水处于静止状态。则 C 点的总应力为该点以上单位土柱、水柱的自重之和：

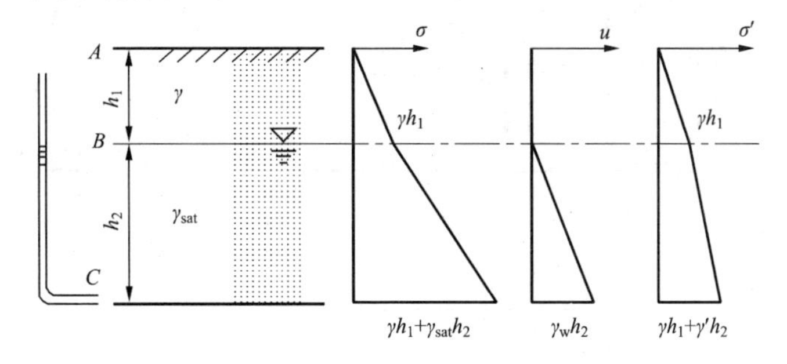

图 4-24　静水压力下土中总应力、孔隙水压力和有效应力分布示意图

$$\sigma=\gamma h_1+\gamma_{sat}h_2=\gamma_1h_1+\left(\gamma'+\gamma_w\right)h_2 \tag{4-48}$$

孔隙水压：

$$u=\gamma_w h_2 \tag{4-49}$$

有效应力：

$$\sigma'=\sigma-u=\gamma h_1+\gamma' h_2 \tag{4-50}$$

正如前面所讲的，在计算土中自重应力时，地下水位以下透水层的重度要采用有效重度，由此可见，土中自重应力也就是有效自重应力。

当地下水位下降至B'点时，公式中，h_1增大，h_2减小，又有$\gamma>\gamma'$，有效应力σ'和孔隙水压力u沿深度分布，如图4-25中的虚线所示，可见地下水位下降后有效应力σ'增大了。这也说明了地下水位的降低将使地下水位下土体的有效应力增加，于是就引起了土体的压缩，也就解释了城市中由于地下水位下降而引起地面沉降塌陷的现象了。

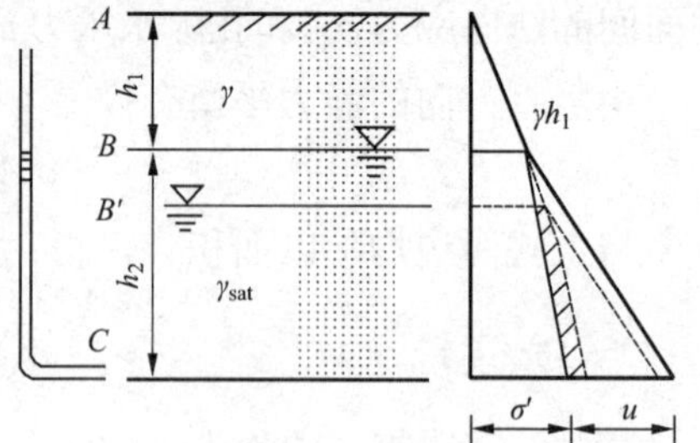

图4-25　水位下降土中应力变化示意图

3. 渗流时有效应力的计算

如图4-26（a）所示，当B点的水头比C点高出h时，水在土体中将发生自上而下的渗流。则C点的总应力为该点以上单位土柱、水柱的自重之和：

$$\sigma=\gamma h_1+\gamma_{sat}h_2=\gamma_1 h_1+\left(\gamma'+\gamma_w\right)h_2 \tag{4-51}$$

孔隙水压：

$$u=\gamma_w\left(h_2-h\right) \tag{4-52}$$

则有效应力：

$$\sigma'=\sigma-u=\gamma h_1+\gamma' h_2+\gamma_w h \tag{4-53}$$

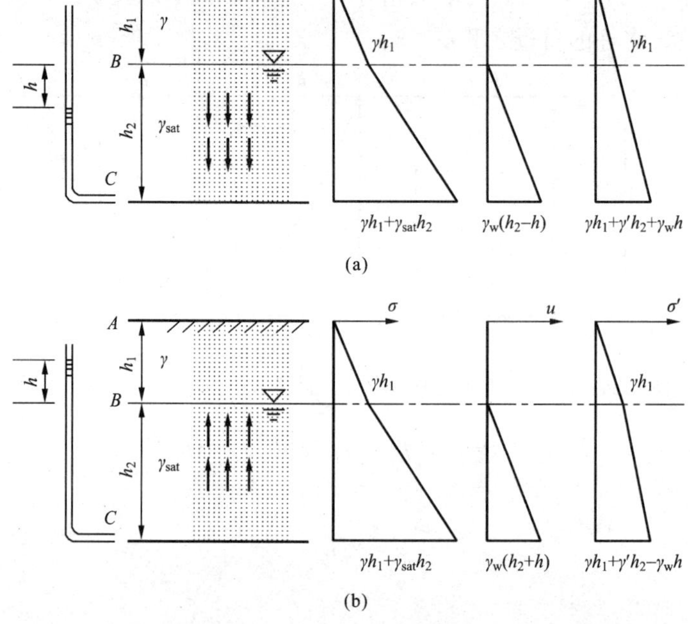

图4-26　土中水渗流时总应力、孔隙水压力和有效应力分布示意图

（a）水自上向下渗流；（b）水自下向上渗流

当C点的水头比B点高出h时，水在土体中将发生自下而上的渗流，如图 4-24（b）所示。则C点的总应力为该点以上单位土柱、水柱的自重之和：

$$\sigma = \gamma h_1 + \gamma_{sat} h_2 = \gamma_1 h_1 + (\gamma' + \gamma_w) h_2 \tag{4-54}$$

孔隙水压：

$$u = \gamma_w (h_2 + h) \tag{4-55}$$

则有效应力：

$$\sigma' = \sigma - u = \gamma h_1 + \gamma' h_2 - \gamma_w h \tag{4-56}$$

由以上计算可知：土中的渗流不影响总应力的大小，当土中水发生自上而下的渗流时，有效应力将增加，导致土层发生压密变形，故也叫渗流压密；而当土中水自下而上渗流时，有效应力将减小。

延伸阅读

太沙基与有效应力原理

1923 年的一个雨天，太沙基在外边行走，不留神滑了一跤。他想牛顿当年被苹果一砸，竟然发现了万有引力理论，自己也不能不明不白地跌这一跤。于是，他没有急于爬起来，而是仔细观察黏土地面，思考着：为什么人在饱和的黏土上快走会滑倒，而在干黏土和砂土上不会滑倒呢？他仔细观察，发现鞋底很光滑，滑倒处地面上有一层水膜。于是他认识到：作用在饱和土体上的总应力，由作用于土粒骨架上的有效应力和作用在孔隙水上的孔隙水压力组成。前者产生摩擦力，提供人前行所需的反力；后者没有抗剪强度。人踏在饱和黏土上的瞬时，总应力转化为超静孔隙水压力，而黏土渗透系数又小，快行一步时间内孔压不会消散而转化为有效应力，因而人快步行走就会滑倒，这样著名的“有效应力原理”就诞生了。可见智者失足，必有所得；愚者失足，怨天尤人。

有效应力原理的提出，阐明了碎散颗粒材料与连续固体材料在应力-应变关系上的重大区别，从而形成使土力学成为一门独立学科的重要标志。这是土力学区别于其他力学的一个原理。外荷载作用后，土中应力被土骨架和土中水、气共同承担，但是只有通过土颗粒传递的有效应力才会使土产生变形，具有抗剪强度。通过孔隙中的水、气传递的孔隙压力对土的强度和变形没有贡献。这可以通过一个试验理解：比如有两组土试样，一个加水超过土表面若干，我们会发现土样没有压缩；另一个表面放重物，很明显土样压缩了，尽管这两组试样表面都有荷载，但是结果不同。原因就是前一个荷载是通过孔隙水压传递的，后一个是通过颗粒传递的，只有通过颗粒传递的才为有效应力。

饱和土的压缩有个排水过程（孔隙水压力消散的过程），只有排完水，土才压缩稳定。再者在外荷载作用下，土中应力被土骨架和土中的水、气共同承担，水是没有摩擦力的，只有土粒间的压力（有效应力）产生摩擦力（摩擦力是土抗剪强度的一部分）。

这一原理阐明饱和土体中的总应力包括两部分，即孔隙水压力和有效应力，孔隙水压力的变化不会引起土的体积变化，也不影响土体破坏。影响土的性质，如土的压缩性、抗剪强度等变化的唯一的力是有效应力。所以，要研究饱和土的压缩性、抗剪强度、稳定性和沉降，就必须了解土体中有效应力的变化。有效应力原理是反映饱和土总应力、孔隙水压力和有效应力三者相互关系的基本方程。当总应力保持不变时，孔隙水压力和有效应力可相互转化，即孔隙水压力减少（增大），则有效应力增大（减少）。通常总应力是可计算或量测的，孔隙水压力也可以实测或计算，然而有效应力只能通过有效应力原理求得。可见有效应力原理对分析地基或土体的变形与稳定性具有重要的意义。

有效应力从一个颗粒向另一个颗粒传递的机理及其对土性质的影响是比较复杂的。根据试验观测和研究，土颗粒间的接触连接是由推动土颗粒靠近的总应力与推动颗粒分离的孔隙水压力、颗粒间相互吸引与相互排斥力两对相互矛盾的力作用平衡的结果。颗粒与颗粒间往往不是直接接触，而是存在一定距离，颗粒通过表面吸附着的厚为 0~120nm（纳米）的水膜相联结。有效应力是通过水膜从一个颗粒传递到另一个颗粒的。对于粗颗粒土类，由于颗粒表面水膜很薄或不存在水膜，因此，颗粒间通过颗粒表面直接接触，接触点的面积很小，在有效应力作用下常被压碎，形成粗糙表面接触，增加大摩擦阻力，引起土的强度增大。对于细粒土类，由于颗粒表面存在较厚水膜（特别是以薄片状的黏土矿物构成的面与面接触结构的土），颗粒间的接触面积是比较大的。在有效应力的作用下，矿物颗粒表面水膜中的水分子被挤排出去而缩小了颗粒间的距离，通过引力使颗粒保持联结，从而引起土骨架体积压缩和颗粒联结力增大，使土的强度增大。对于特别细颗粒的黏土，如钠蒙脱石黏土，其颗粒间的面与面接触是通过双电层水膜联结的，有效应力是通过双电层膜传递的。在有效应力的作用下，颗粒沿双电层水膜产生蠕变，而不引起土的强度增大。

总之，有效应力在土颗粒面的传递机理是比较复杂的，也说明土性质的复杂性与有效应力在土颗粒间的传递有关。所以，研究土的强度与变形性质，如果不知道作用于土骨架上的有效应力，就难以合理地确定土的强度特性。根据上述有效应力原理，不需知道颗粒间力的传递，仅从可测定的总应力和孔隙水压力及其变形和强度的变化，通过宏观的推断就可获得极其简明而符合实际的有效应力公式，成为土力学的一个重要的科学概念。

本章复习要点

掌握：自重应力；附加应力；基底压力；有效应力；孔隙水压力；应力分布的影响因素；附加应力产生的条件。

理解：附加应力计算的基本假定；附加应力的分布规律；有效应力原理。

复习题

1. 土中应力的定义是什么？它们有哪些类别、各自的用途？
2. 土中应力计算模型是如何简化而来，在工程应用中应注意哪些问题？
3. 基底压力分布的影响因素有哪些，简化直线分布的假设条件是什么？

4. 土中附加应力的产生原因是什么，工程实际中如何考虑？
5. 如图4-27所示，假设基底压力均为 p_0，比较图示三种情况下 A 点下深度5m处土中附加应力的大小。
6. 如图4-28所示，某路基的顶宽度为8m，底宽度为16m，高度为2m，填土重度 $\gamma = 18\text{kN}/\text{m}^3$，试求路基底面中心点和边缘下深度2m处地基的附加应力值。

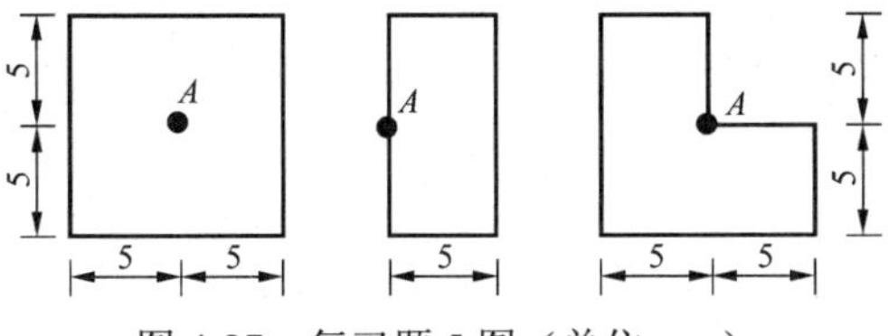

图4-27　复习题5图（单位：m）

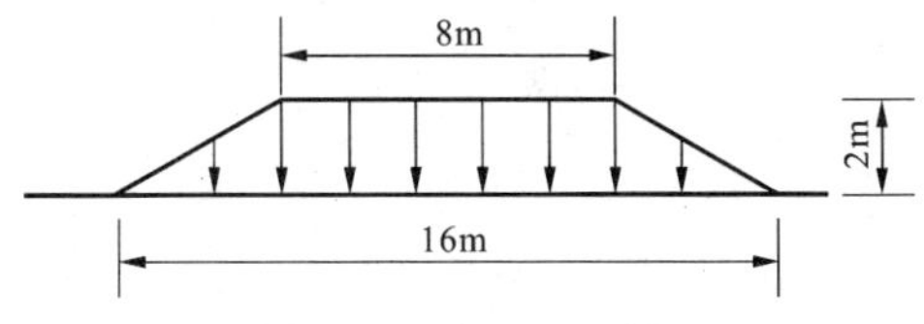

图4-28　复习题6图

第5章　土的压缩与变形

5.1　概述

土体在压力的作用下发生体积缩小的特性，称为土的压缩性。在一般压力作用下，土颗粒与土中水的压缩量与土体的总压缩量相比很微小，可以忽略不计。因此，土的压缩量主要是来自于土中孔隙体积的减小。

测定土体压缩性能常用侧限压缩试验（也称固结试验）进行。侧限压缩试验虽然未能完全符合地基土的实际受力情况，但因其操作简单和实用价值较高，而具有重要的意义。通过土的压缩试验可测量土的压缩系数α、压缩模量 E_s等压缩指标。

土的压缩随时间而增长的过程，称为土的固结。土的压缩或沉降一般不会在很短时间内完成，它需要一个时间的过程。因此，研究地基的沉降与变形还要考虑时间因素的影响。

本章主要介绍固结试验、压缩性指标、应力历史对压缩性的影响、基础最终沉降量的计算以及地基变形与时间有关的一维固结理论等。

5.2　土的压缩性及其指标

研究土的压缩性，首先要研究能反映土压缩性能的指标。无论是室内试验还是原位试验，都应力求试验条件与土的天然状态及其在外荷载作用下的实际条件相符合。在一般工程中，都采用不允许土样产生侧向变形的室内压缩试验来测定土的压缩指标。

1. 室内压缩试验与压缩性

(1) 侧限压缩试验

侧限压缩试验，亦称固结试验，是目前最常用的测定土压缩性的室内试验方法。

压缩试验采用的试验装置是压缩仪（也称固结仪），其主要部分构造如图 5-1 所示。试验时，取出金属环刀切片小心切入保持天然结构的原状土样，并将其置于圆筒形固结容器的刚性环内，土样上下各垫一块透水石，以使土栏受压后能上下双向排水。由于金属环刀和刚性护环的限制，土样在压力作用下只能发生竖向压缩，而无侧向变形。土样在天然状态下或经人工饱和后，进行逐级加压，测定各级压力 p_i 作用下土样竖向变形稳定后的孔隙比 e_i。施加竖向荷载后，通过百分表测定土样的竖向变形，一般认为每小时的变形量不超过 0.005mm，即可认为变形已稳定。

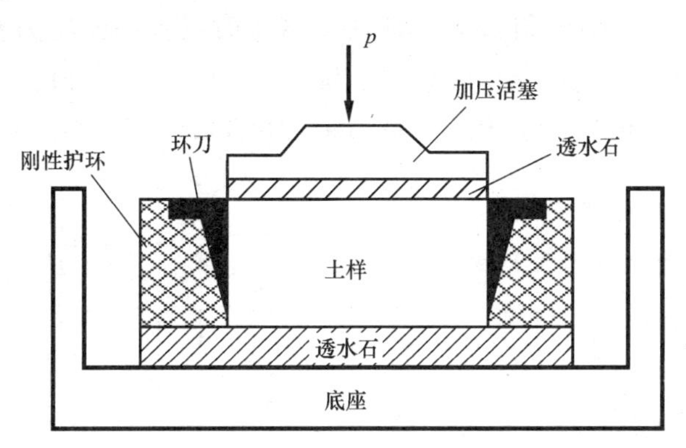

图 5-1　固结仪的固结容器简图

如图 5-2 所示，设土样的初始高度为 H_0，受压后土样高度为 H_i，在压力 p_i 作用下土样稳定压缩量为 ΔH_i，则 $H_i = H_0 - \Delta H_i$。假设土粒体积 V_s 恒保持不变，且令 $V_a = 1$。根据孔隙比的定义 $e = V_v / V_a$，则在受压前 $V_v = e_0$，受压稳定后 $V_v = e_i$。

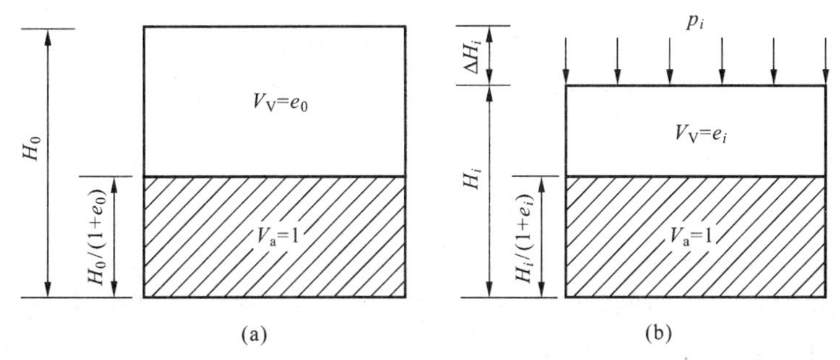

图 5-2　侧限条件下土样孔隙比的变化

现利用受压前后土粒体积不变和土样横截面面积不变两个条件，推导求土样压缩稳定后的孔隙比。

$$\frac{H_0}{1+e_0} = \frac{H_i}{1+e_i} \tag{5-1}$$

或

$$\frac{\Delta H_i}{H_0} = \frac{e_i - e_0}{1+e_0} \tag{5-2}$$

则可得

$$e_i = e_0 - \frac{\Delta H_i}{H_0}\left(1+e_0\right) \tag{5-3}$$

这样，只要测定地土样在各级压力 p_i 作用下的稳定压缩量 ΔH_i 后，就可按式（5-3）算出相应的孔隙比 e_i，然后绘制出 $e-p$ 曲线，就是土的压缩曲线。

压缩曲线有两种绘制方法：一种是在普通直角坐标系中绘制 e–p 曲线，如图 5-3 所示，在常规试验中，一般按 p=50kPa、100 kPa、200 kPa、300 kPa、400kPa 共五级加载；另一种是在半对数直角坐标系中绘制 $e-\lg p$ 曲线，试验时以较小的压力开始，采取小增量多级加荷，并加到较大荷载为止，压力等级宜为 12.5 kPa、18.75 kPa、25 kPa、37.5 kPa、50 kPa、100 kPa、200 kPa、400 kPa、800 kPa、1600 kPa、3200kPa。

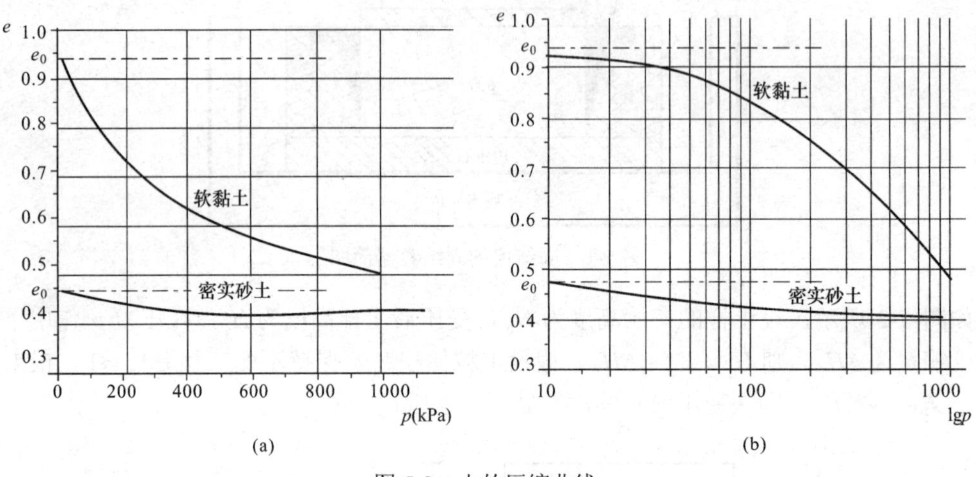

图 5-3 土的压缩曲线

（a）e-p 曲线；（b）e-lg$p$ 曲线

（2）压缩指标

评价土体压缩性的常用指标有压缩系数、压缩指数、压缩模量。

1）压缩系数 a。土的压缩系数是指土体在侧限条件下孔隙比减小量与有效压应力增量之比，即 e–p 曲线中某一压力段的割线斜率。因此，在 e–p 曲线中，曲线越陡，则说明同一压力段内，土孔隙比的减小越大，即土的压缩性就越高。所以，曲线任一点的切线斜率 a 就表示相应压力 p 作用下的土的压缩性：

$$a=-\frac{\mathrm{d}e}{\mathrm{d}p} \tag{5-4}$$

式中的负号表示随着压力 p 的增加，孔隙比 e 逐渐减小。

实际中，一般是研究土中某点由原来的原始应力 p_1 增加到外荷作用后土中总压力 p_2，这一压力段所表征的压缩性。如图 5-4（a）所示，土中某点压力由原始压力 p_1 增加到外荷作用后的土中总压力 p_2，相应的孔隙比由 e_1 减到 e_2。此时，土的压缩性用割线 M_1M_2 斜率表示。设割线与横坐标的夹角为 β，则：

$$a=\tan\beta=\frac{\Delta e}{\Delta p}=\frac{e_1-e_2}{p_2-p_1} \tag{5-5}$$

式中 a——土的压缩系数（kPa^{-1} 或 MPa^{-1}）；

p_1——地基深度处土中竖向自重应力，即土中某点的“原始压力”（kPa 或 MPa）；

p_2——地基某深度处自重应力与竖向附加应力之和，即土中某点的“总和压力”（kPa 或 MPa）；

e_1——相应于 p_1 作用下压缩稳定后的孔隙比；

e_2——相应于 p_2 作用下压缩稳定后的孔隙比。

一般采用压力段由 $p_1 = 100\text{kPa}(0.1\text{MPa})$ 增加到 $p_2 = 200\text{kPa}(0.2\text{MPa})$ 时所得的压缩系数 a_{1-2} 来评定土的性，即：

当 $a_{1-2} < 0.1\text{MPa}^{-1}$ 时，为低压缩性土；

当 $0.1 \leqslant a_{1-2} < 0.5\text{MPa}^{-1}$ 时，为中压缩性土；

当 $a_{1-2} \geqslant 0.5\text{MPa}^{-1}$ 时，为高压缩性土。

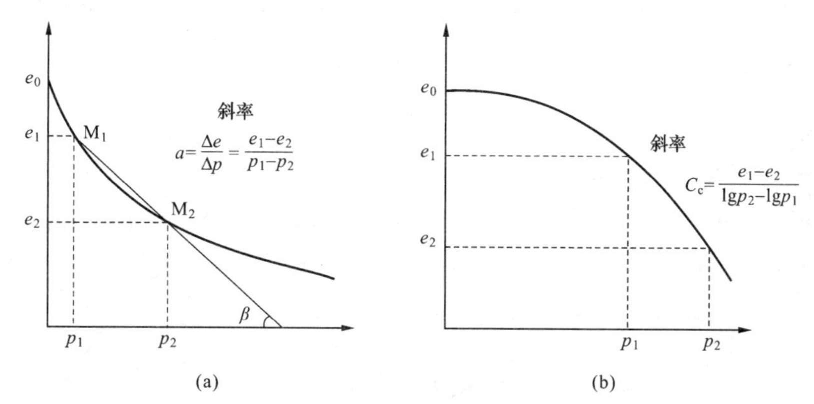

图 5-4 土压缩指标的计算

（a）*e-p* 曲线；（b）*e*-lg*p* 曲线

2）压缩指数 C_c。

在 $e - \lg p$ 曲线中，其后段接近直线，土的压缩指数就是该直线段的斜率。如图 5-4（b）所示，其后压力直线段的斜率为

$$C_c = \frac{e_1 - e_2}{\lg p_2 - \lg p_1} = \frac{\Delta e}{\lg(p_2/p_1)} \tag{5-6}$$

式中 C_c——土的压缩指数；

其他符号同式（5-6）。

同压缩系数 a 一样，压缩指数 C_c 值越大，土的压缩性就越高。当 C_c＜0.2 时，为低压缩性土；当 C_c＞0.4 时，为高压缩性土。

3）压缩模量 E_s。

土的压缩模量，也叫侧限压缩模量，是指土体在侧限条件下的竖向附加应力与竖向应变的比值（MPa），即：

$$E_s = \frac{\sigma_z}{\varepsilon_z} \tag{5-7}$$

由于 $\sigma_z = \Delta p$，$\varepsilon_z = -\dfrac{\Delta e}{1+e_1}$，并由式知：$\Delta e = a\Delta p$ 所以，

$$E_s = \frac{\Delta p}{-\Delta e/(1+e_1)} = \frac{1+e_1}{a} \tag{5-8}$$

上式表明土体在侧限条件下，当土中应力变化不大时，压应力增量与压应变增量成正比，其比例系数为 E_s。土的压缩模量是表示土压缩性的另一指标，其值越小，表示土的压缩性越高。

（3）回弹曲线与再压缩曲线

在室内侧限压缩试验中，如加压到某点 p_i 后不再加压[对应于图 5-5（a）中的 *ab* 段]，而是进行逐级减压至零，可看到土样的回弹现象。若测量各级压力作用下土样回弹稳定后的孔隙比，绘制相应的孔隙比和压力关系曲线，则可得图 5-5（a）中的 *bc* 段曲线，该曲线就称为回弹曲线。从图可以看出，土样在压力 p_i 作用下产生压缩变形，卸载完毕后，土样并不能完全恢复到初始孔隙比 e_0 的 *a* 点，这就说明了土的压缩变形是由弹性变形和残余变形两部分组成的。

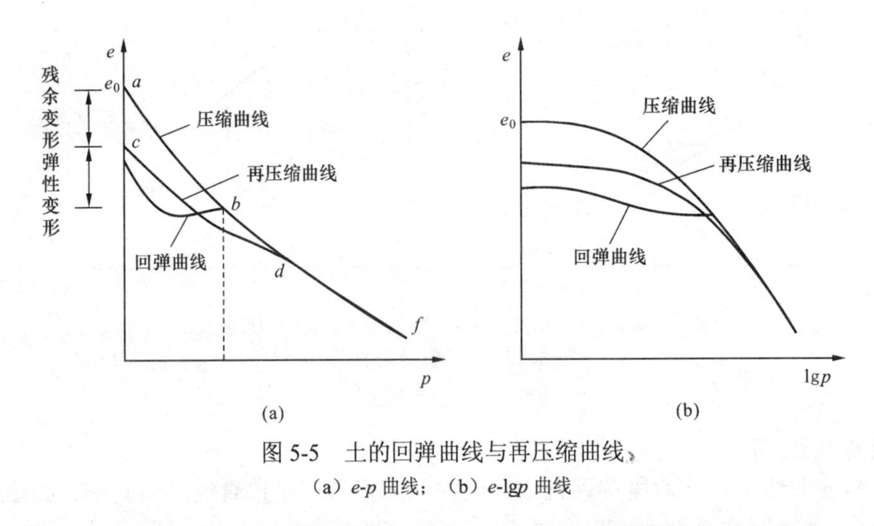

图 5-5 土的回弹曲线与再压缩曲线

（a）*e-p* 曲线；（b）*e*-lg*p* 曲线

在卸载完成后，再进行重新逐级加载，可得压力下再压缩稳定后的孔隙比，绘制如图 5-5（a）所示的 *cdf* 段。其中，*df* 段好像是 *ab* 段的延续，犹如期间没有经过卸压和再加压过程一样。如图 5-5（b）所示的半对数坐标中，也可以看出这种现象。

对于基底面积和埋深很大的基础，基坑开挖后，地基受到很大的减压（相当于卸载），就会发生土体的膨胀，引起坑底的回弹。因此，在预估基础沉降时，应考虑开挖基坑地基土的回弹，进行土的回弹再压缩试验，以得出相关参数。

2. 现场载荷试验及变形模量

（1）现场载荷试验

图 5-6 所示为地基现场载荷试验简图。载荷试验是在工程现场通过千斤顶逐级对置于地基土上的载荷板施加荷载，观测记录沉降随时间发展及稳定时的沉降量 s，将试验得到的各级荷载与相应的稳定沉降量绘制成 $p-s$ 曲线，如图 5-7 所示。此外还可以进行卸载试验，进行沉降观察，得到回弹变形（即弹性变形）和塑性变形。

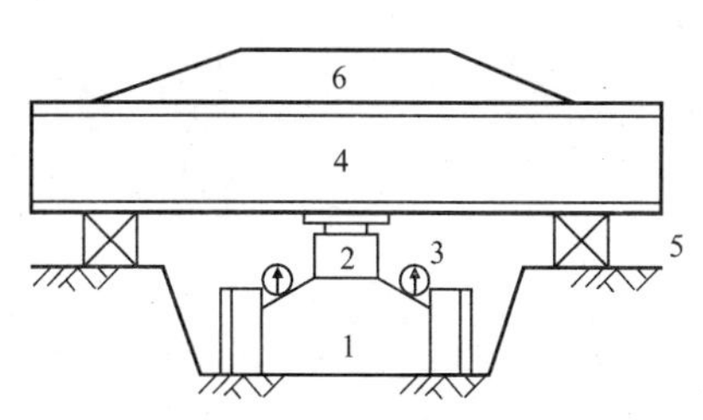

图 5-6　地基现场荷载试验简图

1—荷载板；2—千斤顶；3—百分表；4—平台；5—枕木；6—堆重

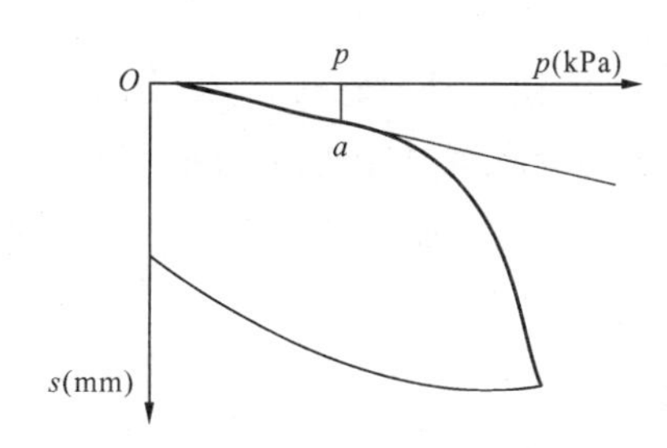

图 5-7　地基土现场载荷试验 $p-s$ 曲线

（2）变形模量

土的变形模量是指土体在无侧限条件下的应力与应变的比值，用 E_0 表示。在 $p-s$ 曲线上，当荷载小于某值时，荷载 p 与载荷板沉降 s 之间往往呈直线关系，在 $p-s$ 曲线直线段或接近直线段任选一压力 p 和它对应的沉降量 s，利用弹性力学公式可得地基的变形模量，即

$$E_0 = \omega\left(1-\mu^2\right)\frac{pb}{s} \tag{5-9}$$

式中　ω——沉降影响系数，对刚性载荷板，方形板时取 $\omega = 0.88$，圆形板时取 $\omega = 0.79$；

μ——土的泊松比，砂土可取 0.2～0.25，黏性土可取 0.25～0.45；

p——直线段的荷载强度（kPa）；

s——相应于 p 的载荷板下沉量（mm）；

b——载荷板的宽度或直径（mm）。

现场载荷试验排除了取样和试样制备过程中应力释放及机械人为等外界的扰动影响，它更接近于实际工作条件，能较真实地反映土在天然状态下的压缩性。但是，它仍然存在一些缺点，首先是现场载荷试验所需的设备笨重，操作复杂，时间长，费用高；此外，载荷板的尺寸很难做到与原型基础尺寸一样，而小尺寸载荷板在同样压力下影响的地基主要受力层范围也是很有限的，它只能反映荷载板下深度不大范围内（一般为 2.0～3.0b）土的变形特征。近年，国内外为克服这些缺点，发展了螺旋压板试验、旁压试验、触控试验等。

3. 土的弹性模量

桥梁或道路地基经常受行驶车辆的瞬时作用，在冲击荷载或反复荷载的短暂作用时，在很短时间内土体的孔隙水来不及排出或不完全排出，土的体积压缩来不及发生，在荷载结束后，产生的大部分变形都是可恢复的弹性变形。如果用压缩模量或变形模量来计算，显得与实际情况不符，因此，这时就要用到弹性模量。

土的弹性模量是土体在无侧限条件下瞬时压缩的应力-应变模量，是正应力 σ 与弹性应变 ε_{d} 的比值，用 E 来表示。

土的弹性模量一般采用三轴仪进行三轴重复压缩试验而得到应力-应变关系曲线，其中选用初始切线模量 E_i 或再加荷模量 E_r 作为弹性模量。试验时，采用质量好的不扰动土样，在三轴仪中进行固结，所施加的固结压力 σ_3 各向相等，其值取试样在现场条件下的有效自重应力，即

$\sigma_3=\sigma_{cx}=\sigma_{cy}$。固结后在不排水的条件下施加轴向压力 $\Delta\sigma$（土样所受的轴向压力为 $\sigma_1=\sigma_3+\Delta\sigma$）。在不排水条件下逐渐增加轴向压力以达到现场条件下的压力（$\sigma_z+\Delta\sigma$），然后再减至零。这样重复加荷－卸荷若干次，便可得到如图 5-8 所示的主应力差（$\sigma_1-\sigma_3$）与轴向应变 ε 的曲线关系。一般加荷和卸荷经 5～6 个循环后，这种切线模量趋近于一稳定的再加荷模量 E_r，这样确定的再加荷模量 E_r 就是符合现场条件的土的弹性模量。

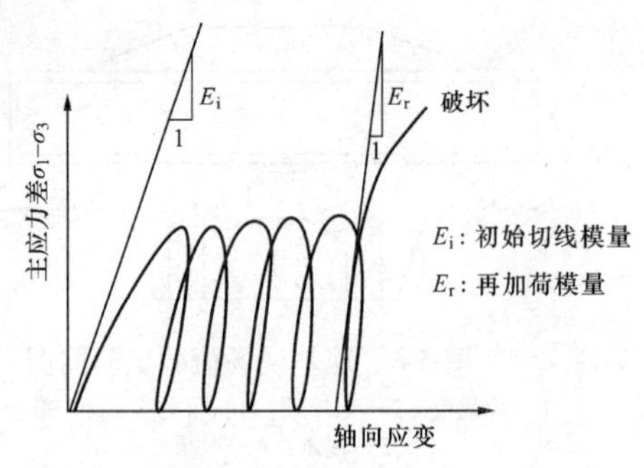

图 5-8　三轴压缩试验确定土的弹性模量

4. 压缩指标间的关系

从求压缩性指标的试验条件来考虑，压缩系数 a、压缩指数 C_c、压缩模量 E_s 都是通过试验侧限压缩试验而得到的，三者都可用来计算地基的固结沉降。从定义上看压缩系数 a 和压缩指数 C_c 都反映了孔隙比随着竖向应力变化的关系。一般，压缩系数 a 是通过常压（最大一级竖向压应力小于 500kPa）的压缩试验而得，因为是取 $e-p$ 曲线的割线斜率作压缩系数，其值大小与竖向应力水平有关，实际应用中常要考虑实际地基土中的不同应力水平取对应的值来计算地基的最终沉降量。压缩系数 C_c 是通过高压（最大一级竖向压应力大于 1000kPa）压缩试验获得，因压力较大时 $e-\lg p$ 曲线的直线段的斜率是个常数，所以压缩系数 C_c 常运用于考虑地基土应力历史时的最终沉降计算。压缩系数 a 与压缩模量 E_s 之间存在一一对应的关系，也常运用于计算地基的最终沉降量。

土的变形模量 E_0 是土在无侧限的条件下同竖向应力与竖向应变的比值。通过现场载荷试验测得，该参数可以用于弹性理论方法对最终沉降量进行估算，但不及压缩模量应用普遍。

弹性模量 E 是指正应力 σ 与弹性变形 ε_d 的比值，该参数常用于由弹性理论公式估算建筑物的初始瞬时沉降。

根据材料的弹性变形理论，可知变形模量 E_0 与压缩模量 E_s 间的关系：

$$E_0=\left(1-\frac{2\mu^2}{1-\mu}\right)E_s=\beta E_s \tag{5-10}$$

式中　β——小于 1.0 的系数，由土的泊松比 μ 确定。

需要注意的是，式（5-10）表明的只是 E_0 与 E_s 间的理论关系。实际中，由于现场荷载试验测得的 E_0 与室内压缩试验测得的 E_s 与土的真实情况都会存在一定误差。因此，E_0 可能是 βE_s 的几倍，一般来说，土越是坚硬则倍数越大，而软土的 E_0 与 βE_s 则较为接近。目前，国内外有许多学者对理论 β 值的修正进行了研究。

5.3 地基沉降计算

1. 单向压缩量的计算

如图 5-9 所示，假设土样在上部压力作用下只发生竖向的单向压缩，没有侧向变形。土

层在连续均布荷载 P_1 作用压缩稳定后的土样高度为 H，土粒体积为 V_s，相应的孔隙比为 e_1，则孔隙体积 $V_{V1}=e_1V_s$，总体积为 $V_1=V_{V1}+V_s=(1+e_1)V_s$。若继续施加压力增量 Δp，则土样上的压力为 $p_2=p_1+\Delta p$，假定压缩稳定后土样的高度为 H'，相应的孔隙比为 e_2，则此过程的压缩量为 $s=H-H'$，孔隙体积为 $V_{V2}=e_2V_s$，总体积为 $V_2=V_{V2}+V_s=(1+e_2)V_s$。

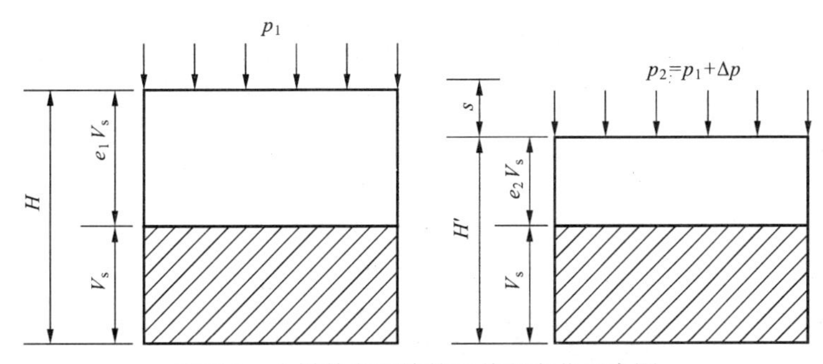

图 5-9　土样单向压缩前后体积变化示意图

在施加压力增量 Δp 的过程中，土样单位体积土体的体积为

$$\frac{V_1-V_2}{V_1}=\frac{\left[(1+e_1)-(1+e_2)\right]V_s}{(1+e_1)V_s}=\frac{e_1-e_2}{1+e_1} \tag{5-11}$$

在无侧向变形条件下，土样压缩前后的面积 A 不变，因此式（5-11）可以写成：

$$\frac{V_1-V_2}{V_1}=\frac{HA-HA}{HA}=\frac{s}{H} \tag{5-12}$$

联立式（5-11）和式（5-12）可得无侧向变形条件下土层的压缩量 s 的计算公式：

$$s=\frac{e_1-e_2}{1+e_1}H \tag{5-13}$$

式中　s——无侧向变形土的压缩量；

e_1　e_2——土体在压缩前后的孔隙比，可以通过固结试验的 $e-p$ 曲线得到；

H——土样的初始厚度。

式（5-13）是土层单向压缩量计算的基本公式，若引入压缩系数 a、压缩模量 E_s 则可以写成：

$$s=\frac{a}{1+e_1}\Delta pH \tag{5-14}$$

$$s=\frac{1}{E_s}\Delta pH \tag{5-15}$$

2. 分层总和法计算地基沉降

（1）基本原理

分层总和法是目前最常用的地基沉降计算方法。由于地基土层往往不是由单一土层组成的，各土层的压缩性能不一样，在荷载的作用下，压缩土层产生的附加应力沿深度方向也非直线分布。因此，为了计算地基最终的沉降量，首先就要进行分层，然后计算每一薄层的沉降量 s_i，各层的沉降量之和，就是地基表面的最终沉降量 s，即

$$s = \sum_{i=1}^{n} s_i \tag{5-16}$$

式中　n——计算深度范围内的分层数。

（2）计算步骤

1）绘制自重应力 σ_c 分布曲线和附加应力分布曲线，如图 5-10 所示。自重应力分布曲线由天然地面起算，基底压力 p 由作用于基础上的荷载计算。当基础有埋置深度 d 时，应采用基底附加应力 $p_0 = p - \gamma d$，计算地基中的附加应力 σ_z。

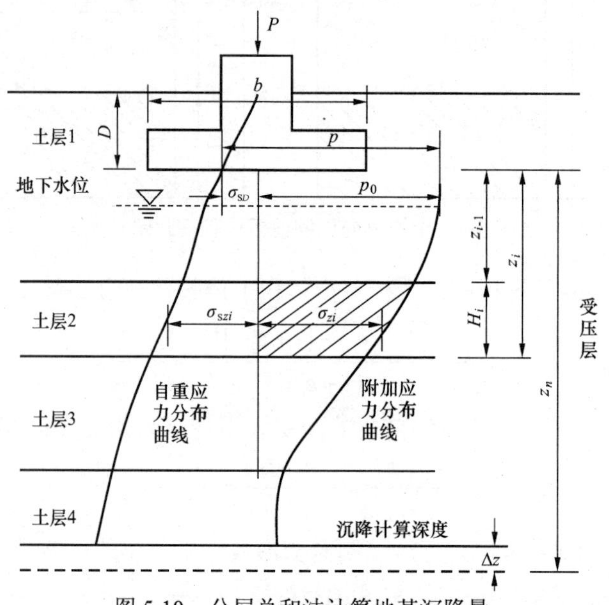

图 5-10　分层总和法计算地基沉降量

2）确定沉降计算深度。从图 5-10 可以看出，附加应力随着深度增加而逐渐递减，自重应力随着深度增加而逐渐增加，当到一定深度后，附加应力相对于该处的原有自重应力已非常小，引起的压缩变形可以忽略不计。因此，一般取 $\sigma_z = 0.2\sigma_{cz}$（即该深度处附加应力 σ_z 为自重应力 σ_{cz} 的 20%）时的深度，作为沉降计算深度的界限。若该深度下有高压缩性土（如软土），则取 $\sigma_z = 0.1\sigma_{cz}$ 时的深度，作为沉降计算界限。

3）确定沉降计算深度范围内的分层界面。在沉降计算深度范围内，不同压缩性的天然土层界面应取为沉降计算分层面；地下水面上下，土的容重不同，也应取为界面。由于附加应力沿深度的变化是非线性的，为避免计算误差，分层厚度不宜过大，一般要求是分层厚度 $h_i \leqslant 0.4b$，b 是基础的宽度。

4）计算各分层土的沉降量 s_i。可以根据式（5-13）～式（5-15）中任一个公式计算第 i 层土的压缩量 s_i：

$$s_i = \frac{\overline{\sigma}_{zi}}{E_{si}} h_i \tag{5-17}$$

$$s_i = \left(\frac{a}{1+e_1}\right) \overline{\sigma}_{zi} h_i \tag{5-18}$$

$$s_i = \left(\frac{e_1 - e_2}{1 + e_1}\right)_i h_i \tag{5-19}$$

式中　$\overline{\sigma}_{zi}$——第 i 层土的平均附加应力（kPa）；

E_{si}——第 i 层土的侧限压缩模量（kPa）；

h_i——第 i 层土的厚度（m）；

a——第 i 层土的压缩系数（kPa^{-1}）；

e_1、e_2——第 i 层土的压缩前与压缩稳定后的孔隙比。

5）根据式 5-16 计算地基的最终沉降量。

例题 5-1　某水闸基础宽度 B=20m，长度 L=500m，竖向荷载 $p=1800\text{kN/m}$，偏心矩 $e=0.5\text{m}$。基底埋深 D=3m。地下水位在原地面下 6m 处，如图 5-11（a）所示。

该处地质剖面如图 5-11（b）所示，上层为软黏层，其湿容重 $\gamma=19.2\text{kN/m}^3$，浮容重 $\gamma'=10\text{kN/m}^3$。在自重下，土已压缩稳定。地基土层中下层为中密砂层，其压缩性很低，且透水性高，完工前已压缩稳定，故变形可忽略。基坑开挖后观测得地基土的回弹量很小，亦可忽略不计。

基底以下不同深度范围内，软黏土的压缩曲线（e-p 曲线）见图 5-12。图中曲线Ⅰ、Ⅱ和Ⅲ分别为地下水位以上和地下水位以下 5m 深度内及地下水位以下 5～12m 深度内的压缩曲线。计算基底中心线下（点 A）地基表面的变形。

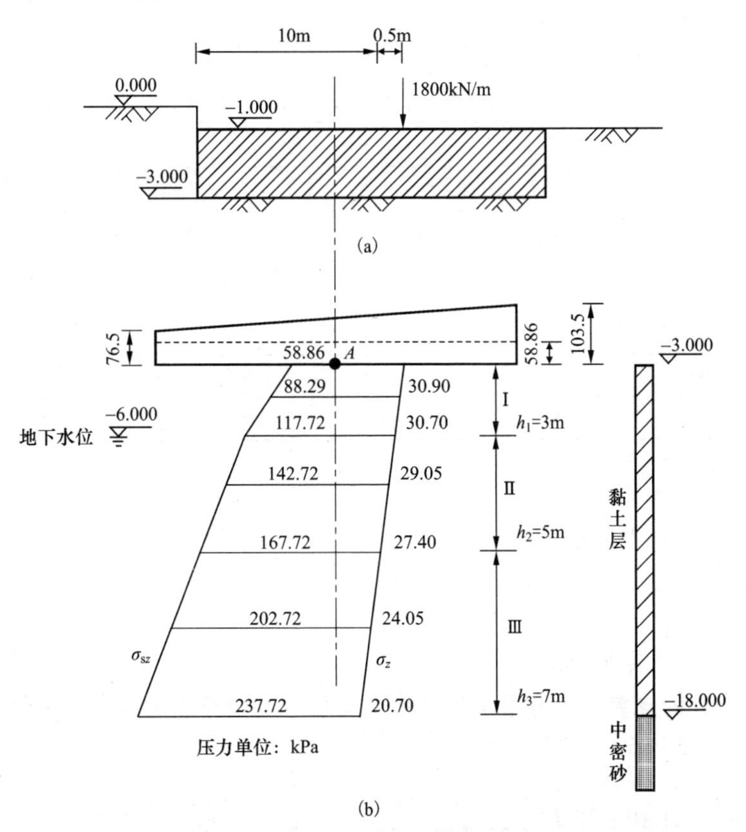

图 5-11　例题 5-1 图

解：因为 $L/B=500/20=25>10$，故可按平面问题（条形问题）求解。

（1）计算水闸基底的垂直压力，将其绘制于例图 5-11（b）中。

$$p_{\min}^{\max}=\frac{1800}{20}\times\left(1\pm\frac{6\times0.5}{20}\right)=\frac{103.5}{76.5}(\text{kPa})$$

（2）基底附加压力

基底各点的附加压力用式 $p_0=p-\gamma D$ 计算，式中 D 为原地面至基底的距离，D=3m，$\gamma D=19.62\times3=58.86(\text{kPa})$，$p_0$分布如图 5-11（b）所示。

（3）地基中土的自重应力

由原地面起计算自重应力，地下水位以上 $\gamma=19.2\text{kN/m}^3$，以下为 $\gamma'=10\text{kN/m}^3$。不同深度处的自重应力为

基础底面 $\sigma_{sz(-3)}=19.2\times3=58.86(\text{kPa})$

地下水位处 $\sigma_{sz(-6)}=19.2\times6=117.72(\text{kPa})$

中密砂层顶面处 $\sigma_{sz(-18)}=117.2+10\times(18-6)=237.72(\text{kPa})$

自重应力 σ_{sz} 的分布如图 5-11（b）所示。

（4）地基中的附加应力计算

由三角竖向荷载 $p_t=103.5-76.5=27(\text{kPa})$，均布竖向荷载 $p_s=76.5-58.86=17.64(\text{kPa})$ 所引起的附加应力值，见表 5-1，其分布如图 5-11（b）所示。

表 5-1　　沿基底中点地基土中附加应力计算表

B=20m　x/B=0.5						$\sum\sigma_z$(kPa)
z(m)	z/b	p_s=17.64kPa		P_t=27kPa		
		α_z^s	σ_z	α_z^t	σ_z	
0	0	1.00	17.64	0.50	13.50	31.14
3	0.15	0.99	17.50	0.49	13.20	30.70
8	0.40	0.88	15.50	0.44	11.90	27.74
15	0.75	0.67	11.80	0.33	8.90	20.70

（5）确定压缩层深度

由题可知，下卧层中密砂层的压缩量可忽略不计。上层土为软黏土层，压缩性大，故宜计算此层整层的压缩量。见 5-11（b），将地基软黏土分为三层分别为 $h_1=3\text{m}$、$h_2=5\text{m}$、$h_3=7\text{m}$。

（6）闸基础中点的变形计算

1）计算各分层的自重应力与附加应力的平均值。其中第二层的应力平均值为

$$\overline{\sigma}_{sz}=\frac{58.86+117.72}{2}=88.29(\text{kPa})$$

$$\overline{\sigma}_z=\frac{31.10+30.70}{2}=30.90(\text{kPa})$$

其他层的自重应力、附加应力平均值见表 5-2。

2）按各层平均自重应力$\overline{\sigma}_{sz}$和平均实受压力$\left(\overline{\sigma}_{sz}+\overline{\sigma}_{z}\right)$，根据图 5-12 所示的$e-p$曲线，查初始孔隙比$e_1$与最终孔隙比$e_2$，并分别列于表 5-2 中。

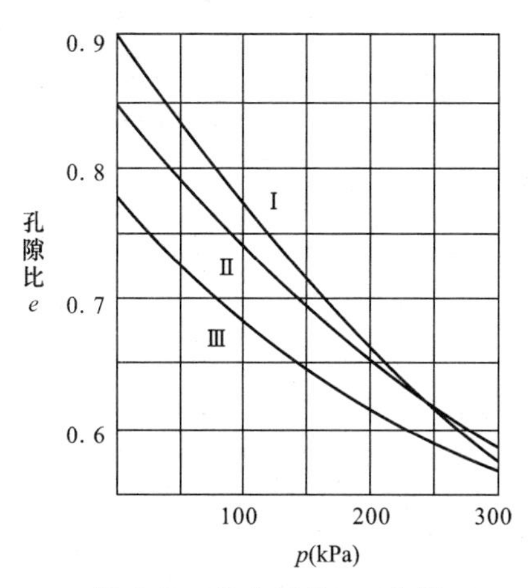

图 5-12　各土层的 e-p 曲线

3）根据表 5-2 计算沿基底中点的地基分层变形s_i，各层相加得最终变形量为 19.5cm。

表 5-2　　　　基底中点下土层变形计算表

分层编号	分层厚度（cm）	初始应力平均值（kPa）	压缩应力平均值（kPa）	最终应力平均值（kPa）	e_{1i}	e_{2i}	$\dfrac{e_{1i}-e_{2i}}{1+e_{1i}}$	$s_i=\dfrac{e_{1i}-e_{2i}}{1+e_{1i}}$
I	300	88.29	30.9	119.19	0.783	0.745	0.0213	6.4
II	500	142.72	29.05	171.77	0.710	0.680	0.0175	8.8
III	700	202.72	24.05	226.77	0.620	0.610	0.006	4.3

3. 规范法计算地基沉降

规范法是《建筑地基基础设计规范》（GB 50007—2011）（以下简称《规范》）采用的地基沉降计算方法，也称为简化的分层总和法。它沿用了分层总和法分层计算地基沉降量的基本原理，引入应力面积概念，采用平均附加应力系数$\overline{\alpha}$计算沉降量，并提出地基的沉降计算经验系数ψ_s。

（1）基本原理

1）计算公式。在前节介绍的分层总和法中，采用的是上下分界面处的应力均值来作为该层内应力的计算值。这样处理显然是简化了计算过程，当分层厚度不大时，其误差不会很大。但是考虑到应力的扩散作用，当分层厚度较大时，其误差就很明显了，因此，《规范》在沉降计算中采用了平均附加应力系数。

地基平均附加应力系数$\overline{\alpha}$是指从基底某点下至地基任意深度z范围内的附加应力（分布图）面积A对基底附加应力与地基深度乘p_0z之比，即$\overline{\alpha}=A/(p_0z)$。假设地基为各向同性均质线性变形体，在侧限条件下压缩模量 E_s 不随深度而变，则从基底某点下至地基深度 z 范围内的压缩量 s' 如下：

$$s' = \int_0^z \varepsilon \mathrm{d}z = \frac{1}{E_s}\int_0^z \sigma_z \mathrm{d}z = \frac{A}{E_s} \tag{5-20}$$

式中　ε——土的压缩应变，$\varepsilon = \sigma_z / E_s$；

σ_z——地基竖向附加应力，$\sigma_z = \alpha p_0$，p_0 是基底附加应力，α 为地基竖向附加应力系数；

A——基底某点下至任意深度 z 范围内的附加应力面积：

$$A = \int_0^z \sigma_z \mathrm{d}z \tag{5-21}$$

为了便于计算，引入一个系数 $\overline{\alpha}$，并令 $A = P_0 z\overline{\alpha}$，则式可以写成：

$$s' = \frac{p_0 z\overline{\alpha}}{E_s} \tag{5-22}$$

式中　$\overline{\alpha}$——地基在深度 z 范围内竖向平均附加应力系数。

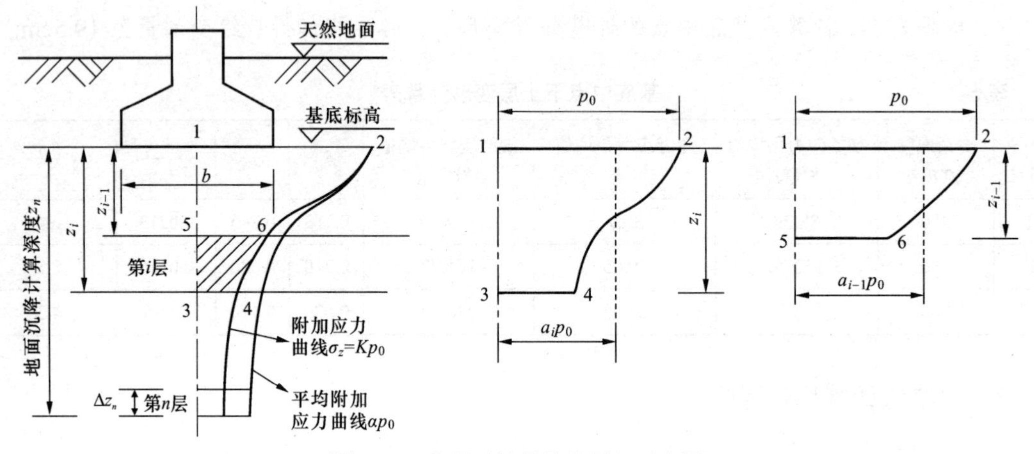

图 5-13　分层压缩量计算原理示意图

如果把不限条件的 $\overline{\alpha}$ 制成表格，则不必把土层分成很多薄层，也不必进行积分就能算出均质土层的沉降量。实际上地基土不都是均质的，而是由压缩特征不同的若干土层组成。如图 5-13 所示，计算成层地基中第 i 分层的压缩量 $\Delta s_i'$ 时，假设该层地基的压缩模量为 E_{si}，于是根据式（5-20）、式（5-22）可得：

$$\Delta s' = s_i' - s_{i-1}' = \frac{A_i - A_{i-1}}{E_{si}} = \frac{\Delta A_i}{E_{si}} = \frac{p_0}{E_{si}}\left(z_i\overline{\alpha}_i - z_{i-1}\overline{\alpha}_{i-1}\right) \tag{5-23}$$

式中　$\overline{\alpha}_i$、$\overline{\alpha}_{i-1}$——z_i 和 z_{i-1} 深度范围内的平均附加应力系数，矩形基础可按表 5-3、表 5-4 查询，条形基础按 l/b 查询，l、b 分别为基础的长边和短边；

A_i、A_{i-1}——z_i 和 z_{i-1} 深度范围内的附加应力（分布图）面积；

ΔA_i——第 i 层范围内的附加应力（分布图）面积，$\Delta A_i = A_i - A_{i-1}$。

表 5-3　均布矩形荷载角点下的竖向平均附加应力系数 $\overline{\alpha}$

z/b \ l/b	1.0	1.2	1.4	1.6	1.8	2.0	2.4	2.8	3.2	3.6	4.0	5.0	10.0
0.0	0.2500	0.2500	0.2500	0.2500	0.2500	0.2500	0.2500	0.2500	0.2500	0.2500	0.2500	0.2500	0.2500
0.2	0.2496	0.2497	0.2497	0.2498	0.2498	0.2498	0.2498	0.2498	0.2498	0.2498	0.2498	0.2498	0.2498
0.4	0.2474	0.2479	0.2481	0.2483	0.2483	0.2484	0.2485	0.2485	0.2485	0.2485	0.2485	0.2485	0.2485
0.6	0.2423	0.2437	0.2444	0.2448	0.2451	0.2452	0.2454	0.2455	0.2455	0.2455	0.2455	0.2455	0.2456
0.8	0.2346	0.2372	0.2387	0.2395	0.2400	0.2403	0.2407	0.2408	0.2409	0.2409	0.2410	0.2410	0.2410
1.0	0.2252	0.2291	0.2313	0.2326	0.2335	0.2340	0.2346	0.2349	0.2351	0.2352	0.2352	0.2353	0.2353
1.2	0.2149	0.2199	0.2229	0.2248	0.2260	0.2268	0.2278	0.2282	0.2285	0.2286	0.2287	0.2288	0.2289
1.4	0.2043	0.2102	0.2140	0.2164	0.2180	0.2191	0.2204	0.2211	0.2215	0.2217	0.2218	0.2220	0.2221
1.6	0.1939	0.2006	0.2049	0.2079	0.2099	0.2113	0.2130	0.2138	0.2143	0.2146	0.2148	0.2150	0.2152
1.8	0.1840	0.1912	0.1960	0.1992	0.2018	0.2034	0.2055	0.2066	0.2073	0.2077	0.2079	0.2082	0.2084
2.0	0.1746	0.1822	0.1875	0.1912	0.1938	0.1958	0.1982	0.1996	0.2004	0.2009	0.2012	0.2015	0.2018
2.2	0.1659	0.1737	0.1793	0.1833	0.1862	0.1883	0.1911	0.1927	0.1937	0.1943	0.1947	0.1952	0.1955
2.4	0.1578	0.1657	0.1715	0.1757	0.1789	0.1812	0.1843	0.1862	0.1873	0.1880	0.1885	0.1890	0.1895
2.6	0.1503	0.1583	0.1642	0.1686	0.1719	0.1745	0.1779	0.1799	0.1812	0.1820	0.1825	0.1832	0.1838
2.8	0.1433	0.1514	0.1574	0.1619	0.1654	0.1680	0.1717	0.1739	0.1753	0.1763	0.1769	0.1777	0.1784
3.0	0.1369	0.1449	0.1510	0.1556	0.1592	0.1619	0.1658	0.1682	0.1598	0.1708	0.1715	0.1725	0.1733
3.2	0.1310	0.1390	0.1450	0.1497	0.1533	0.1562	0.1602	0.1628	0.1345	0.1657	0.1664	0.1675	0.1685
3.4	0.1256	0.1334	0.1394	0.1441	0.1478	0.1508	0.1550	0.1577	0.1595	0.1607	0.1616	0.1628	0.1639
3.6	0.1205	0.1282	0.1342	0.1389	0.1427	0.1456	0.1500	0.1528	0.1548	0.1561	0.1570	0.1583	0.1595
3.8	0.1158	0.1234	0.1293	0.1340	0.1378	0.1408	0.1452	0.1482	0.1502	0.1516	0.1526	0.1541	0.1554
4.0	0.1114	0.1189	0.1248	0.1294	0.1332	0.1362	0.1408	0.1438	0.1459	0.1474	0.1485	0.1500	0.1516
4.2	0.1073	0.1147	0.1205	0.1251	0.1289	0.1319	0.1365	0.1396	0.1418	0.1434	0.1445	0.1462	0.1479
4.4	0.1035	0.1107	0.1164	0.1210	0.1248	0.1279	0.1325	0.1357	0.1379	0.1396	0.1407	0.1425	0.1444
4.6	0.1000	0.1070	0.1127	0.1172	0.1209	0.1240	0.1287	0.1319	0.1342	0.1359	0.1371	0.1390	0.1410
4.8	0.0967	0.1036	0.1091	0.1136	0.1173	0.1204	0.1250	0.1283	0.1307	0.1324	0.1337	0.1357	0.1379
5.0	0.0935	0.1003	0.1057	0.1102	0.1139	0.1169	0.1216	0.1249	0.1273	0.1291	0.1304	0.1325	0.1348
5.2	0.0906	0.0972	0.1026	0.1070	0.1106	0.1136	0.1183	0.1217	0.1241	0.1259	0.1273	0.1295	0.1320
5.4	0.0878	0.0943	0.0996	0.1039	0.1075	0.1105	0.1152	0.1186	0.1211	0.1229	0.1243	0.1265	0.1292

续表

l/b z/b	1.0	1.2	1.4	1.6	1.8	2.0	2.4	2.8	3.2	3.6	4.0	5.0	10.0
5.6	0.0852	0.0916	0.0968	0.1010	0.1046	0.1076	0.1122	0.1156	0.1181	0.1200	0.1215	0.1238	0.1266
5.8	0.0828	0.0890	0.0941	0.0983	0.1018	0.1047	0.1094	0.1128	0.1153	0.1172	0.1187	0.1211	0.1240
6.0	0.0805	0.0866	0.0916	0.0957	0.0991	0.1021	0.1067	0.1101	0.1126	0.1146	0.1161	0.1185	0.1216
6.2	0.0783	0.0842	0.0891	0.0932	0.0966	0.0995	0.1041	0.1075	0.1101	0.1120	0.1136	0.1161	0.1193
6.4	0.0762	0.0820	0.0869	0.0909	0.0942	0.0971	0.1016	0.1050	0.1076	0.1096	0.1111	0.1137	0.1171
6.6	0.0742	0.0799	0.0847	0.0886	0.0919	0.0948	0.0993	0.1027	0.1053	0.1073	0.1088	0.1114	0.1149
6.8	0.0723	0.0779	0.0826	0.0865	0.0898	0.0926	0.0970	0.1004	0.1030	0.1050	0.1066	0.1092	0.1129
7.0	0.0705	0.0761	0.0806	0.0844	0.0877	0.0904	0.0949	0.0982	0.1008	0.1028	0.1044	0.1071	0.1109
7.2	0.0688	0.0742	0.0787	0.0825	0.0857	0.0884	0.0928	0.0962	0.0987	0.1008	0.1023	0.1051	0.1090
7.4	0.0672	0.0775	0.0769	0.0806	0.0838	0.0865	0.0908	0.0942	0.0967	0.0988	0.1004	0.1031	0.1071
7.6	0.0656	0.0709	0.0752	0.0789	0.0820	0.0846	0.0889	0.0922	0.0948	0.0968	0.0984	0.1012	0.1054
7.8	0.0642	0.0693	0.0736	0.0771	0.0802	0.0828	0.0871	0.0904	0.0929	0.0950	0.0966	0.0994	0.1036
8.0	0.0627	0.0678	0.0720	0.0755	0.0785	0.0811	0.0853	0.0886	0.0912	0.0932	0.0948	0.0976	0.1020
8.2	0.0614	0.0663	0.0705	0.0739	0.0769	0.0795	0.0837	0.0869	0.0894	0.0914	0.0931	0.0959	0.1004
8.4	0.0601	0.0649	0.0690	0.0724	0.0754	0.0779	0.0820	0.0852	0.0878	0.0893	0.0914	0.0943	0.0938
8.6	0.0588	0.0636	0.0676	0.0710	0.0739	0.0764	0.0805	0.0836	0.0862	0.0882	0.0898	0.0927	0.0973
8.8	0.0576	0.0623	0.0663	0.0696	0.0724	0.0749	0.0790	0.0821	0.0846	0.0866	0.0882	0.0912	0.0959
9.2	0.0554	0.0599	0.0637	0.0670	0.0697	0.0721	0.0761	0.0792	0.0817	0.0837	0.0853	0.0882	0.0931
9.6	0.0533	0.0577	0.0614	0.0645	0.0672	0.0696	0.0734	0.0765	0.0789	0.0809	0.0825	0.0855	0.0905
10.0	0.0514	0.0556	0.0592	0.0622	0.0649	0.0672	0.0710	0.0739	0.0763	0.0783	0.0799	0.0829	0.0880
10.4	0.0496	0.0537	0.0572	0.0601	0.0627	0.0649	0.0686	0.0716	0.0739	0.0759	0.0775	0.0804	0.0857
10.8	0.0479	0.0519	0.0553	0.0581	0.0606	0.0628	0.0664	0.0693	0.0717	0.0736	0.0751	0.0781	0.0834
11.2	0.0463	0.0502	0.0535	0.0563	0.0587	0.0609	0.0644	0.0672	0.0695	0.0714	0.0730	0.0759	0.0813
11.6	0.0448	0.0486	0.0518	0.0545	0.0569	0.0590	0.0625	0.0652	0.0675	0.0694	0.0709	0.0738	0.0793
12.0	0.0435	0.0471	0.0502	0.0529	0.0552	0.0573	0.0606	0.0634	0.0656	0.0674	0.0690	0.0719	0.0774
12.8	0.0409	0.0444	0.0474	0.0499	0.0521	0.0541	0.0573	0.0599	0.0621	0.0639	0.0654	0.0682	0.0739
13.6	0.0387	0.0420	0.0448	0.0472	0.0493	0.0512	0.0543	0.0568	0.0589	0.0607	0.0621	0.0649	0.0707
14.4	0.0367	0.0398	0.0425	0.0448	0.0468	0.0486	0.0516	0.0540	0.0561	0.0577	0.0592	0.0619	0.0677
15.2	0.0349	0.0379	0.0404	0.0426	0.0445	0.0463	0.0492	0.0515	0.0535	0.0551	0.0565	0.0592	0.0650

续表

z/b \ l/b	1.0	1.2	1.4	1.6	1.8	2.0	2.4	2.8	3.2	3.6	4.0	5.0	10.0
16.0	0.0332	0.0361	0.0385	0.0407	0.0425	0.0442	0.0469	0.0492	0.0511	0.0527	0.0540	0.0567	0.0625
18.0	0.0292	0.0323	0.0345	0.0364	0.0381	0.0396	0.0422	0.0442	0.0460	0.0475	0.0487	0.0512	0.0570
20.0	0.0269	0.0292	0.0312	0.0330	0.0345	0.0359	0.0383	0.0402	0.0418	0.0432	0.0444	0.0468	0.0524

表 5-4　　三角形分布的矩形荷载角点下的竖向平均附加应力系数 $\overline{\alpha}$

z/b \ l/b	0.2		0.4		0.6		0.8		1.0	
	1	2	1	2	1	2	1	2	1	2
0.0	0.0000	0.2500	0.0000	0.2500	0.0000	0.2500	0.0000	0.2500	0.0000	0.2500
0.2	0.0112	0.2161	0.0140	0.2308	0.0148	0.2333	0.0151	0.2339	0.0152	0.2341
0.4	0.0179	0.1810	0.0245	0.2084	0.0270	0.2153	0.0280	0.2175	0.0285	0.2184
0.6	0.0207	0.1505	0.0308	0.1851	0.0355	0.1966	0.0376	0.2011	0.0388	0.2030
0.8	0.0217	0.1883	0.0340	0.1640	0.0405	0.1787	0.0440	0.1852	0.0459	0.1883
1.0	0.0217	0.1104	0.0351	0.1461	0.0430	0.1624	0.0476	0.1704	0.0502	0.1746
1.2	0.0212	0.0970	0.0351	0.1312	0.0439	0.1480	0.0492	0.1571	0.0525	0.1621
1.4	0.0204	0.0865	0.0344	0.1187	0.0436	0.1356	0.0495	0.1451	0.0534	0.0507
1.6	0.0195	0.0779	0.0333	0.1082	0.0427	0.1247	0.0490	0.1345	0.0533	0.1405
1.8	0.0186	0.0709	0.0321	0.0993	0.0415	0.1153	0.0480	0.1252	0.0525	0.1313
2.0	0.0178	0.0650	0.0308	0.0917	0.0401	0.1071	0.0467	0.1169	0.0513	0.1232
2.5	0.0157	0.0538	0.0276	0.0769	0.0365	0.0908	0.0429	0.1000	0.0478	0.1063
3.0	0.0140	0.0458	0.0248	0.0661	0.0330	0.0786	0.0392	0.0871	0.0439	0.0931
5.0	0.0097	0.0289	0.0175	0.0424	0.0236	0.0476	0.0285	0.0576	0.0324	0.0324
7.0	0.0073	0.0211	0.0133	0.0311	0.0180	0.0352	0.0219	0.0427	0.0251	0.0465
10.0	0.0053	0.0150	0.0097	0.0222	0.0133	0.0253	0.0162	0.0308	0.0186	0.0336

z/b \ l/b	1.2		1.4		1.6		1.8		2.0	
	1	2	1	2	1	2	1	2	1	2
0.0	0.0000	0.2500	0.0000	0.2500	0.0000	0.2500	0.0000	0.2500	0.0000	0.2500
0.2	0.0153	0.2342	0.0153	0.2343	0.0153	0.2343	0.0153	0.2343	0.0153	0.2343
0.4	0.0288	0.2187	0.0289	0.2189	0.0290	0.2190	0.0290	0.2190	0.0290	0.2190
0.6	0.0394	0.2039	0.0397	0.2043	0.0399	0.2046	0.0400	0.2047	0.0401	0.2048
0.8	0.0470	0.1899	0.0476	0.1907	0.0480	0.1912	0.0482	0.1915	0.0483	0.1917
1.0	0.0518	0.1769	0.0528	0.1781	0.0534	0.1789	0.0538	0.1794	0.0540	0.1797
1.2	0.0546	0.1649	0.0560	0.1666	0.0568	0.1678	0.0574	0.1684	0.0577	0.1689
1.4	0.0559	0.1541	0.0575	0.1562	0.0586	0.1576	0.0594	0.1585	0.0599	0.1591
1.6	0.0561	0.1443	0.0580	0.1467	0.0594	0.1484	0.0603	0.1494	0.0609	0.1502
1.8	0.0556	0.1354	0.0578	0.1381	0.0593	0.1400	0.0604	0.1413	0.0611	0.1422

续表

z/b \ l/b	1.2		1.4		1.6		1.8		2.0	
	1	2	1	2	1	2	1	2	1	2
2.0	0.0547	0.1274	0.0570	0.1303	0.0587	0.1324	0.0599	0.1338	0.0608	0.1348
2.5	0.0513	0.1107	0.0540	0.1139	0.0560	0.1163	0.0575	0.1180	0.0586	0.1193
3.0	0.0476	0.0976	0.0503	0.1008	0.0525	0.1033	0.0541	0.1052	0.0554	0.1067
5.0	0.0356	0.0661	0.0382	0.0690	0.0403	0.0714	0.0421	0.0734	0.0435	0.0749
7.0	0.0277	0.0496	0.0299	0.0520	0.0318	0.0541	0.0333	0.0558	0.0347	0.0572
10.0	0.0207	0.0359	0.0224	0.0379	0.0239	0.0395	0.0252	0.0409	0.0263	0.0403

z/b \ l/b	3		4		6		8		10	
	1	2	1	2	1	2	1	2	1	2
0.0	0.0000	0.2500	0.0000	0.2500	0.0000	0.2500	0.0000	0.2500	0.0000	0.2500
0.2	0.0153	0.2343	0.0153	0.2343	0.0153	0.2343	0.0153	0.2343	0.0153	0.2343
0.4	0.0290	0.2192	0.0291	0.2192	0.0291	0.2192	0.0291	0.2192	0.0291	0.2192
0.6	0.0402	0.2050	0.0402	0.2050	0.0402	0.2050	0.0402	0.2050	0.0402	0.2050
0.8	0.0486	0.1920	0.0487	0.1920	0.0487	0.1921	0.0487	0.1921	0.0487	0.1921
1.0	0.0545	0.1803	0.0546	0.1803	0.0546	0.1804	0.0546	0.1804	0.0546	0.1804
1.2	0.0584	0.1697	0.0586	0.1699	0.0587	0.1700	0.0587	0.1700	0.0587	0.1700
1.4	0.0609	0.1603	0.0612	0.1605	0.0613	0.1606	0.0613	0.1606	0.0613	0.1606
1.6	0.0623	0.1517	0.0626	0.1521	0.0628	0.1523	0.0628	0.1523	0.0628	0.1523
1.8	0.0628	0.1441	0.0633	0.1445	0.0635	0.1447	0.0635	0.1448	0.0635	0.1448
2.0	0.0629	0.1371	0.0634	0.1377	0.0637	0.1380	0.0638	0.1380	0.0638	0.1380
2.5	0.0614	0.1223	0.0623	0.1233	0.0627	0.1237	0.0628	0.1238	0.0628	0.1239
3.0	0.0589	0.1104	0.0600	0.1116	0.0607	0.1123	0.0609	0.1124	0.0609	0.1125
5.0	0.0480	0.0797	0.0500	0.0817	0.0515	0.0833	0.0519	0.0837	0.0521	0.0839
7.0	0.0391	0.0619	0.0414	0.0642	0.0435	0.0663	0.0442	0.0671	0.0445	0.0674
10.0	0.0302	0.0462	0.0325	0.0485	0.0340	0.0509	0.0359	0.0520	0.0364	0.0526

2）沉降计算深度。地基沉降计算深度就是第 n 分层（最底层）层底深度 z_n，《建筑地基基础设计规范》（GB 50007—2002）采用“变形比”法通过试算确定。具体方法如下：根据表 5-5 确定由假定沉降计算深度向上取 Δz 的计算深度，计算 Δz 厚度范围内的变形量 $\Delta s_n'$，此变形应满足下式要求：

$$\Delta s_n' \leqslant 0.025\sum_{i-1}^{n} s_i' \tag{5-24}$$

式中　$\Delta s_n'$——自假定的沉降计算深度向上 Δz 厚度范围的沉降量。

表 5-5　**计算厚度取值**

b(m)	$b \leqslant 2$	$2 < b \leqslant 4$	$4 < b \leqslant 8$	$b > 8$
Δz(m)	0.3	0.6	0.8	1.0

按式 5-24 所确定地基变形计算深度下如有软弱土层时，尚应向下继续计算，直至软弱土层所取厚度 Δz 的计算沉降值满足上式为止。当无详细荷载影响，基础宽度在 1～30m 范围内时，基础中点的地基沉降计算深度可按下式简化计算：

$$z_n = b(2.5 - 0.4\ln b) \tag{5-25}$$

式中　b——基础宽度（m）。

在地基变形计算深度范围内若存在基岩层时，z_n 可取至基岩表面，当存在较厚的坚硬黏性土层，其孔隙比小于 0.5、压缩模量大于 50MPa，或存在较厚的密实砂卵石层，其压缩模量大于 50MPa 时，z_n 可取至该土层表面。

3）沉降计算经验系数 ψ_s。在沉降量计算过程中，作了许多假定，为了提高计算的精确度，在大量实践经验的基础上，《规范》中引入了沉降计算经验系数 ψ_s。因此，提出了修正的沉降计算公式：

$$s = \psi_s s' = \psi_s \sum_{i=1}^{n} \frac{p_0}{E_{si}} \left(\overline{\alpha}_i z_i - \overline{\alpha}_{i-1} z_{i-1} \right) \tag{5-26}$$

式中　s'——按分层总和法计算的地基沉降量（mm）；

ψ_s——沉降计算经验系数，根据地区沉降观测资料及经验确定，也可采用表 5-6 提供的数值；

p_0——对应于荷载校准值时的基础底面附加应力（kPa）；

E_{si}——基础底面下第 i 层土的压缩，按实际应力段范围取值（MPa）；

z_i、Δz_{i-1}——基础底面至第 i 层土、第 $i-1$ 层土底面的距离（m）；

$\overline{\alpha}_i$ $\overline{\alpha}_{i-1}$——基础底面计算点至第 i 层土、第 $i-1$ 层土底面范围内平均附加应力系数，可按表 5-3、表 5-4 查询。

表 5-6　沉降计算经验系数 ψ_s 取值

$\overline{E}_s$(MPa) / 基底附加压力	2.5	4.0	7.0	15.0	20.0
$p_0 \geqslant f_{ak}$	1.4	1.3	1.0	0.4	0.2
$p_0 \leqslant 0.75 f_{ak}$	1.1	1.0	0.7	0.4	0.2

注：f_{ak} 为地基承载力的特征值。

表 5-6 中 E_s 为沉降计算深度范围内压缩模量的当量值，由下式计算：

$$\overline{E}_s = \frac{\sum \Delta A_i}{\sum \Delta A_i / E_{si}} = \frac{p_0 z_n \overline{\alpha}_n}{s'} \tag{5-27}$$

式中　ΔA_i——第 i 层土地基附加应力面积；

z_n——地基沉降计算深度；

$\overline{\alpha}_n$——平均附加应力系数。

（2）计算步骤

1）地基分层。仅取天然土层层面及地下水位处作为土层的分界面。

2）计算基底附加压力 p_0。

3）计算各分层土的沉降量 s_i'。首先根据地基条件先假定沉降计算深度或按式（5-25）预估沉降计算深度 z_n，然后根据式（5-26）计算各分层沉降量。

4）根据式（5-24）和式（5-25）确定地基沉降深度 z_n。

5）确定沉降计算经验系数 ψ_s。

6）将各分层土的沉降量叠加，由式（5-26）得出最终沉降量 s。

4. 考虑不同变形阶段的沉降计算

通过对黏性土在荷载作用下的变形特征的观察与分析，可认为其地基沉降是由机理不同的三部分沉降组成，如图5-14 所示，即

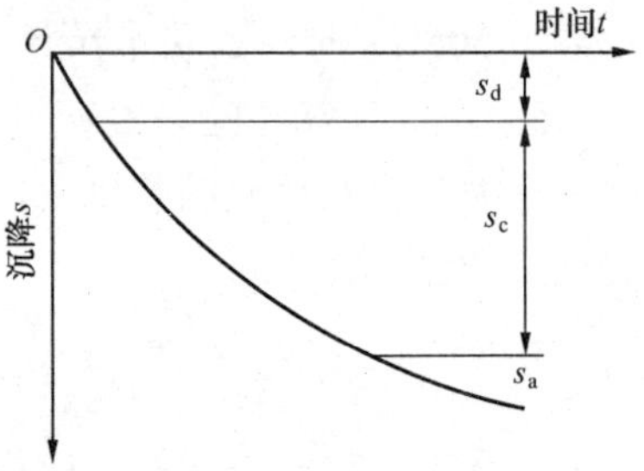

$$s = s_d + s_c + s_s \tag{5-28}$$

图 5-14　地基沉降类型

式中　s_d——瞬时沉降（初始沉降、不排水沉降）；

s_c——固结沉降（主固结沉降）；

s_s——次固结沉降（蠕变沉降）。

以上三部分沉降在时间上并非完全分开进行的，而是在不同阶段以某一种沉降为主而已，不同的土，三个组成部分的相对大小及时间是不同的。

（1）瞬时沉降

瞬时沉降是指加载后地基瞬时发生的沉降。由于基础加载面积尺寸有限，加载后地基中会有剪应变产生，特别靠近基础边缘应力集中部位。对于饱和黏性土来说，沉降是在不排水和没有体积变形的条件下发生的，这种变形的实质是通过剪应变引起的侧向挤出，是形状变形。因此，瞬时沉降的计算不像分层总和法不考虑侧向变形，而是以弹性理论来分析计算，其计算式如下：

$$s_d = \omega \frac{p_0 b}{E_u}\left(1-\upsilon^2\right) \tag{5-29}$$

式中　ω——沉降系数；

p_0——基底的附加应力；

b——基底的宽度；

E_u——不排水变形模量；

υ——泊松比，根据广义胡克定律，由于体积变形为零，取 $\upsilon = 0.5$。

（2）固结沉降

固结沉降是指地基在荷载作用下，土体随时间的推移孔隙水压逐步消散而产生的体积变形，是黏性土地基沉降的最主要组成，可能采用单向压缩分层总和法计算。

（3）次固结沉降

次固结沉降是指超静孔隙水压力消散为零，在有效应力基本不变的情况下随时间推移而继续发生的沉降量。它是土骨架在持续荷载下蠕变引起的，其大小与土性有关。在次固结沉

降过程中，土的体积变化速率与孔隙水从土中流出速度无关，即次固结沉降的时间与土层厚度无关。

许多试验表明，在主固结沉降完成后发生的次固结沉降大小与时间的关系在半对数坐标图上接近于一条直线，如图 5-15 所示，因此，可得次固结引起孔隙比变化 Δe 为

$$\Delta e = C_{\alpha} \lg \frac{t}{t_1} \tag{5-30}$$

式中　C_{α}——次固结系数，其值等于半对数坐标下直线的斜率；

t——需要计算次固结的时间；

t_1——相当于主固结达到 100%的时间，即为主固结与次固结曲线切线交点。

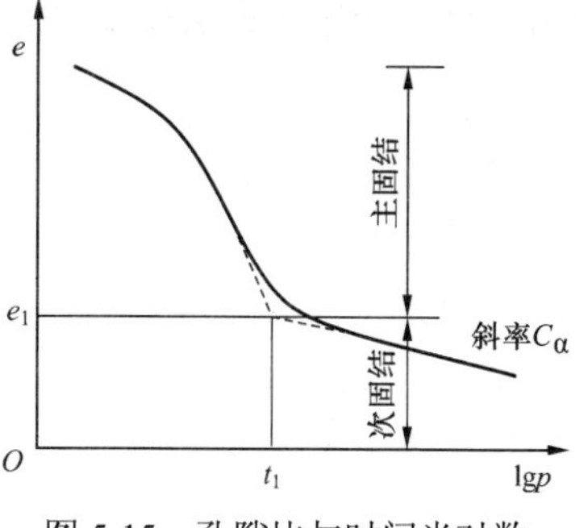

图 5-15　孔隙比与时间半对数的关系曲线

5. 相邻荷载对地基沉降影响的计算

相邻荷载对地基沉降的影响主要体现在以下几方面：两基础间的距离、荷载的大小、地基土的性质及施工顺序等。当两个基础相距较近时，必须考虑相邻荷载对地基沉降的影响。可按角点法计算相邻荷载引起地基中附加应力的计算方法，然后再按式（5-28）或式（5-26）计算附加沉降量。

如图 5-16 所示，两相邻基础甲与乙，现计算乙基础附加应力对甲基础中心 o 点的附加沉降 s_0。由图可知，所求沉降量为均布荷载 p_0 由矩形面积 A_{oabc} 在 o 点引起的沉降量 S_{oabc}，减去由矩形面积 A_{odec} 在 o 点引起沉降量 s' 的两倍，即

$$s' = 2\left(s_{oabc} - s_{odec}\right) \tag{5-31}$$

由分层总和法或规范法，分别计算矩形面积受均布荷载作用下的 s_{oabc} 和 s_{odec} 即可。

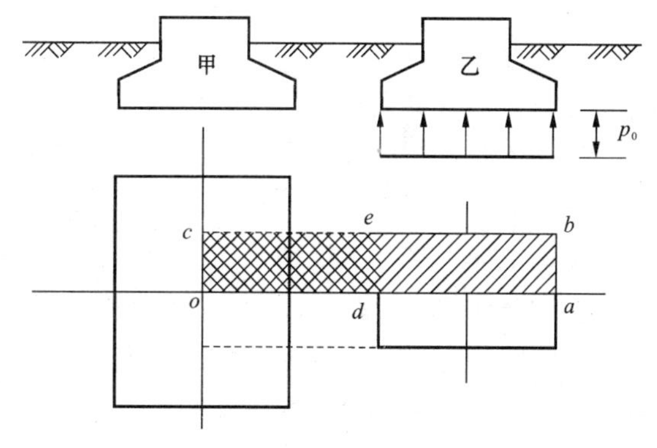

图 5-16　角点法计算相邻荷载影响

5.4　应力历史对地基沉降的影响

应力历史是指土层在形成和经历的地质历史发展过程中所经受的应力变化的历史，其中土层先期固结压力对土层变形与强度的影响较大。因此，在计算地基沉降时，通常需要考虑应力历史的影响。

1. 地层应力历史

为了考虑应力历史对压缩变形的影响，首先要知道的就是土层受过的前期固结压力。所

谓的前期固结压力就是指土层在历史上曾经受过的最大固结压力，用 p_c 表示。按前期固结压力与目前的自重应力 p_1 相比，即超固结比 $OCR = p_c / p_1$，可将天然土层分为以下三类：

1）正常固结土。是指土层历史上经受的最大压力等于目前的自重应力的土，即 $OCR = 1$。土体在搬运沉积的生成过程中，逐渐向上堆积到目前地面标高，并在土的自重压力作用下完成固结，此固结压力即为土的有效自重压力。

2）超固结土。是指土层历史上曾经受过大于现在覆盖土重的前期固结压力，即 $OCR > 1$。历史上最高地面比目前地面高很多，可能是由于后来各种原因的影响，使上层土体发生流失而形成的。

3）欠固结土。是指目前还没有达到完全固结，土层实际固结压力小于土层自重压力，即 $OCR < 1$。例如，我国黄河入海口处，黄河每年携带大量的泥砂刚沉积下来，还未达到固结，这类土就是欠固结土。

2. 原位压缩曲线

一般情况下，压缩曲线（$e - p$ 或 $e - \lg p$）都是由室内单向固结试验得到的，但是由于钻探取样技术条件不够理想、土样取出后应力释放、试验时的扰动等因素的影响，室内压缩曲线必然与地基原位压缩曲线存在一定的差异。因此，需通过对室压缩曲线进行修正，以求得尽量符合现场土实际压缩性的原位压缩曲线。

要根据室内压缩曲线确定前期固结应力求得现场压缩曲线，一方面要从理念上找出现场压缩曲线的特征；另一方面要找出室内压缩曲线的特征后，建立室内压缩曲线与现场原位压缩曲线间的关系。

室内压缩曲线都有以下特点：开始较为平缓，随压力增大之后明显地向下弯曲；当压力接近前期固结应力 p_c 时，出现曲率最大点 A，然后曲线急剧变陡，继而近平直线向下延伸。无论土样受到什么扰动，当压力较大时，压缩曲线都近乎直线，且大致交于一点，该点的纵坐标在 $0.42e_0$ 附近，e_0 是土样的初始孔隙比。试样的前期固结应力确定之后，将它与现在原位固结应力进行比较，就可判断该土是正常固结、超固结或欠固结了。再依据室内压缩曲线的特征，即可求得现场压缩曲线。

1）若 $p_c = p_1$，则土样为正常固结土。假设土样取出后体积不变，则试验室测定的初始孔隙比 e_0 就代表取土深度处的天然孔隙比。因此 e_0 和 p_1 的相交点 $E(e_0、p_c)$ 就是原位土的一个 $e - p$ 状态，如图 5-17 所示。然后从纵坐标 $0.42e_0$ 处作一水平线交于室压缩曲线于 D 点，则连续 E 、D 点就得到正常固结土的原位压缩曲线。

2）若 $p_c > p_1$，则土样为超固结土。这时，需用以下方法根据室内压缩试验确定。在试验过程中，要随时绘制 $e - \lg p$ 曲线，等压缩曲线出现急剧转折点之后，逐级回弹至 p_1，再分别加载，得到如图 5-18 所示的回弹再压缩曲线。

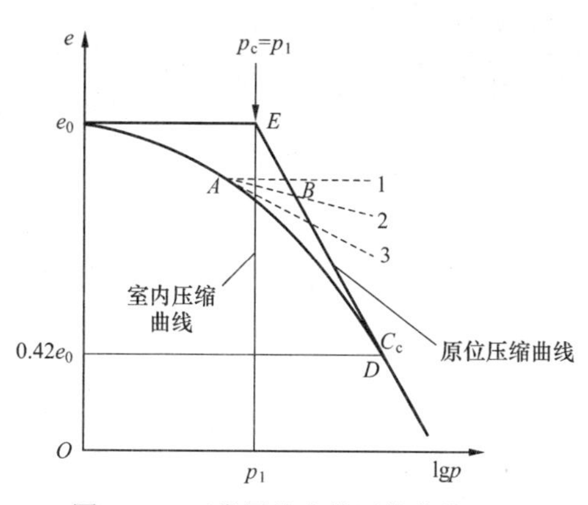

图 5-17　正常固结土的压缩曲线

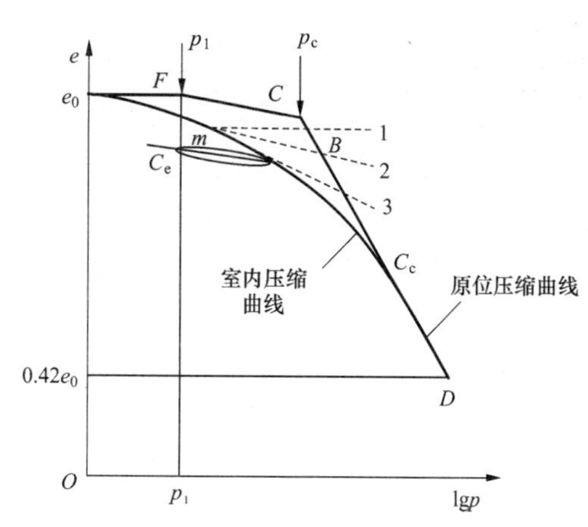

图 5-18　超固结土现场压缩曲线

假定室内测量的初始孔隙比 e_0 为自重应力作用下的孔隙比，因此 $F(e_0,\ p_1)$ 就代表着取土深度处的 $e-p$ 状态。由于超固结土的前期固结压力 p_c 大于当前取土点的自重应力 p_1，当压力从 p_1 到 p_c 过程中，原位土的变形特征必然具有再压缩的特征，即现场再压缩曲线与室内回弹-再压缩曲线构成的回滞环的割线相平行。因此，过 F 点作与环割线相平行的斜线，交 $p=p_c$ 位置于 C 点，则 FC 线即为原位再压缩曲线。在室内压缩曲线上取孔隙比为 $0.42e_0$ 的点 D，连接 DC 即为原位压缩曲线。

通过上述方法就得到了超固结土的原位压缩曲线，FC 为原位再压缩曲线图，相应的斜率 C_e 称为原位回弹指数；CD 为原位压缩曲线，相应的斜率 C_c 称为原位压缩指数。

3）若 $p_c<p_1$，则土样为欠固结土。欠固结土实际上是正常固结土的一种特例，因此，其原位压缩曲线的推求方法与正常固结土相同，但压缩起点较高，此处不再予以详细介绍。

3. 考虑应力历史的地基沉降计算

前面介绍的分层总和法与规范法都是根据 $e-p$ 曲线进行沉降计算的，下面介绍考虑地应力历史根据压缩曲线 $e-\lg p$ 曲线修正得到的原位压缩曲线进行沉降计算。考虑应力历史后，与前面方法的主要不同体现在两个方面：一个是 Δe 由原位曲线求得；另一个是对不同应力历史的土层，需要用不同的方法来计算 Δe。

（1）正常固结土的沉降计算

如图 5-19 所示，为某地基第 i 分层由室内压缩试验曲线得到的现场压缩曲线。其固结沉降由地基附加应力引起，当第 i 层在平均应力增量 Δp_i 的作用下达到完全固结，其孔隙比的改变量为

$$\Delta e_i=C_{ci}\left[\lg\left(p_{1i}+\Delta p_i\right)-\lg p_{1i}\right]=C_{ci}\lg\left(\frac{p_{1i}+\Delta p_i}{p_{1i}}\right)\quad(5\text{-}32)$$

则第 i 分层的固结沉降量为

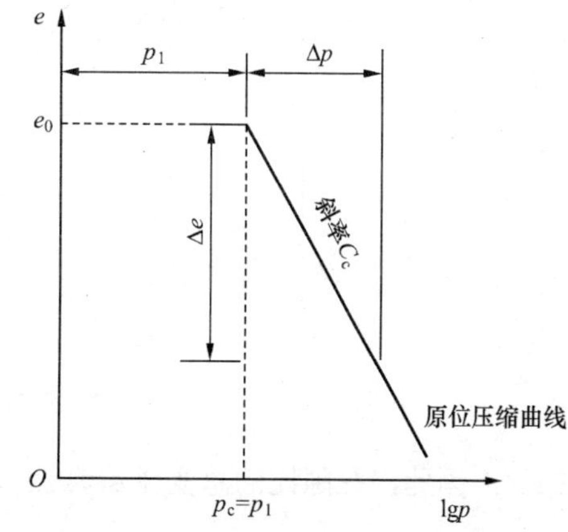

图 5-19　正常固结土的孔隙比变化

$$\Delta s_i = \frac{\Delta e_i}{1+e_{0i}} H_i = \frac{H_i}{1+e_{0i}} \left[C_{ci} \lg \left(\frac{p_{1i} + \Delta p_i}{p_{1i}} \right) \right] \tag{5-33}$$

式中　Δe_i——第 i 分层土的孔隙比变化量；

H_i——第 i 分层土的厚度；

e_{0i}——第 i 分层土的初始孔隙比；

C_{ci}——第 i 分层土的原位压缩指数，其值等于原位压缩曲线的斜率；

p_{0i}——第 i 分层土的自重应力平均值；

Δp_i——第 i 分层土的附加应力平均值。

（2）超固结土的沉降计算

对于超固结土（$p_{1i} < p_{ci}$）的固结沉降计算，应针对不同大小分层的应力增量 Δp_i 分为两种情况：

1）当 $p_{1i} + \Delta p_i \geqslant p_{ci}$ 时，如图 5-20（a）所示，第 i 分层土在 Δp_i 作用下孔隙比变化包括两部分：一部分为现有土平均自重应力 p_{1i} 增至该土层先期固结应力 p_{ci} 的孔隙比变化，即沿着原位再压缩曲线 b_1b，孔隙减小 $\Delta e'$；另一部分为先期固结应力 p_{ci} 增至 $p_{1i} + \Delta p_i$ 的孔隙比变化，即沿着压缩曲线 bc，孔隙减小 $\Delta e''$。因此可得

$$\begin{cases} \Delta e_i' = C_{ei} \left(\lg p_{ci} - \lg p_{1i} \right) = C_{ei} \lg \left(\dfrac{p_{ci}}{p_{1i}} \right) \\ \Delta e_i'' = C_{ci} \left[\lg \left(p_{1i} + \Delta p_i \right) - \lg p_{ci} \right] = C_{ci} \lg \left(\dfrac{p_{1i} + \Delta p_i}{p_{ci}} \right) \end{cases} \tag{5-34}$$

式中　p_{ci}——第 i 分层土的前期固结应力；

C_{ei}——第 i 分层土的原位再压缩曲线斜率，称为再压缩指数；

C_{ci}——第 i 分层土的原位压缩曲线斜率，称为现场压缩指数。

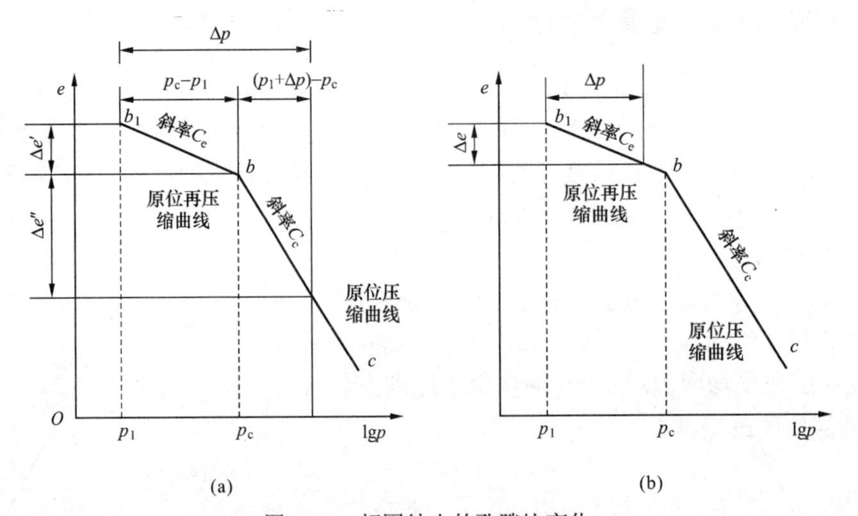

图 5-20　超固结土的孔隙比变化

因此，孔隙比的总变化量为 $\Delta e_i = \Delta e' + \Delta e''$，则第 i 分层土的压缩量为

$$\Delta s_i = \frac{\Delta e_i}{1+e_{0i}} H_i = \frac{H_i}{1+e_{0i}} \left[C_{ei} \lg\left(\frac{p_{ci}}{p_{1i}}\right) + C_{ci} \lg\left(\frac{p_{1i}+\Delta p_i}{p_{1i}}\right) \right] \tag{5-35}$$

2）当 $p_{1i}+\Delta p_i < p_{ci}$ 时，如图 5-20（b）所示，孔隙比变化 Δe_i 是从 p_{1i} 至 $p_{1i}+\Delta p_i$ 引起的，即沿图示压缩曲线 $b_1 b$ 段发生，因此孔隙变化量为

$$\Delta e_i = C_{ei}\left[\lg\left(p_{1i}+\Delta p_i\right) - \lg p_{1i}\right] = C_{ei} \lg\left(\frac{p_{1i}+\Delta p_i}{p_{1i}}\right) \tag{5-36}$$

则第 i 分层土的压缩量为

$$\Delta s_i = \frac{\Delta e_i}{1+e_{0i}} H_i = \frac{H_i}{1+e_{0i}} \left[C_{ei} \lg\left(\frac{p_{1i}+\Delta p_i}{p_{1i}}\right) \right] \tag{5-37}$$

（3）欠固结土的沉降计算

欠固结沉降包括两部分：一为地基附加应力引起的沉降，二为地基土在自重作用下尚未固结的沉降。可按正常固结土的方法作原位压缩曲线，如图 5-21 所示为欠固结土第 i 分层的现场原位压缩曲线，由土自重应力继续固结引起的孔隙比改变量为 $\Delta e_i'$ 和新增固结应力 Δp_i 引起的孔隙比改变量为 $\Delta e_i''$，则总孔隙改变量 Δe_i 为

$$\Delta e_i = \Delta e_i' + \Delta e_i'' = C_{ci} \lg\left(\frac{p_{1i}+\Delta p_i}{p_{ci}}\right) \tag{5-38}$$

则第 i 分层土的压缩量为

$$\Delta s_i = \frac{\Delta e_i}{1+e_{0i}} H_i = \frac{H_i}{1+e_{0i}} C_{ci} \lg\left(\frac{p_{1i}+\Delta p_i}{p_{c_i}}\right) \tag{5-39}$$

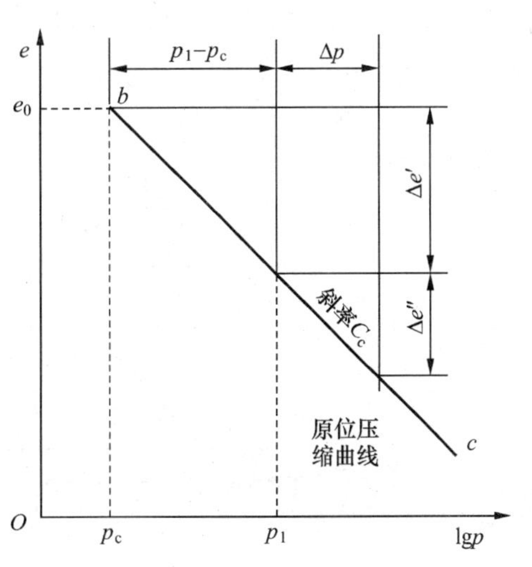

图 5-21　欠固结土的孔隙比变化

5.5　太沙基一维固结理论

饱和土体受载后，一般都要经历很长时间的渗流固结过程，压缩变形才能达到终止。前几节讲述的沉降计算都是指最终的沉降量，但是实际工作应用中，还要知道不同时刻的沉降量，即沉降与时间的关系。在研究土体稳定问题时，还要知道土体中的孔隙水压多大，特别是超静孔隙水压力。这两个问题都要用渗流固结理论方能予以解决。

所谓的渗流固结是指土体在荷载压力增量作用后，土骨架受压产生压缩变形，导致土中孔隙水产生渗流，孔隙水随时间发展逐渐渗流排出，孔隙体积逐渐缩小，土体体积逐渐压缩，最后趋于稳定的过程。

1. 基本假定

（1）土层是均质、各向同性和完全饱和的。

（2）土粒与孔隙水是不可压缩的。

（3）土中附加应力沿水平面是无限均匀分布的，因此土层的固结和土中水的渗流都是竖向的。

（4）土中水的渗流服从达西定律。

（5）在渗流固结中，土的渗透系数 k 和压缩系数 a 都是常数。

（6）外荷是一次骤然施加的，在固结过程中保持不变。

（7）土体的变形完全是由土层中超孔隙水压消散引起的。

2. 微分方程的建立

如图 5-22 所示的饱和黏性土，其厚度为 H，饱和土层顶面透水，底面不透水。该土层在自重作用下的固结变形已完成，现由于在其顶面施加一大面积连续均布荷载 p_0 引起土层的固结变形。

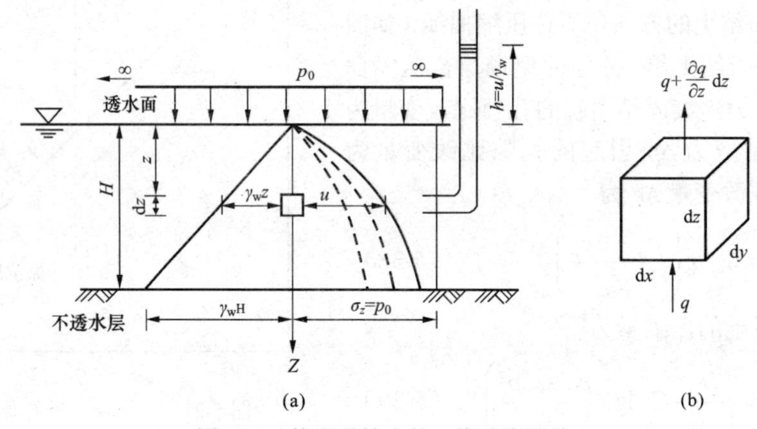

图 5-22 饱和黏性土的一维渗流固结

（a）一维渗流固结土层；（b）微单元体

在时间 $t=0$ 时刻，由连续均布荷载 p_0 引起的地基附加应力沿深度均匀 $\sigma_z=p_0$，此刻，全部由孔隙水承担，土层中的起始孔隙水压力沿深度均为 $u=\sigma_z=p_0$。随着时间的推移 $t>0$，由于土层下部边界不透水，孔隙水向上流出，土层中的孔隙水压力就会逐渐减小，导致有效应力在不断增大。上部边界的孔隙水压力首先全部消散，有效应力开始全部增长，向下形成消散曲线，即为增长曲线。

在图 5-22 的土中取土层顶以下 z 深度处微元体 $\mathrm{d}x\mathrm{d}y\mathrm{d}z$，在 $\mathrm{d}t$ 时间内微元体内水量的变化与微元体内孔隙体积的变化相等，即 $\mathrm{d}Q=\mathrm{d}V_\mathrm{V}$。

（1）$\mathrm{d}t$ 时间内微元体内水量 $\mathrm{d}Q$ 的变化

$$\mathrm{d}Q=\frac{\partial Q}{\partial t}\mathrm{d}t=\left[q\mathrm{d}x\mathrm{d}y-\left(q-\frac{\partial q}{\partial z}\mathrm{d}z\right)\mathrm{d}x\mathrm{d}y\right]=\frac{\partial q}{\partial z}\mathrm{d}x\mathrm{d}y\mathrm{d}z \tag{5-40}$$

式中　q——单位时间内流过单位横截面面积的水量。

根据达西定律，可得

$$q = ki = k\frac{\partial h}{\partial z} = \frac{k}{\gamma_w} \times \frac{\partial u}{\partial z} \tag{5-41}$$

式中　i——水力梯度；

h——超静水头；

u——超孔隙水压力；

k——渗透系数。

将式（5-40）代入可得

$$dQ = \frac{\partial q}{\partial z} dxdydz = \frac{k}{\gamma_w} \times \frac{\partial u}{\partial z} \tag{5-42}$$

（2）dt 时间内微元体内水量 dV_V 的变化

$$dV_V = \frac{\partial V}{\partial z} dt = \frac{\partial \left(eV_s\right)}{\partial t} dt = \frac{1}{1+e_1} \times \frac{\partial e}{\partial t} dxdydz \tag{5-43}$$

式中　V_s——土粒体积，不随时间而变，$V_s = \frac{1}{1+e_1} dxdydz$；

e_1——渗流固结前初始孔隙比。

根据侧限条件下孔隙比的变化与竖向有效应力变化的关系，可得

$$\frac{\partial e}{\partial t} = -a\frac{\partial \sigma'}{\partial t} \tag{5-44}$$

根据有效应力原理，式（5-44）可写成：

$$\frac{\partial e}{\partial t} = -a\frac{\partial \left(\sigma - u\right)}{\partial t} \tag{5-45}$$

在式的推导过程中，利用了一维固结过程中任一点竖向总应力 σ 不随时间变化的条件。将式（5-45）代入到式（5-43）中，可得：

$$dV_V = \frac{1}{1+e_1} \times \frac{\partial e}{\partial t} dxdydz = \frac{a}{1+e_1} \times \frac{\partial u}{\partial t} dxdydzdt \tag{5-46}$$

根据 $dQ = dV_V$，联立式（5-42）和式（5-46），可得：

$$\frac{a}{1+e_1} \times \frac{\partial u}{\partial t} = \frac{k}{\gamma_w} \times \frac{\partial^2 u}{\partial^2 z} \tag{5-47}$$

令 $C_V = \frac{k\left(1+e_1\right)}{a\gamma_w} = \frac{kE_s}{\gamma_w}$，则式（5-47）可以写成：

$$\frac{\partial u}{\partial t} = C_V \frac{\partial^2 u}{\partial^2 z} \tag{5-48}$$

式（5-48）就是著名的太沙基一维固结微分方程。

C_V 为土的竖向固结系数（cm^2/s 或 m^2/a），可以看出 C_V 渗透系数 k，压缩系数 a，天然孔隙比 e_1 的函数，一般固结试验直接测定。

3. 微分方程的解析解

在一定的初始条件和边界条件下，采用分离变量法求出其特解。饱和黏土层渗流固结的初始条件与边界条件如下：

初始条件：在 $t=0$ 和 $0 \leqslant z \leqslant H$ 时，$u=\sigma$。

边界条件：在 $0<t<\infty$ 和 $z=0$ 时，$u=0$；

在 $0<t<\infty$ 和 $z=H$ 时，$\partial u/\partial z=0$；

在 $t \to \infty$ 和 $0 \leqslant z \leqslant H$ 时，$u=0$。

根据以下条件，应用傅里叶级数，求得特殊解为

$$u_{zt}=\frac{4}{\pi}\times\sigma_z\sum_{m=1}^{\infty}\frac{1}{m}\sin\left(\frac{m\pi z}{2H}\right)e^{-\frac{m^2\pi^2}{4}T_V} \tag{5-49}$$

式中 σ_z——荷载 p 在土层中引起的附加应力；

m——正奇整数（$m=1,3,5\cdots$）；

H——饱和黏土层最远的排水距离，在单面排水条件下为土层厚度，在双面排水条件下为土层厚度一半；

T_V——时间因子，$T_V=\dfrac{C_V t}{H^2}$，量纲为 1；

t——固结历时（天或年）。

5.6 地基沉降与时间的关系

在实际工程中，往往需要了解建筑物在施工期间或施工结束后某一时间的基础沉降量，以便控制施工进度和建筑物使用的安全措施。对于碎石土等粗颗粒的变形，可认为施工结束时其变形已稳定。但是，对于饱和黏性土地基，其变形达到稳定需要较长的时间，因此，研究土的沉降与时间的关系，对于黏性土地基有着重要的意义。下面将以太沙基一维固结理论为基础，讨论饱和黏性土地基沉降与时间的关系。

1. 固结度

（1）基本概念

固结度是指地基土层在某一压力作用下，经历时间 t 所产生的固结变形量与最终固结变形量的比值，或土层中（超）孔隙水压力消散的程度。固结度 U_t 的表达式如下：

$$U_t=\frac{s_t}{s} \tag{5-50}$$

或

$$U_t=\frac{u_0-u_t}{u_0} \tag{5-51}$$

式中　s_t——在某一时刻 t 的地基固结变形量；

s——地基最终固结变形量；

u_0——$t=0$ 时的起始超孔隙水压力；

u_t——t 时刻的超孔隙水压力；

式（5-50）是应变表达式，以基底压缩层深度范围某点在 t 时刻的固结变形与最终固结变形之比；式（5-51）是应力表达式，以土层中某点的有效应力与总应力之比。实际上，由于土体为非线性变形体，两式结果一般是不相等的。

根据有效应力原理，土的变形只取决于有效应力，因此，土的固结度又可表达为

$$U_t=\frac{\frac{1}{E_s}\int_0^H\sigma'_{zt}\mathrm{d}z}{\frac{1}{E_s}\int_0^H\sigma_z\mathrm{d}z}=\frac{\int_0^H u_0\mathrm{d}z-\int_0^u u_{zt}\mathrm{d}z}{\int_0^H u_0\mathrm{d}z}=1-\frac{\int_0^u u_{zt}\mathrm{d}z}{\int_0^H u_0\mathrm{d}z} \tag{5-52}$$

因此，土层的固结度又可表述为土层在固结过程中任一时刻土层各点土骨架承担的有效应力分布面积与起始孔隙水压力（或地基竖向附加应力）分布面积之比，即

$$U_t=\frac{t\text{时刻有效应力分布面积}}{\text{起始孔隙水压分布面积}}=1-\frac{t\text{时刻孔隙水压分布面积}}{\text{起始孔隙水压分布面积}} \tag{5-53}$$

式（5-53）表明土层的固结度反映了土中孔隙水压力向有效应力转化的程度。在 $t=0$ 时刻，$U_t=0$；在 $t\to\infty$ 时刻，$U_t=100\%$。

（2）固结度的计算

将式（5-49）代入式（5-53）可得

$$U_t=1-\frac{8}{\pi}\sum_{m=1}^{\infty}\frac{1}{m^2}\mathrm{e}^{-\frac{m^2\pi^2}{4}T_V} \tag{5-54a}$$

由于该级数为收敛级数，近似地取第一项以满足工程需求，即：

$$U_t=1-\frac{8}{\pi^2}\mathrm{e}^{-\frac{\pi^2}{4}\cdot T_V} \tag{5-54b}$$

式（5-54b）又可写成

$$T_V=-\frac{4}{\pi^2}\ln\left[\frac{\pi^2}{8}(1-U_t)\right] \tag{5-55}$$

上述的固结度计算，都是假定荷载压力作用于土层时附加应力沿深度 z 是均匀分布的，荷载引起的初始孔隙水压力分布也是沿深度均匀分布的。因此，式（5-54a）和式（5-54b）只适用于附加应力或初始孔隙水压均匀分布的情形。

如图 5-23 所示为工程上常见的几种地基土层应力分布情况。

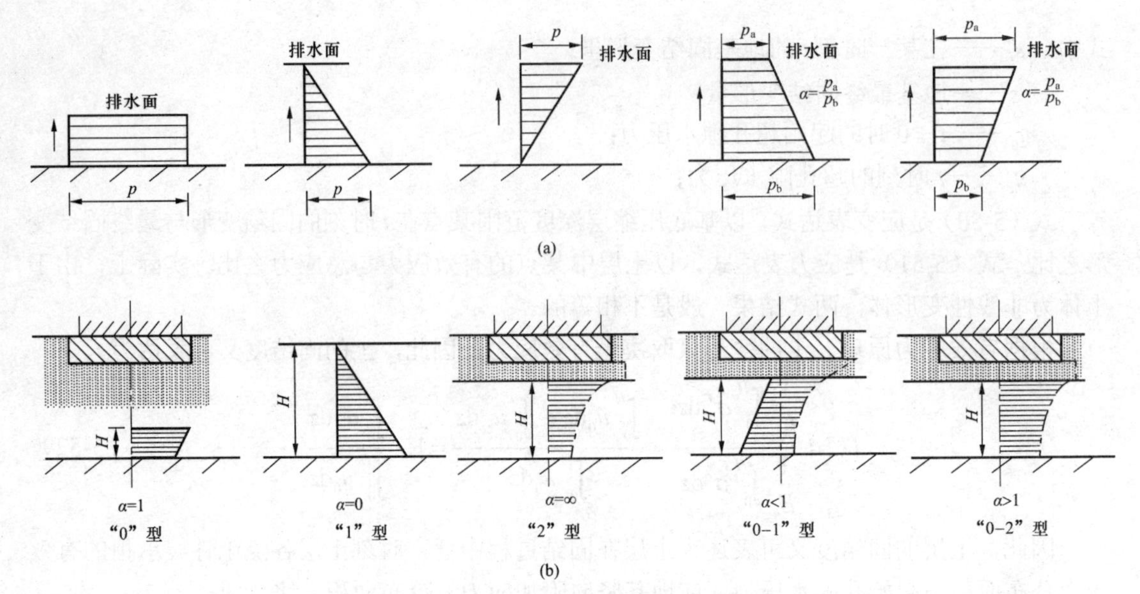

图 5-23　起始超孔隙水压力的几种情况

（a）简化的线性分布；（b）实际的分布

1）附加应力均匀分布，相当于大面积均布荷载作用的薄压缩层地基。土层的排水面应力为 p_a，不透水底面的应力为 p_b，$\alpha=\dfrac{p_a}{p_b}=1$。

2）相当于土层在自重应力作用下固结，应力呈三角形分布，$\alpha=\dfrac{p_a}{p_b}=0$。

3）相当于基础底面积较小传到压缩底面的地基附加应力接近于零，$\alpha=\dfrac{p_a}{p_b}=\infty$。

4）相当于自重应力作用下尚未固结的土层作用有基础传来的荷载，应力呈梯形分布，$\alpha=\dfrac{p_a}{p_b}<1$。

5）相当于基础面积较大，传到压缩层底面的地基附加应力较小接近于零，$\alpha=\dfrac{p_a}{p_b}>1$。

实际工程中，计算地基固结度时，首先是把实际的地基附加应力（或起始孔隙水压力）分布简化成图 5-23 中的合理形式，然后由式求解固结度。具体的方法如下：

上述五种情况中，应力均匀分布的情形最为简单可用式（5-54a）或式（5-54b）计算，其他四种情形，可根据应力比系数 $\alpha=\dfrac{p_a}{p_b}$ 的不同，查图 5-24 所示的 $U-T_V$ 关系曲线而得。

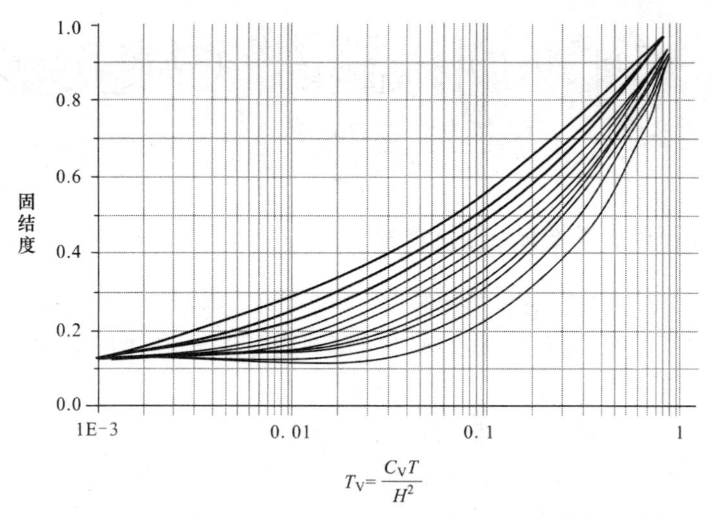

图 5-24　固结度与时间因数的关系图

例题 5-2　如图 5-25 所示，某饱和黏性土，其厚度为 4m，表面作用大面积均布荷载 $p_0=0.2\text{MPa}$，地基中产生均匀分布的竖向附加应力，已知土层顶底面是透水的，土的平均渗透系数 $k=0.2\text{cm/a}$、天然孔隙比 $e_1=0.88$、压缩系数 $a=0.3\text{MPa}^{-1}$。试求：

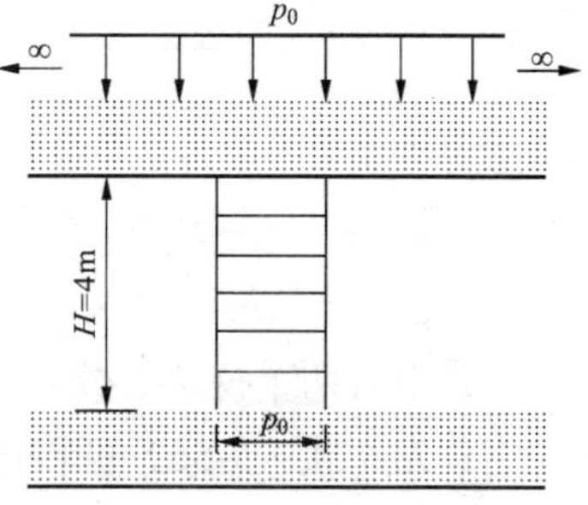

图 5-25　例题 5-2 图

（1）该土层的最终沉降量；

（2）达到最终沉降量一半所需的时间；

（3）达到 100mm 沉降量所需的时间。

解：（1）计算最终沉降量 s

根据最终沉降量计算公式可得

$$s=\frac{a}{1+e_1}\overline{\sigma_z}H=\frac{0.2}{1+0.88}\times 0.3\times 4000=127.66\text{mm}$$

（2）由于顶底层面是透水的，属双面排水，计算 $s_t=\frac{1}{2}s$ 时所需的时间，即 $U_t=\frac{s_t}{s}=50\%$。根据式可得

$$T_V=-\frac{4}{\pi^2}\ln\left[\frac{\pi^2}{8}(1-U_t)\right]=-\frac{4}{3.14^2}\ln\left[\frac{3.14^2}{8}\times(1-0.5)\right]=0.196$$

$$C_V=\frac{k(1+e_1)}{a\gamma_w}=\frac{0.002\times(1+0.88)}{0.0003\times 10}=1.25(\text{m}^2/\text{a})$$

由于双面排水，故最远排水距离 $H=\frac{4}{2}=2\text{m}$。由 $T_V=\frac{C_Vt}{H^2}$ 可得

$$t=\frac{T_VH^2}{C_V}=\frac{0.196\times 2^2}{1.25}=0.63\,(\text{a})$$

（3）双面排水时，当 $s_t=100\text{mm}$ 时的固结度为 $U_t=\frac{s_t}{s}=\frac{100}{127.66}=0.783$，由式（5-55）得：

$$T_{\mathrm{V}}=-\frac{4}{\pi^2}\ln\left[\frac{\pi^2}{8}\left(1-U_t\right)\right]=-\frac{4}{3.14^2}\ln\left[\frac{3.14^2}{8}\times\left(1-0.783\right)\right]=0.536$$

$$t=\frac{T_{\mathrm{V}}H^2}{C_{\mathrm{V}}}=\frac{0.536\times 2^2}{1.25}=1.7\mathrm{a}$$

2. 利用沉降预测资料推算后期沉降量

上述固结理论，由于作了各种简化假设，很多情况与实际有着一定出入。根据理论计算的沉降量与实际情况往往不相符，因此利用沉降观测资料推测后期沉降量在工程实践中具有重要的意义。

地基的沉降是三维问题，如果按一维固结理论予以计算，其结果往往与实测成果不相符。因此，很有必要根据沉降观测资料推算后期沉降量，目前，主要有以下两种经验方法——双曲线法（二点法）与对数曲线法（三点法）。

（1）双曲线法

建筑物的沉降观测资料表明其沉降与时间的 $s-t$ 关系曲线，接近于双曲线（除施工期间），双曲线经验公式如下：

$$s_t=\frac{t}{a+t}s_\infty \tag{5-56}$$

式中　a——经验参数；

s_∞——最终沉降量，理论上的时间为 $t=\infty$。

式中有两个待定参数 s_∞ 和 a，可按以下步骤予以确定：

首先，式（5-56）可转化为

$$\frac{t}{s_t}=\frac{1}{s_\infty}+\frac{a}{s_\infty}=at+b \tag{5-57}$$

然后，以 t 为横坐标，以 $\frac{t}{s_t}$ 为纵坐标，根据实测的数据资料把点绘制在此坐标系中，并根据点作出一回归线，如图 5-26 所示。则直线的斜率是 $a=\frac{1}{s_\infty}$，截距 $b=\frac{a}{s_\infty}$，即可求得参数 s_∞ 和 a，从而就得到了双曲线法推算的后期 s_t-t 关系。

（2）对数曲线法

对数曲线法是参照一维太沙基固结理论得到的式，并将其简化转化为

$$\frac{s_t}{s_\infty}=\left(1-A\mathrm{e}^{-Bt}\right) \tag{5-58}$$

要确定 s_t-t 关系，需确定式中的 3 个参数 A、B 和 s_∞，为此利用已有的沉降-时间关系曲线（图 5-27）的末段，在曲线上选择 3 点（t_1、s_1）、（t_2、s_2）、（t_3、s_3），代入计算求得三个待定参数。以上各式的时间 t 均应由修正后零点 $0'$ 算起，一般情况下将 $0'$ 选择在加荷期的中心。从而，就可得到用对数曲线法推算的后期 s_t-t 关系。

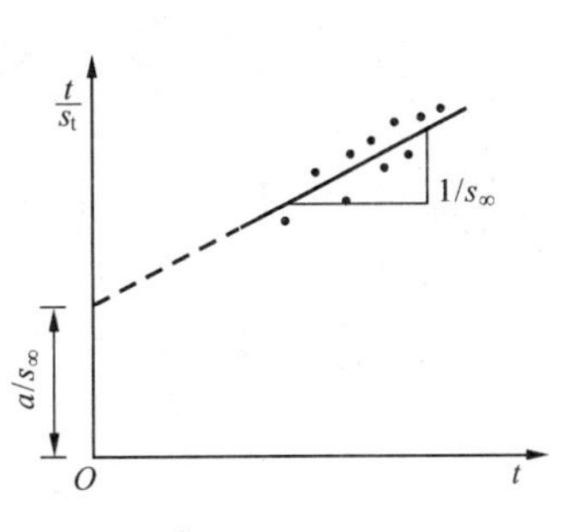

图 5-26　根据 $\frac{t}{s_t}-t$ 关系推算后期沉降

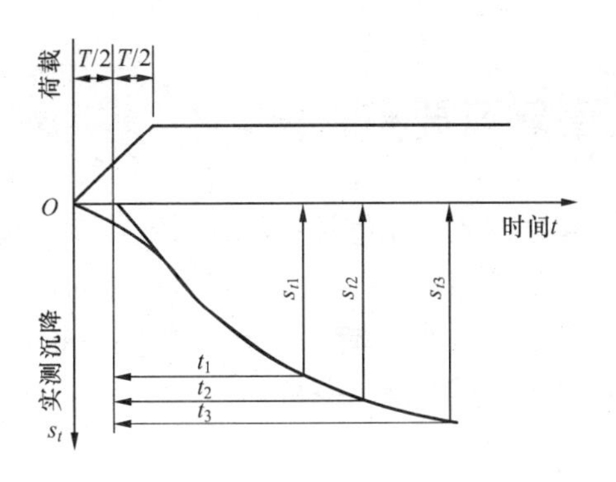

图 5-27　早期实测沉降与时间关系曲线

延伸阅读

墨西哥城艺术宫

墨西哥首都的墨西哥城艺术宫，是一座巨型的具有纪念性的早期建筑，于 1904 年落成，至今已一百多年的历史。此建筑为地基沉降最严重的典型实例之一。

墨西哥城是墨西哥合众国的首都，位于墨西哥中南部高原的山谷中，海拔 2240m。古代原是一个大湖泊，因周围火山喷发的火山岩沉积和湖水蒸发，经漫长年代，湖水干涸形成。地表层为人工填土与砂夹卵石硬壳层，厚度为 5cm；其下为超高压缩性淤泥，天然孔隙比高达 7～12，天然含水量高达 150%～600%，为世界罕见的软弱土，层厚达 25m。因此，这座艺术宫严重下沉，沉降量竟高达 4m。邻近的公路下沉 2m。参观者需步下 9 级台阶，才能从公路进入艺术宫。

据墨西哥联邦区政府环保局最新调查，墨西哥城地面下沉状况越来越严重，平均每年以 6～28cm 的速度下沉。下沉最严重的地区是高层建筑和古建筑集中的市中心，有的地方已下沉 120cm 以上。墨西哥城地面下沉的主要原因是地下水的过度开采，而地下补给水又严重不足。据报道，墨西哥城每年开采地下水 13 亿 m^3，可是地下的补给水只有 7 亿 m^3。过分的地下水开采使墨城地层“空虚”，地陷越来越严重，致使大量的煤气和自来水管错位破裂，建筑地基松动，水质下降，对市民生命和社会、经济、文化生活构成了严重威胁。

本章复习要点

掌握：土的压缩性；压缩系数；变形模量；压缩模量；正常固结土；超固结土；欠固结土；土层压缩量的计算；分层总和法的基本假设及原理；规范法的基本原理及应用。

理解：压缩曲线（$e-p$ 曲线、$e-\lg p$ 曲线）；应力历史对黏性土压缩性的影响；地基沉降与时间关系的理论分析。

复习题

1. 通过固结试验可以得到土的哪些压缩指标，它们如何求得？
2. 试从基本概念、计算公式和适用条件等方面比较压缩模量、变形模量与弹性模量的区别，并讨论它们与材料力学中的杨氏模量有什么区别？
3. 在计算基础最终沉降量已确定的地基压缩层深度时，为什么自重应力要用有效重度进行计算？
4. 太沙基一维固结微分方程的基本假设是什么，其解析解如何求得？
5. 某矩形基础宽度 b=4m，基底附加压力 p=100kPa，基础埋深 2m，地表以下 12m 深度范围内存在两层土，上层土厚度 6m，天然重度 $\gamma=18\text{kN/m}^3$，孔隙比与压力 p（MPa）的关系取为 $e=1.0-p$。地下水位埋深 6m。试分别采用传统单向压缩分层总和法和规范分层总和法计算该基础沉降量（沉降计算经验系数取 1.05）。
6. 设有一宽度为 3m 的条形基础，基底以下 2m 深度范围内为砂层，砂层下面有厚的饱和软黏土层，再下面为不透水岩层。试求：

   （1）取原状饱和黏土样进行固结试验，试样厚度 2m，上面排水，测得固结度为 90%所需的时间为 5h，求其固结系数；

   （2）基础荷载是一次加上的，问经多长时间，饱和黏土层将完成总沉降量的 60%。

第 6 章　土的抗剪强度

6.1　概述

土体的破坏通常都是剪切破坏，如图 6-1 所示的几种破坏形态，都与土体抗剪强度指标直接相关。土的抗剪强度指标不仅与土的种类有关，还与土样的天然结构是否被扰动，试验时的排水条件等有关。土的抗剪强度指标一般都是通过室内或现场试验测定的，主要试验有：室内直接剪切试验、三轴压缩试验、无侧限抗压强度试验和十字板剪切试验等。

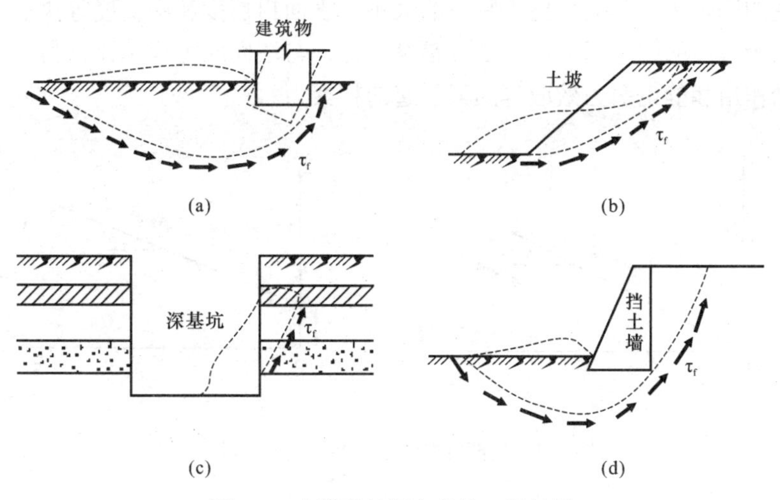

图 6-1　土强度破坏有关的工程问题

（a）建筑地基的承载力；（b）土坡的稳定性；
（c）深基坑壁的稳定性；（d）挡土墙地基的稳定性

土的抗剪强度至今依然是土力学中的一个主要研究课题，本章也只是介绍这一课题的基本理论与分析方法。先介绍莫尔-库仑强度理论、土的抗剪强度试验，再介绍不限固结和排水条件下的抗剪强度及应力路径在强度问题中的应用。

6.2 土的莫尔-库仑强度理论

1. 土的抗剪强度与库仑公式

库仑（C.A.Coulomb，1773）根据砂土试验，将土的抗剪 τ_f 表达为剪切破坏面上法向应力 σ 的函数，即

$$\tau_f = \sigma \tan\varphi \tag{6-1}$$

后来又提出了适合黏性土的普遍公式

$$\tau_f = c + \sigma \tan\varphi \tag{6-2}$$

式中 τ_f——土的抗剪强度（kPa）；

σ——剪切面上的法向应力（kPa）；

c——土的粘聚力（kPa）；

φ——土的内摩擦角（°）。

式（6-1）和式（6-2）统称为库仑公式或库仑定律，c、φ 称为抗剪强度指标。如图 6-2 所示，将库仑公式表示在 $\tau_f - \sigma$ 坐标中，称为库仑强度线。从图 6-2 中可以看出，无黏性土的抗剪强度与剪切面上的法向应力成正比，其本质是由于土粒间的滑动摩擦及凹凸面间的镶嵌作用所产生的摩阻力，其大小由土颗粒的大小、表面粗糙度和密实度等决定。黏性土的抗剪强度则由两个方面的因素组成：一部分是摩擦力，与法向应力成正比；另一部分是由于矿物颗粒间胶结作用和静电引力效应等因素引起的粘聚力。

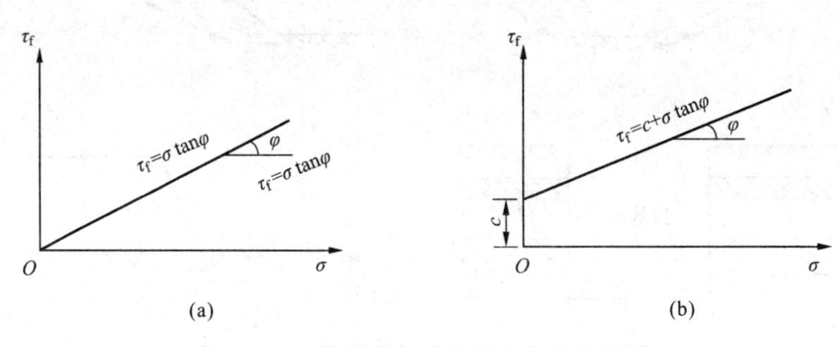

图 6-2 抗剪强度与法向压应力间的关系

（a）无黏性土；（b）黏性土

根据有效应力原理，只有有效应力的变化才能引起土体强度的变化，土体内的剪应力仅能由土骨架承担，土的抗剪强度应表示为剪切破坏面上的法向有效应力的函数，则库仑公式可表示为

$$\begin{cases} \tau_f = \sigma' \tan\varphi' \\ \tau_f = c' + \sigma' \tan\varphi' \end{cases} \tag{6-3}$$

式中 σ'——有效应力（kPa）；

c'——有粘聚力（kPa）；

φ'——有效内摩擦角（°）。

综上，土的抗剪强度有两种表达式，一种是以总应力σ表示剪切破坏面上的法向应力，称为抗剪强度总应力法，相应的c、φ称为总应力强度指标（参数）；另一种是以有效应力σ'表示剪切破坏面上的法向应力，称为抗剪强度有效应力法，c'、φ'称为有效应力强度指标（参数）。虽然许多研究表明，土的抗剪强度取决于土粒间的有效应力，然而总应力法在应用上比较方便，因此，许多土工问题的分析方法还是建立在总应力概念的基础之上，依然沿用至今。

2. 莫尔应力圆

现考察在深度z的微小土单元或任意实际土体内某一微小单元等平面问题，设作用在该微小单元上的大主应力为σ_1、小主应力为σ_3。在微元体内与大主应力σ_1作用平面成任意角α的mn平面上有正应力σ和剪应力τ。为了建立σ、τ和σ_1、σ_3之间的关系，取微元体为隔离体，如图 6-3（b）所示，将各力分别在水平和垂直方向投影，根据静力平行条件可得

$$\begin{cases}\sigma_3 \mathrm{d}s\sin\alpha-\sigma \mathrm{d}s\sin\alpha+\tau \mathrm{d}s\cos\alpha=0\\ \sigma_1 \mathrm{d}s\cos\alpha-\sigma \mathrm{d}s\cos\alpha-\tau \mathrm{d}s\sin\alpha=0\end{cases} \tag{6-4}$$

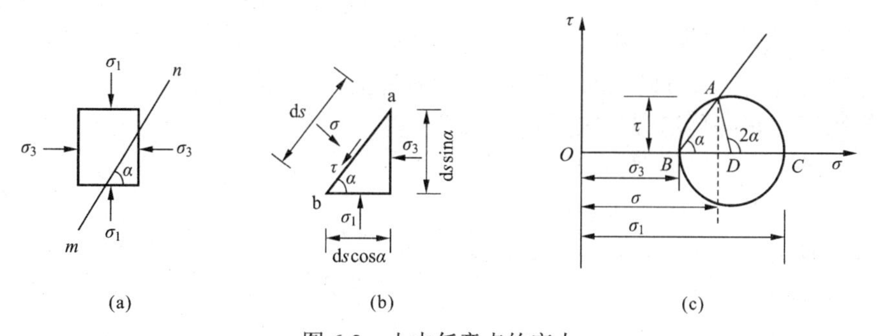

图 6-3　土中任意点的应力

联立式可求得：

$$\begin{cases}\sigma=\dfrac{\sigma_1+\sigma_3}{2}+\dfrac{\sigma_1-\sigma_3}{2}\cos 2\alpha\\ \tau=\dfrac{\sigma_1-\sigma_3}{2}\sin 2\alpha\end{cases} \tag{6-5}$$

不难发现，如果以垂直应力σ为横坐标，以剪应力τ为纵坐标，则$(\sigma、\tau)$就位于以$\left(\dfrac{\sigma_1+\sigma_3}{2}、0\right)$为圆心，以$\dfrac{\sigma_1-\sigma_3}{2}$为半径的圆周上，如图 6-4 所示，该圆就称为莫尔圆。莫尔圆可以理解为在主应力$(\sigma_1、\sigma_3)$的作用下，土单元任意斜面上应力$(\sigma、\tau)$的轨迹线。某土单元的莫尔应力圆一确定，该单元体任意斜面上的应力状态就可根据莫尔圆或式（6-5）确定了。

3. 土的极限平衡理论

如果已知土的抗剪强度参数$(c、\varphi)$或$(c'、\varphi')$以及土中某点的应力状态，则可将抗剪强度与莫尔应力圆绘制在同一张坐标图上，如图 6-5 所示。它们之间可能存在着以下三种关系：

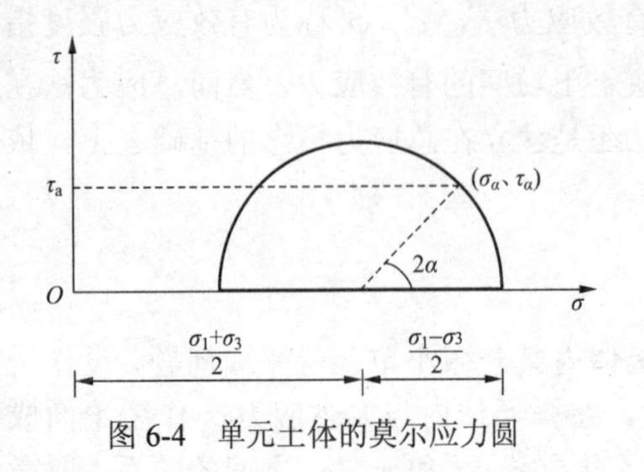

图 6-4　单元土体的莫尔应力圆

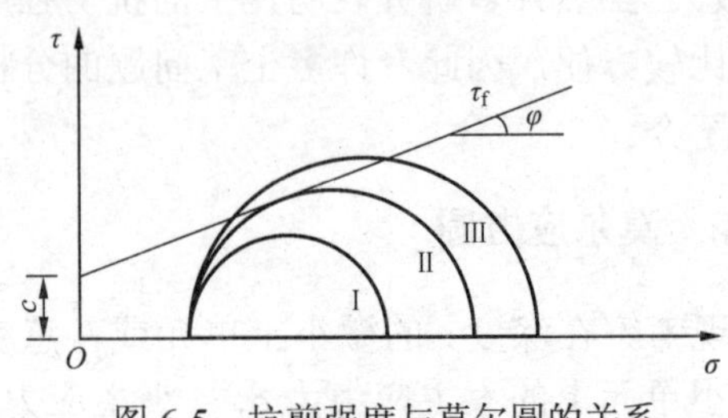

图 6-5　抗剪强度与莫尔圆的关系

（1）$\tau<\tau_f$，莫尔应力圆（圆Ⅰ）位于抗剪强度包线的下方。该情况说明在任何平面上的剪应力都小于土所能发挥的抗剪强度，因此，土体不会发生剪切破坏。

（2）$\tau=\tau_f$，莫尔应力圆（圆Ⅱ）与抗剪强度包线相切，切点为 A。该情况说明在 A 点剪应力正好等于抗剪强度，也就是 A 点正好处于极限平衡状态，莫尔应力圆Ⅱ就称为极限应力状态莫尔圆。

（3）$\tau>\tau_f$，抗剪强度包线是莫尔应力圆（圆Ⅲ）的一条割线。实际上这种情况是不可能存在的，因为该点任何方向上的剪应力都不可能超过土的抗剪强度。

根据极限应力状态莫尔圆与抗剪强度包线间相互的几何关系，通过下列推导可建立土的极限平衡方程（也称为破坏准则）。

如图 6-6 所示，土中某点极限平衡状态时的莫尔圆。由 ΔAED 可得

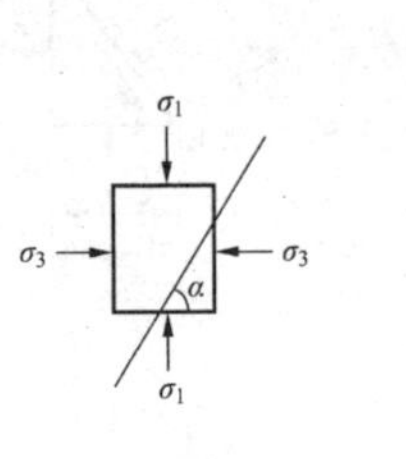

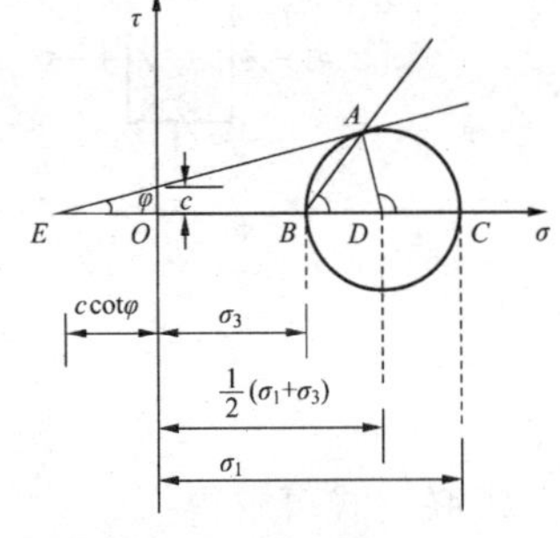

图 6-6　极限平衡状态与莫尔圆

$$AD = ED\sin\varphi、\ AD=\frac{\sigma_1-\sigma_3}{2}$$

$$ED = c\cot\varphi+\frac{\sigma_1+\sigma_3}{2}$$

则
$$\sin\varphi=\frac{AD}{ED}=\frac{\sigma_1-\sigma_3}{\sigma_1+\sigma_3+2c\cot\varphi} \tag{6-6}$$

对式（6-6）进行化简可得

$$\sigma_1-\sigma_3=\sigma_1\sin\varphi+\sigma_3\sin\varphi+2c\cos\varphi \tag{6-7}$$

$$\sigma_1(1-\sin\varphi)=\sigma_3(1+\sin\varphi)+2c\cos\varphi \tag{6-8}$$

可得

$$\sigma_1=\sigma_3\frac{1+\sin\varphi}{1-\sin\varphi}+2c\sqrt{\frac{1+\sin\varphi}{1-\sin\varphi}} \tag{6-9}$$

$$\sigma_3 = \sigma_1 \frac{1-\sin\varphi}{1+\sin\varphi} - 2c\sqrt{\frac{1-\sin\varphi}{1+\sin\varphi}} \tag{6-10}$$

根据三角函数的几何关系：$\dfrac{1+\sin\varphi}{1-\sin\varphi} = \tan^2\left(45^\circ + \dfrac{\varphi}{2}\right)$，$\dfrac{1-\sin\varphi}{1+\sin\varphi} = \tan^2\left(45^\circ - \dfrac{\varphi}{2}\right)$

则可得

$$\begin{cases} \sigma_1 = \sigma_3 \tan^2\left(45^\circ + \dfrac{\varphi}{2}\right) + 2c\tan\left(45^\circ + \dfrac{\varphi}{2}\right) \\ \sigma_3 = \sigma_1 \tan^2\left(45^\circ - \dfrac{\varphi}{2}\right) - 2c\tan\left(45^\circ - \dfrac{\varphi}{2}\right) \end{cases} \tag{6-11}$$

对于无黏性土，若$c=0$则其极限平衡条件为

$$\begin{cases} \sigma_1 = \sigma_3 \tan^2\left(45^\circ + \dfrac{\varphi}{2}\right) \\ \sigma_3 = \sigma_1 \tan^2\left(45^\circ - \dfrac{\varphi}{2}\right) \end{cases} \tag{6-12}$$

从以上的极限平衡条件中，可得以下几点结论：

（1）土中某点处于剪切破坏时，剪切面与大主应力σ_1作用面间的夹角为α，且具有关系：$2\alpha = 90^\circ + \varphi$，即

$$\alpha = 45^\circ + \frac{\varphi}{2} \tag{6-13}$$

剪切面与小主应力σ_3的夹角为

$$90^\circ - \left(45^\circ + \frac{\varphi}{2}\right) = 45^\circ - \frac{\varphi}{2} \tag{6-14}$$

（2）土中某点处于剪切破坏状态时的应力条件不是最大剪应力τ_{max}达到抗剪强度τ_f的条件，而是法向应力σ与剪应力τ的某种组合。也就是说破坏面并不是发生在最大剪应力τ_{max}的作用面（$\alpha = 45^\circ$）上，而是在$\alpha = 45^\circ + \dfrac{\varphi}{2}$的平面上。

6.3　土的抗剪强度试验

测定土的抗剪强度参数（指标）的试验称为抗剪强度试验，或称作剪切试验。剪切试验可以在实验室内进行，也可在现场原位条件下进行。常用的剪切试验有直接剪切试验、三轴压缩试验、无侧限压缩试验与十字板剪切试验，其中除十字板剪切试验在现场原位条件下进行外，其他的三种试验都在室内进行。

1. 直接剪切试验

直接剪切试验是测定土抗剪强度最简单的方法。这个试验所用的仪器称为直剪仪，按加荷方式的不同，可分为应变控制式和应力控制式两种。前者是由等速水平推动试样产生位移

测定相应的剪应力；后者是对试样分级施加水平剪应力测定相应的位移。目前常用的是应变控制直剪仪如图 6-7 所示。该仪器的主要部件是由固定的上盒和活动的下盒组成，试样放在盒内上下两块水石之间。试验时，由杠杆系统通过加压活塞和透水石对试样施加某一法向应力σ，然后匀速推动下盒，使试样在沿上下盒之间的水平面上受剪直至破坏，剪应力τ的大小可借助与土盒接触的量力环而确定。

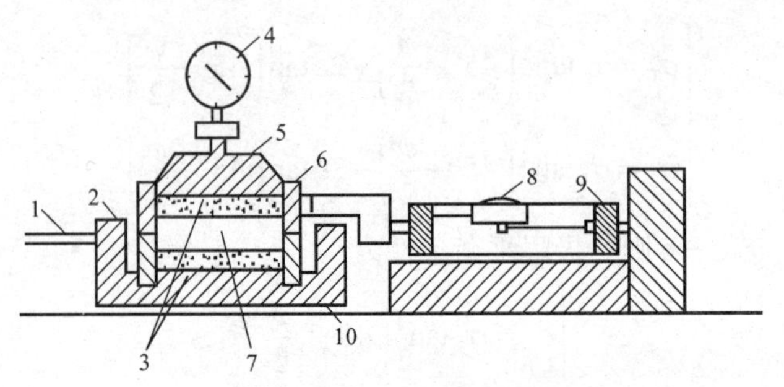

图 6-7　应变控制式直剪仪

1—轮轴；2—底座；3—透水石；4—测微表；5—活塞；6—上盒；7—土样；8—测微表；9—量力环；10—下盒

图 6-8（a）所示为剪切过程中剪应力τ与剪切位移δ之间关系，通常取峰值或稳定值作为破坏点，如图中箭头所示。

将同一种土分成 3～4 个试样，分别在不同的法向应力σ下剪切破坏，一般可取垂直压力为 100kPa、200kPa、300kPa、400kPa，将试验结果绘成图 6-8（b）所示的抗剪强度τ_f与垂直压力σ间的关系，该直线与横轴的夹角为内摩擦角φ，在纵坐标上的截距为粘聚力c。对于无黏性土$c=0$，τ_f与σ的关系为通过原点的一条直线。

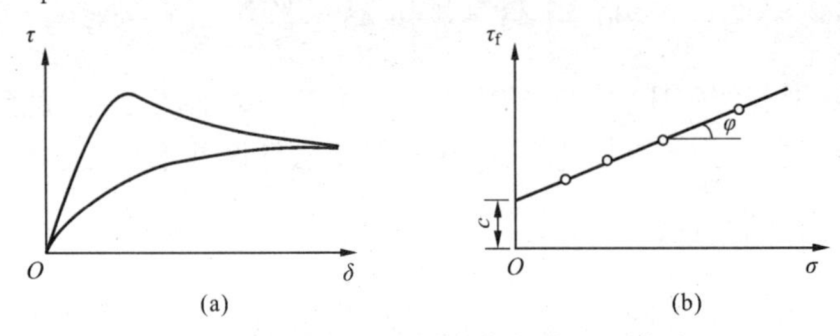

图 6-8　应变控制式直剪仪直接剪切试验结果

（a）剪应力与剪切位移间的关系；（b）黏性土的试验结果

为了近似模拟土体在现场受剪的排水条件，直接剪切试验可分为快剪、固结快剪和慢剪三种。快剪试验是在试样施加竖向σ后，立即按 0.22mm/min 快速施加水平剪应力使试样剪切。固结快剪试验是允许试样在竖向压力下排水，等固结稳定后，再快速施加水平剪应力使试样剪切破坏。慢剪试验也是允许试样在竖向压力下排水，等固结稳定后，则以缓慢的速率施加水平剪应力使试样剪切。

直剪试验具有设备简单，土样制备及试验操作方便的优点，因此得到广泛应用，但它也存在不少缺点，主要体现在以下几方面：

（1）剪切面限定在上下盒之间的平面，而不是沿着土样最薄弱的面剪切破坏。

（2）剪切面上的剪应力分布不均匀，且竖向荷载会发生偏转（上下盒的中轴线不重合），主应力的大小及方向是变化的。

（3）在剪切过程中，土样剪切面逐渐缩小，在计算抗剪强度时仍按土样的原截面积计算。

（4）试验不能严格控制排水条件，且不能测量孔隙水压力。

2. 三轴压缩试验

三轴压缩试验是测定土抗剪强度中一种较为完善的方法。

（1）基本原理

如图 6-9 所示，三轴压缩仪由主机、稳压调压系统及量测系统组成，各系统之间用管路和各种阀门开关连接。

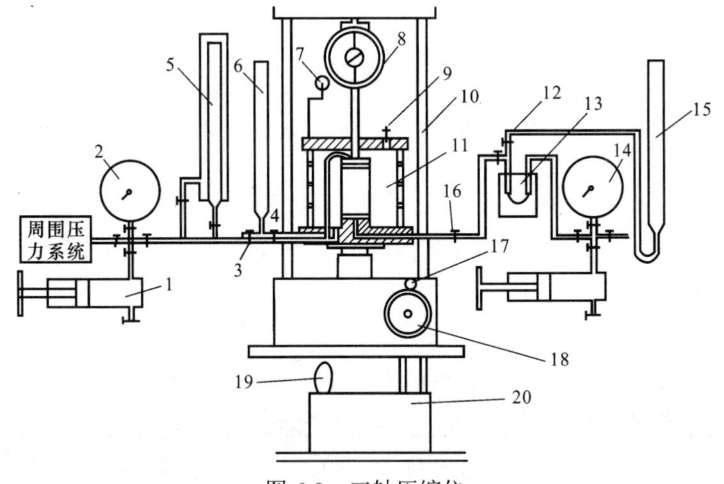

图 6-9　三轴压缩仪

1—调压筒；2—周围压力表；3—周围压力阀；4—排水阀；5—体变管；6—排水管；7—变形量表；8—量力环；9—排气孔；10—轴向加压设备；11—压力室；12—量筒阀；13—零位指示器；14—孔隙压力表；15—量管；16—孔隙压力阀；17—离合器；18—手轮；19—马达；20—变速器

主机包括压力室、横向加荷系统等组成。压力室是一个有金属上盖、底座以及透明有机玻璃圆筒组成的密闭容器，压力室底座通常有 3 个小孔分别与稳压系统以及体积变形和孔隙水压力量测系统相连。

稳定调压系统由压力泵、调压阀和压力表等组成。试验时通过压力室对试样施加周围压力，并在试验过程中根据不同的试验要求对压力予以控制或调节。

量测系统由排水管、体变管和孔隙水压量测装置组成。试验时分别测出试样受力后土中排出的水量变化及土中孔隙水压力的变化。对于试样的竖向变形，则利用置于压力室上方的测微表或位移传感器读出。

常规三轴试验的一般步骤：

1）将土切成圆柱体套在橡胶膜内，放在密封的压力室中，然后向压力室内充气，使试样在各向受到围压 σ_3，并使液压在整个试验过程中保持不变，这时，试件内各向的三个主应力相等，如图 6-10（a）所示，不产生剪应力。

2）再通过传力杆对试件施加竖向压力，这样竖向压力就大于水平向主应力。当水平向主应力保持不变，而竖向主应力逐渐增大时，试件将受剪而破坏，如图 6-10（b）所示。设剪切破坏时由传力杆加在试件上的竖向压应力增量为$\Delta\sigma_1$，则试件上的大主应力为$\sigma_1=\sigma_3+\Delta\sigma_1$，小主应力为$\sigma_3$，以$(\sigma_1-\sigma_3)$为直径画出一个极限应力圆，如图 6-10（c）中的圆 A。

3）用同一种土样（三个或三个以上）按上述方法分别进行试验，每个试件施加不同的围压σ_3，可分别得出剪切破坏时的大主应力σ_1，将这些结果绘制成一组极限应力圆，如图 6-10（c）中所示的圆 A、B、C。由于这些试件都是剪切至破坏，根据莫尔－库仑理论，作一组极限应力圆的公共切线，为土的抗剪强度包线，通常近似取为一条直线。该直线与横坐标的夹角为土的内摩擦角φ，直线与纵坐标的截距为土的粘聚力c。

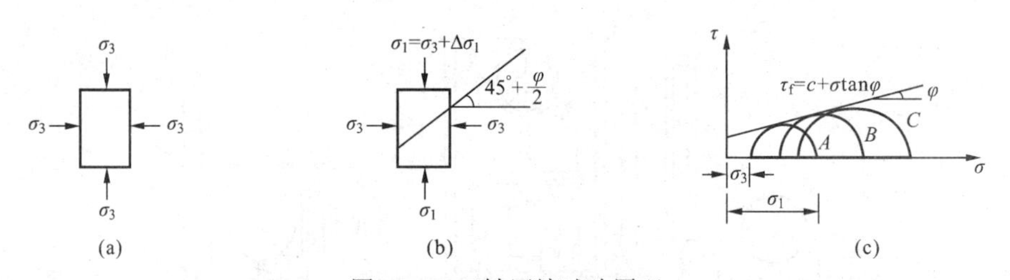

图 6-10　三轴压缩试验原理

（a）试样受周围压力；（b）破坏时的主应力；（c）莫尔破坏包线

如果要量测试验过程中的孔隙水压力，可以打开孔隙水压力阀，在试件上施加压力后，由于土中孔隙水压力增加迫使零位指示器的水银面下降。为量测孔隙水压力，可用调压筒调整零位指示器的水银面始终保持原来的位置，这样孔隙水压力表中的读数就是孔隙水压力值。如果要量测试验过程中的排水量，可打开排水阀门，让试件中的水排入量水管中，根据量水管中水位的变化可算出试验过程中的排水量。

（2）试验方法

根据土样剪切固结排水条件和剪切时的排水条件，三轴试验可分为以下三种方法：

1）固结排水剪（CD-试验）。在施加周围压力和随后施加偏应力直至剪切破坏的整个试验过程中都将排水阀打开，并给予充分的时间让试样中的孔隙水压力能够完全消散。得到的抗剪强度指标用c_{cd}、φ_{cd}表示。

2）不固结不排水剪（UU-试验）。试验在施加周围压力和随后施加偏应力直至剪切的整个试验过程中都不允许排水，这样从开始加压直至试验剪坏，土中含水量始终保持不变，孔隙水压力也不可能消散。这种试验方法所对应的实际工程条件相当于饱和软黏土中快速加荷时的应力状况，得到抗剪指标用c_u、φ_u表示。

3）固结不排水剪（CU-试验）。在施加周围压力σ_3时，将排水阀打开，允许试样充分排水，等固结稳定后关闭排水阀门；然后再施加偏应力，使试样在不排水的条件下剪切破坏。由于不排水，试样在剪切过程中没有作何体积变形。若要在受剪过程中量测孔隙水压力，则要打开试样与孔隙水压力量测系统间的管路阀门。得到的抗剪强度指标用c_{cu}、φ_{cu}表示。这种试验方法适用于工程条件是一般正常固结土层在工程竣工或在使用阶段受到大量、快速的活荷载或新增加荷载作用时所对应的受力情况。

三轴试验的突出优点就是能较为严格地控制排水条件及可以量测试件中孔隙水压力的变化。此外，试样中的应力状态也是比较明确的，破裂面是在最弱处，而不像直剪切仪那样限定在上下盒之间。三轴压缩试验的缺点是试件中的主应力 $\sigma_2=\sigma_3$，而实际土体的受力状态未必都属于这类对称情况。真三轴仪可在不同的三个应力 $(\sigma_1\neq\sigma_2\neq\sigma_3)$ 作用下进行试验。

（3）试验结果的整理与表达

从以上不同的试验方法可看到，同一种土施加的总应力 σ 虽然相同，但若试验方法不同，或者说控制的排水条件不同，则所得的强度指标也就不同。因此，土的抗剪强度与总应力间没有唯一的对应关系。从有效应力原理知，土中某点的总应力 σ 等于有效应力 σ' 和孔隙水压力 u 之和，即 $\sigma=\sigma'+u$。因此，若在试验时量测了土样的孔隙水压力，则可由有效应力原理求出有效应力，从而就可以用有效应力与抗剪强度的关系表达试验结果。

3. 无侧限抗压强度试验

无侧限抗压强度试验如三轴仪中进行 $\sigma_3=0$ 的不排水试验一样，试验时将圆柱形试样放在如图 6-11（a）所示的无侧限抗压试验仪中，在不加任何侧向压力的情况下施加垂直压力，直到使试件剪切破坏为止。剪切破坏时试样所能承受的最大轴向压力 q_u 称为无侧限抗压强度。根据试验结果，只能作一个极限应力圆（$\sigma_1=q_u$、σ_3=0）。因此，对于饱和黏土，根据三轴不固结不排水试验的结果，其破坏线近似于一条直线，即 $\varphi_u=0$。如果仅为了测定饱和黏性土的不排水抗剪强度，就可以利用构造简单的无侧限抗压仪代替三轴压缩仪。此时，取 $\varphi_u=0$，可得如图 6-11（b）所示，与极限应力圆相切的水平线就是破坏包线。根据几何关系，可得：

$$\tau_f=c_u=q_u/2 \tag{6-15}$$

式中　c_u——土的不排水抗剪强度（kPa）；

q_u——无侧限抗压强度（kPa）。

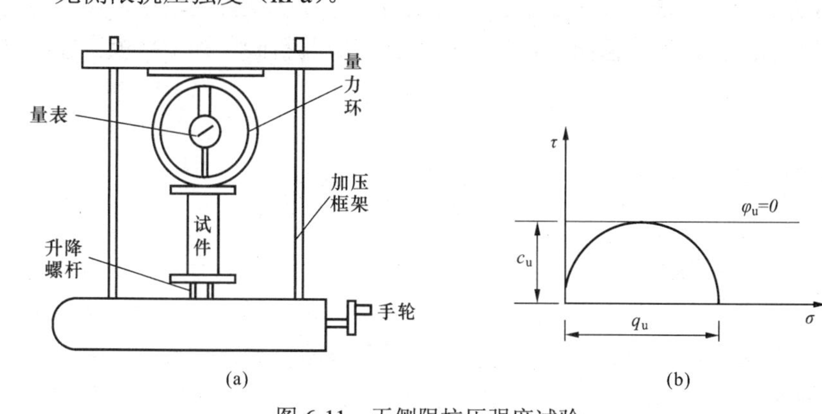

图 6-11　无侧限抗压强度试验

（a）无侧限抗压试验仪；（b）无侧限抗压强度试验结果

4. 十字板剪切试验

十字板剪切试验是一种土抗剪强度的原位测试方法，该方法适合于现场测定饱和黏性土的原位不排水抗剪强度，特别是适用于均匀饱和软黏土。

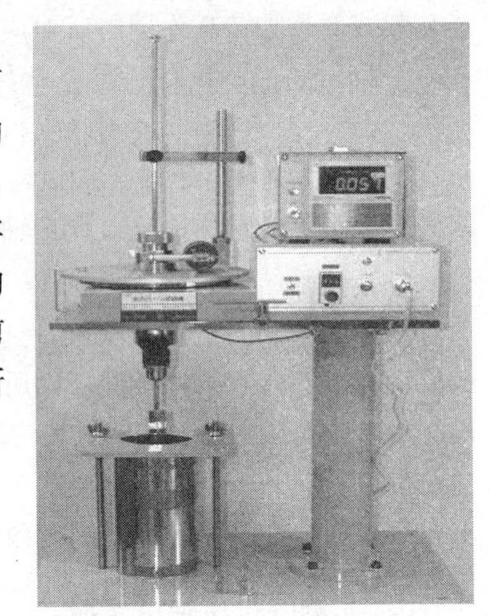

图 6-12　十字板剪切仪

如图 6-12 所示为十字板剪力仪。试验时，先把套管打到预定深度，并将套管内的土清除。将十字板装在转杆的下端后，通过套管压入土中，压入深度约为 750mm。然后，由地面上的扭力设备对钻杆施加扭矩，使埋在土中的十字板旋转，直到土剪切破坏。破坏面为十字板旋转所形成的圆柱面。设剪切破坏时所施加的扭矩为 M，则它应该与剪切破坏圆柱面（包括侧面，上、下面）上土的抗剪强度所产生的抵抗力矩相等，即：

$$
\begin{aligned}
M &= \pi DH \times \frac{D}{2}\tau_{\mathrm{V}} + 2\times\frac{\pi D^2}{4}\times\frac{D}{3}\tau_{\mathrm{H}} \\
&= \frac{1}{2}\pi D^2 H\tau_{\mathrm{V}} + \frac{1}{6}\pi D^3\tau_{\mathrm{H}}
\end{aligned}
\tag{6-16}
$$

式中　M——剪切破坏时的扭矩（kN・m）；

τ_{V}、τ_{H}——分别为剪切破坏时圆柱体侧面和上下面土的抗剪强度（kPa）；

H——十字板的高度（m）；

D——十字板的直径（m）。

天然状态土体则是各向异性的，为了简化计算，假定土体为各向同性体，即 $\tau_{\mathrm{V}}=\tau_{\mathrm{H}}$，则式（6-16）可以写成：

$$
\tau_{\mathrm{f}} = \frac{2M}{\pi D^2\left(H+\dfrac{D}{3}\right)} \tag{6-17}
$$

式中　τ_{f}——现场十字板测定的土的抗剪强度（kPa）。

十字板剪切试验由于是直接在原位进行的试验，土体所受扰动较小，被认为是比较能反映土体原位强度的测试方法。但如果在软土层中夹有薄层粉砂，则十字板试验结果就可能失真或偏大。

6.4　应力路径

应力路径是指在外力作用下土中某一点的应力变化过程在应力坐标图中的轨迹。它是描述土体在外力作用下应力变化情况或过程的一种方法。对于同一种土，当采用相同的试验手段和不同的加荷法使之剪切破坏，其应力变化的过程是不同的，这种不同的应力变化过程对土的力学性质影响较大。

1. 应力路径的表示方法

最常用的应力路径表达方式有以下几种：

（1）$\sigma-\tau$ 关系直角坐标系统。表示一定剪切面上法向应力和剪应力变化的应力路径，如

图 6-13（a）所示。

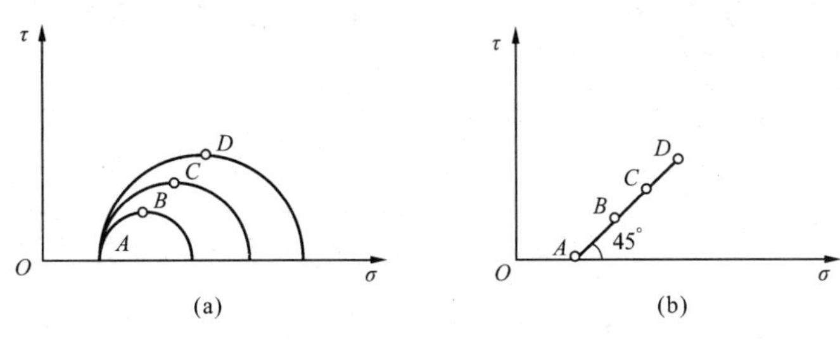

图 6-13　应力路径

（2）$p-q$ 关系直角坐标系：其中 $p=\frac{1}{2}(\sigma_1+\sigma_3)$、$q=\frac{1}{2}(\sigma_1-\sigma_3)$，这是表示大小主应力和的一半与大小主应力差的一半的变化关系的应力路径，通常以表示最大剪应力 τ_{max} 面上的应力变化，如图 6-13（b）所示。

由于土中应力有总应力与有效应力之分，因此在同一应力坐标图中也存在两种不同的应力路径，即总应力路径和有效应力路径。前者是指受荷后土中某点的总应力变化的轨迹，它与加荷条件有关，而与土质和土的排水条件无关；后者则指在已知总应力条件下，土中某点有效应力变化的轨迹，它不仅与加荷条件有关，而且也与土体排水条件、土的初始状态、初始固结条件及土类等土质条件有关。

2. 室内常规剪切试验的应力路径

每一个土样剪切的全过程都可按应力-应变记录整理出一条总应力路径，若在试验中记录了土中孔隙水压力的数据，则可绘制出任一点的有效应力路径。

（1）直剪试验的应力路径

直剪试验时，先施加法向应力 p，然后在 p 不变的情况下，逐渐增加剪应力，直至土样被剪破坏。其受剪面的应力路径先是一条水平线，达 p 后变成一成竖直线，至抗剪强度线而终止，如图 6-14 所示。

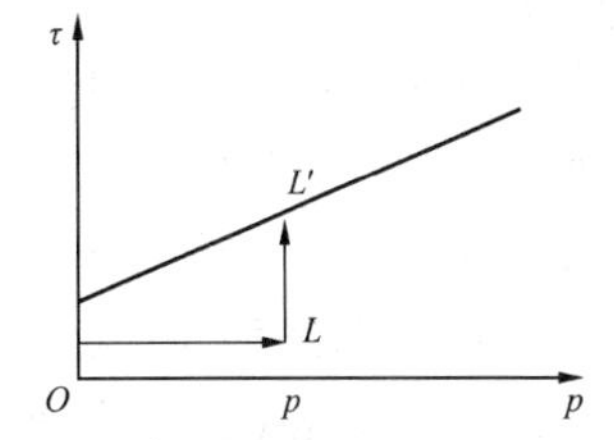

图 6-14　直剪试验的应力路径

（2）三轴试验的应力路径

三轴试验通常是先施加均等应力 σ_3，然后施加偏应力 $\sigma_1-\sigma_3$，直至土样剪切。由于三轴试验方法多种，故应力路径也不相同。

1）固结排水试验（CD-试验）的应力路径。对于固结排水试验，整个试验过程中作用于破坏面上的应力总是有效应力，所以得出应力路径为有效应力路径。

2）不固结不排水试验（UU-试验）的应力路径。不固结不排水试验中，土样的含水率是不变的，其应力路径就是等含水率线。

同一土样，施加不同的 σ_3，然后施加偏应力 $\sigma_1-\sigma_3$ 直至土样剪坏，即可得到如图 6-15 所示的应力路径族。

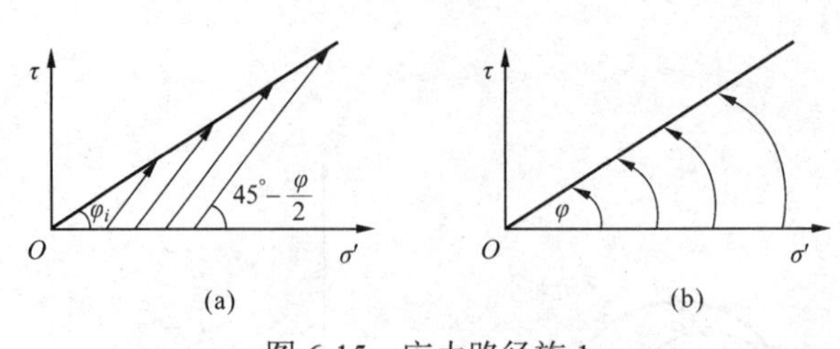

图 6-15　应力路径族 1

（a）排水剪切的应力路径族；（b）固结不排水剪切的有效应力路径族

3）固结不排水实验（CU-试验）的应力路径。固结不排水试验，可以在$\sigma-\tau$坐标中给出其总应力路径，其方法是先确定剪切破坏面方向，根据加荷过程中的总应力莫尔圆，绘出总应力路径。如图 6-16（a）所示的三轴固结不排水试验中最大剪应力面上的应力路径。

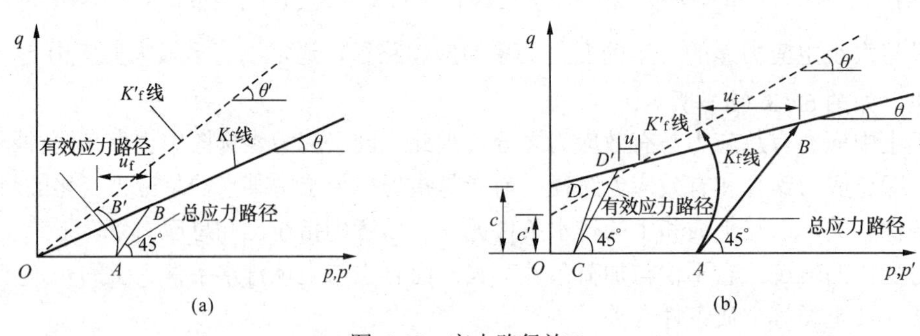

图 6-16　应力路径族 2

（a）正常固结；（b）超固结

如图 6-16（a）中 AB 是总应力路径，AB' 是有效应力路径。由于在试验中是等向固结，所以两条应力路径同时出发于 A 点$\left(p=\sigma_3、q=0\right)$，受剪时，总应力路径是向右上方延伸的直线（与横轴夹角为 45°），而有效应力是向左上方弯曲的曲线，它们分别终止于总应力强度包线和有效应力强度包线。总应力路径线与有效应力路径之间各点横坐标的差值就是施加偏应力$\sigma_1-\sigma_3$过程中所产生的孔隙水压力u。B、B'两点间的横坐标差值就是土样剪损时的孔隙压力u_f，由于有效应力圆与总应力圆的半径相等，所以B、B'两点的纵坐标（强度值）相等。图中K_f线和K_f'线分别为以总应力和有效应力表示的极限应力顶点的连线。

如图 6-16（b）所示为超固结土的应力路径，图中CD和CD'分别为弱超固结土的总应力路径和有效应力路径，由于弱超固结土具有剪胀性，在受剪开始时产生正孔隙压力，以后逐渐转为负值。因此，有效应力路径先在总应力路径的左侧，而后位于其右侧。

3. 应力路径在建筑地基中的应用

对软黏土地基进行分级加载，在一级荷载施加瞬间，地基中产生超静水压力，而后，随着时间增长，孔压将消散。在各级加荷瞬间相当于不固结不排水试验的应力路径，如图 6-17 所示中的l_1l_1'、l_2l_2'、l_3l_3'，加荷后排水固结期间为一水平线，如图中

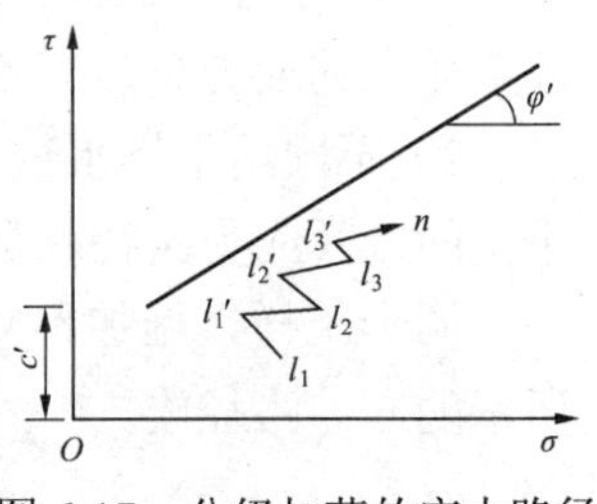

图 6-17　分级加荷的应力路径

$l_1'l_2$、$l_2'l_3$、$l_3'n$。当完全固结时，n点位于应力路径以上，土的强度也相应提高。

分析土加荷过程的应力路径，对于进一步研究土的应力-应变关系和强度都有着十分重要的意义。试验表明：排水与不排水的应力路径对φ、c值基本没有影响。对于均匀的非各向异性的正常固结黏土和均质砂土，压缩试验较伸长试验的摩擦角稍大。对于各向异性土，不同应力路径的试验得到的抗剪强度值差别很大。

延伸阅读

新加坡 Nicoll 大道地铁基坑倒塌

2004 年 4 月 20 日，新加坡地铁循环线 Nicoll 大道正在施工的地铁基坑突然倒塌，造成四名工人死亡，三人受伤，塌方吞下两台建筑起重机，使有六车道的 Nicoll 大道受到严重破坏。事故现场留下一宽 150m，长 100m，深 30m 的塌陷区，坍塌的路面、散落的钢梁、破碎的混凝土板一片狼藉（图 6-18）。当时黄金地带购物中心和附近商厦及附近住宅的人们听到数声轰然巨响，朝窗外望去，惊见路面下陷，火焰从裂开的路面冒出，接着屋内电力中断，空气中弥漫着臭味。

该段基坑属于新加坡地铁循环线，这一段采用明挖法施工，用地下连续墙和内支撑支护。该段地基为新加坡海洋黏土，属软黏土，其分布是西北较浅而东南深。基坑开挖深度 33m，宽度 22m，对部分软土进行了分层水泥喷浆加固。

图 6-18 事故现场图片

该事故主要是由软黏土的抗剪强度低，基坑开挖较深，支护设计和基坑施工的缺陷等原因造成的。

本章复习要点

掌握：土的抗剪强度指标；抗剪强度理论；土的极限平衡理论及应用；应力路径。

理解：土的抗剪强度试验；应力路径与强度的关系。

复习题

1．土的抗剪强度的基本概念是什么，其指标如何得到？

2．为什么土中某点剪应力最大的平面不是剪切破坏面？如何确定剪切破坏面与小主应力作用方向的夹角？

3．试比较直剪试验三种方法和三轴压缩试验三种方法的异同点与适用性。

4．某土直剪试验的结果见表 6-1。

表 6-1　　直剪试验结果

法向应力（kPa）	100	200	300	400
峰值抗剪强度（kPa）	34	65	93	103

（1）用作图法求该土的峰值抗剪强度指标；

（2）若作用在该土平面的法向应力和剪应力分别为 267kPa 和 188kPa，该土是否会破坏？

5．某饱和黏性土无侧限抗压强度试验的不排水抗剪强度为 70kPa，如果对同一土样进行三轴不固结不排水试验，施加周围压力 150kPa，试问土样将在多大的轴向压力作用下发生破坏？

第 7 章　土压力及挡土墙

7.1　概述

1. 挡土结构

挡土结构是为防止土体坍塌失稳，人工完成的构筑物。在房屋建筑、桥梁和水利工程中有着广泛的应用，如支撑建筑物周围填土的挡土墙、码头的岸壁、隧道的侧墙、桥梁接岸的桥台以及地下室的外墙等（图 7-1）。其中最常见的结构形式是挡土墙。

挡土墙的作用是挡住并承受来自侧向的土压力。通常由墙身、墙顶、墙面、墙背、墙基、墙趾和墙踵组合而成，如图 7-2 所示。

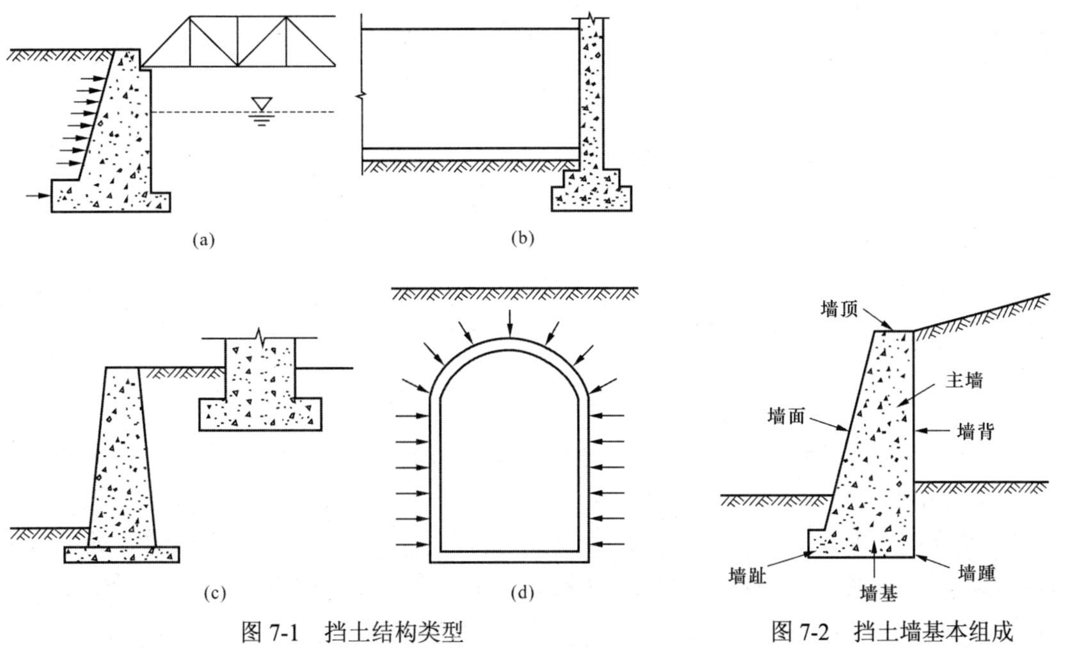

图 7-1　挡土结构类型

（a）桥台边墩；（b）地下室侧墙；（c）建筑物边坡挡土墙；（d）隧道

图 7-2　挡土墙基本组成

挡土墙按其刚度和位移可分为刚性挡土墙、柔性挡土墙和临时支撑三类。

（1）刚性挡土墙

刚性挡土墙指用砖、块石或混凝土所筑成的断面较大的挡土墙。在土压力作用下，与墙体位移相比，墙身的挠曲变形对土压力分布的影响甚微，可忽略不计。因此刚性挡土墙背受到的土压力呈三角形分布，最大压力强度发生在底部。

（2）柔性挡土墙

柔性挡土墙墙体自身在土压力作用下会发生挠曲变形，其结构变形反过来将会影响墙背所受土压力的大小和分布，这种类型的挡土墙结构被称为柔性挡土墙。例如，在深基坑开挖中，为支护坑壁而打入土中的板桩墙即属于柔性挡土墙。这时作用在墙身上的土压力为曲线分布。

（3）临时支撑

临时支撑指的是用钢、木等材料制作架设的临时支撑构件，如木支撑、金属支撑、钢木混合支撑等。

2. 挡土墙侧土压力

土压力通常指土体因自重或外荷载作用对挡土墙及各种挡土结构所产生的侧压力。由于土压力是挡土墙这类挡土结构物的主要外荷载，因此在进行挡土结构断面设计和稳定性验算之前，必须确定土压力的大小和分布规律。

土压力计算的影响因素很多，包括墙体的结构形式、墙体材料、墙后填土性质、填土表面形状及墙体刚度和位移等。其中墙体位移是影响土压力计算最主要的因素，墙体的位移方向和位移量决定着所产生土压力的性质和大小。通过理论分析和模型试验得到挡土墙的位移与土压力的关系，如图 7-3 所示。

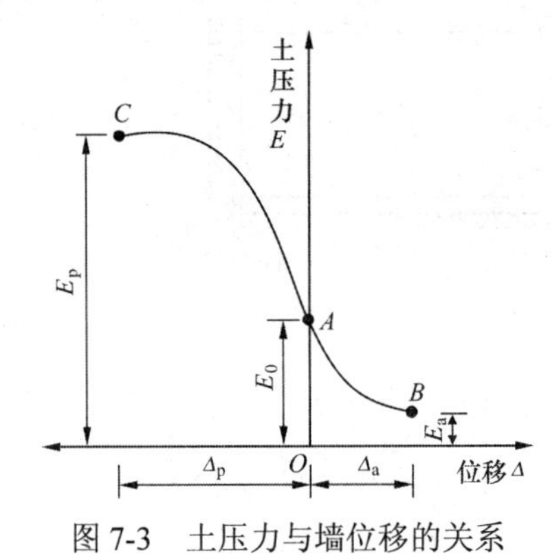

图 7-3　土压力与墙位移的关系

挡土墙侧土压力根据墙体位移情况和墙后填土所处的应力状态分为三种：

（1）静止土压力 E_0

挡土墙在侧土压力作用下，墙和墙后土体均保持静止不动，土体不发生变形，处于弹性平衡状态，此时作用于挡土墙背上的土压力称为静止土压力 E_0，如图 7-3 中 A 点所示。

（2）主动土压力 E_a

挡土墙在侧土压力作用下，墙体向背离填土方向移动或沿墙前趾转动，挡土墙背上的土压力随着墙体位移量的增大逐渐减小，直到墙后填土达到主动极限平衡状态，此时填土中开始出现滑动面，挡土墙上的土压力减至最小，这时作用于挡土墙上的土压力称为主动土压力

E_a，如图 7-3 中 B 点所示。

（3）被动土压力 E_p

挡土墙在外力作用下，墙体向着填土方向移动或转动，土体受墙体挤压，土压力逐渐增大，直到墙后填土达到被动极限平衡状态，此时填土中形成滑动面，挡土墙上的土压力增至最大，这时作用于挡土墙上的土压力称为被动土压力 E_p，如图 7-3 中 C 点所示。

以上所论述的主动与被动是以土体为主体，墙体为客体而言的，即土体压墙产生主动土压力 E_a，土体被墙压产生被动土压力 E_p。

挡土墙位移对土压力类型的影响，如图 7-4 所示。试验表明，在相同条件下，对同一挡土墙，三种土压力在数值上存在如下关系：

$$E_a < E_0 < E_p$$

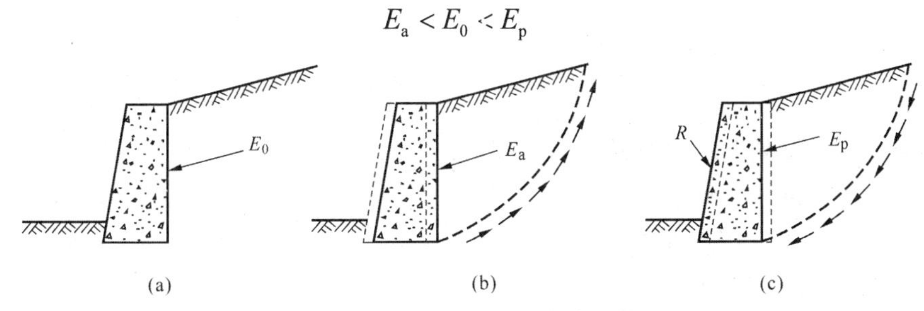

图 7-4　挡土墙位移与土压力类型的影响

相应地，产生被动土压力所需要的微小位移 Δ_p 大大超过产生主动土压力所需的微小位移 Δ_a。

通常情况下，墙后填土只在 E_a、E_0、E_p 三个特定点处才能达到极限平衡状态，此时可以对土压力进行计算。但多数情况下，作用在墙背上的土压力处于主动土压力与静止土压力或者静止土压力与被动土压力之间的某个数值。由于填土处于弹性平衡状态，此时的土压力是一个超静定问题，无法求出其解析解。目前只有通过有限元软件进行模拟，根据土的应力-应变关系，确定出墙体位移量与土压力大小的定量关系。

7.2　静止土压力

1. 产生与应用

静止土压力只发生在挡土墙为刚性且静止不动的情况下。实际工程中，如地下室外墙或基岩上的挡土墙，由于内隔墙的支挡或与基岩的牢固联结，使墙体无法发生位移与转角，此时土压力可近似按静止土压力进行计算。

2. 静止土压力计算

静止土压力计算比较简单，土体的受力状态与自重应力状态相似。在半无限土体内取任意深度 z 处的土体单元，如图 7-5（a）所示。

作用在水平面上的应力为

$$\sigma_z = \gamma z \tag{7-1}$$

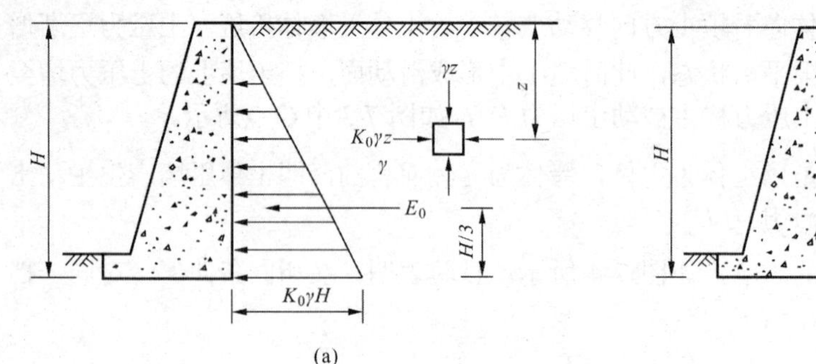

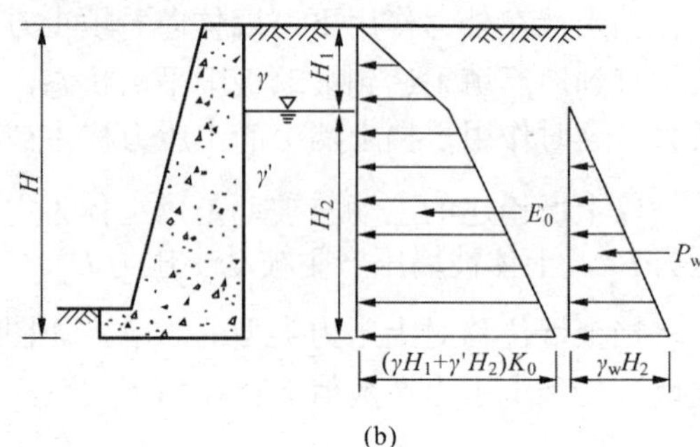

图 7-5 静止土压力分布

（a）均质土；（b）有地下水时

式中 σ_z——z 深度处的竖向有效应力（kPa）；

γ——土的重度（kN/m^3）；

z——土压力计算点深度（m）。

作用在竖直面上的应力为

$$\sigma_0 = K_0\sigma_z = K_0\gamma z \tag{7-2}$$

式中 σ_0——z 深度处的静止土压力（kPa）；

γ——土的重度（kN/m^3）；

z——土压力计算点深度（m）；

K_0——土的静止侧压力系数。

确定土的静止侧压力系数 K_0 是计算静止土压力的关键，通常可以由侧限条件下的试验测定，也可以采用杰克（Jacky，1948）对于正常固结土提出的经验公式计算，即

$$K_0 = 1 - \sin\varphi' \tag{7-3}$$

式中 φ'——土的有效内摩擦角。

一般认为对于砂土或正常固结黏土与上式计算 K_0 值吻合较好，其 K_0 值通常小于 1，而超固结黏土和压实填土则可能会大于 1，因此上式需谨慎使用。几类土的 K_0 值参见表 7-1。

表 7-1　　几类土的 K_0 参考值

土类名	松砂	密砂	压实黏土	正常固结黏土	超固结黏土
K_0参考值	0.40～0.45	0.45～0.50	0.80～1.50	0.50～0.60	1.00～4.00

由式（7-2）可知，静止土压力在均质土中沿深度为线性变化，其分布规律如图 7-5（a）所示。作用于单位墙长上的静止土压力合力 E_0 为

$$E_0 = \frac{1}{2}\gamma K_0 H^2 \tag{7-4}$$

式中 E_0——单位墙长上的静止土压力（kN/m）；

H——挡土墙的高度（m）。

总的静止土压力 E_0 为应力分布图的面积，合力作用点位于 1/3 墙高处，方向水平指向墙背。

如果墙后填土中有地下水，在计算静止土压力时，水下土的重度应取为浮重度 γ'（有效重度），其分布规律如图 7-5（b）所示。

作用于单位墙长上的静止土压力合力 E_0 为

$$E_0=\frac{1}{2}\gamma K_0 H_1^{\ 2}+\gamma K_0 H_1 H_2+\frac{1}{2}\gamma' K_0 H_2^{\ 2} \tag{7-5}$$

E_0 作用点位于土压力分布图形的形心处，方向水平指向墙背。

此时对挡土墙上进行受力时，还应考虑水压力的作用。作用于单位墙长上的总水压力 P_w 为

$$P_w=\frac{1}{2}\gamma_w H_2^{\ 2} \tag{7-6}$$

水压力作用点位于 $H_2/3$ 处，方向水平指向墙背。因此作用于墙体上的总压力是土压力与水压力的矢量和。

7.3　朗肯土压力理论

1. 基本原理

英国学者朗肯（Rankine）于 1857 年提出朗肯古典土压力理论。该理论认为土体在自重应力作用下，当墙后半无限空间填土由弹性平衡达到极限平衡时，墙后任意一点处的土体单元都处于极限平衡状态，从而可以根据单元土体处于极限平衡状态时的应力平衡条件得出土压力计算公式。

（1）假设条件

为建立理想的计算模型，朗肯理论作了如下假定：

1）墙体为刚体；

2）墙背面垂直、光滑；

3）填土表面水平。

假定 1）保证了墙体在应力作用下只产生位移或转角而不发生变形；假定 2）保证了作用于墙背的土压力为水平方向，且不考虑墙与土体之间的摩擦力，从而满足墙与土体接触面剪应力为零的应力边界条件，可以将作用力看作主应力；假定 3）保证了填土面作为半无限空间界面，其内任一土体单元应力状态与半空间土体应力状态一致。

通过以上假定使墙后深度为 z 处土体单元的主应力方向分别为水平和竖直方向，其应力状态如图 7-6 所示。

（2）分析方法

下面用应力圆来分析土体的极限平衡状态。

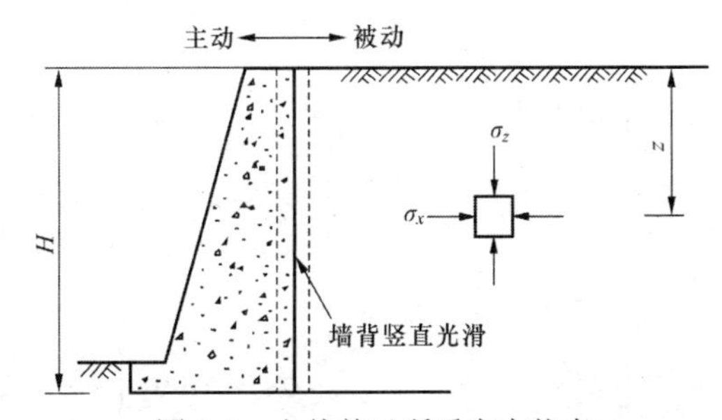

图 7-6　土体单元所受应力状态

当挡土墙不发生位移时，土体静止不动，墙背土压力为静止土压力，此时墙后深度 z 处土体单元所处的应力状态可用图 7-7 所示的摩尔应力圆 I 表示 $\sigma_1=\sigma_z$， $\sigma_3=\sigma_x=K_0\sigma_z$。

当挡土墙发生离开土体方向的移动时，竖向应力 σ_z 保持不变，始终为大主应力 σ_1，水平向应力 σ_x（σ_3）随墙体位移量的增加逐渐减少，当应力圆减小到与抗剪强度包线相切时，该土体达到主动极限平衡状态，由图中应力圆 II 表示，此时作用在墙背上的土压力 σ_x 达到最小值 $\sigma_{x\min}$，即主动土压力。此后土压力将不随位移量减小，而是形成一系列滑裂面，滑裂面位于应力圆 II A 点处，方向与大主应力作用面 B 点夹角为 $\alpha=45^\circ+\varphi/2$，滑动土体此时的应力状态称为主动朗肯状态。

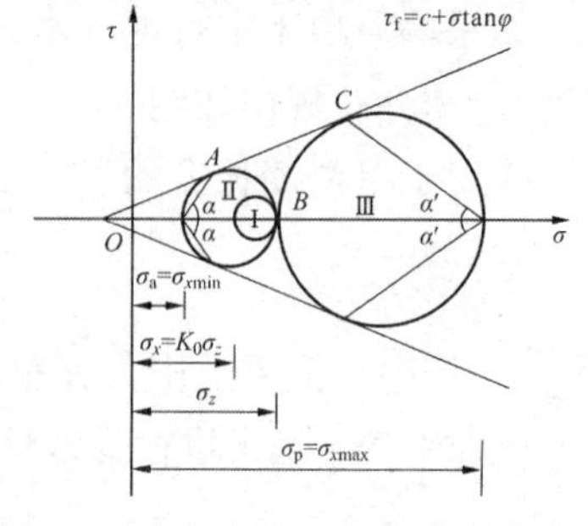

图 7-7　摩尔应力圆与朗肯状态关系

当挡土墙向填土方向挤压土体时，竖向应力 σ_z 仍保持不变，水平向应力 σ_x 随位移量的增加逐渐增大，并且渐渐超过竖向应力 σ_z 变为大主应力 σ_1，σ_z 变为小主应力 σ_3。当应力圆增大到与抗剪强度包线相切时，该土体单元达到被动极限平衡状态，由图中应力圆III表示，此时作用在墙背上的土压力达到最大值 $\sigma_{x\max}$，即被动土压力。此后土压力不随位移量增大，土体中也将形成一系列滑裂面，滑裂面位于应力圆III C 点处，方向与水平面 B 点的夹角为 $\alpha'=45^\circ-\varphi/2$，此时滑动土体的应力状态称为被动朗肯状态。

通过上述对土体极限状态的分析，加之朗肯对墙背和墙后填土所作的假定，应用土中某一点的极限平衡应力条件便可求出主动土压力和被动土压力。

2. 朗肯主动土压力计算

当土体单元处于主动平衡状态时，某一深度 z 处的土体单元所受到的竖向应力为大主应力 σ_1，水平向应力为小主应力 σ_3，将 σ_1、σ_3 代入土的极限应力平衡条件，便可求出作用于任意深度处的土体单元的主应力。

土的极限应力平衡条件：

无黏性土为

$$\sigma_1=\sigma_3\tan^2\left(45^\circ+\frac{\varphi}{2}\right) \tag{7-7}$$

或

$$\sigma_3=\sigma_1\tan^2\left(45^\circ-\frac{\varphi}{2}\right) \tag{7-8}$$

黏性土为

$$\sigma_1=\sigma_3\tan^2\left(45^\circ+\frac{\varphi}{2}\right)+2c\tan\left(45^\circ+\frac{\varphi}{2}\right) \tag{7-9}$$

或

$$\sigma_3=\sigma_1\tan^2\left(45^\circ-\frac{\varphi}{2}\right)-2c\tan\left(45^\circ-\frac{\varphi}{2}\right) \tag{7-10}$$

（1）无黏性土

假设填土为无地下水的均质无黏性土，且填土表面无荷载作用，则$\sigma_1=\sigma_z=\gamma z$，$\sigma_3=\sigma_a$。将$\sigma_1$、$\sigma_3$代入无黏性土的极限应力平衡条件，得 z 深度处主动土压力大小为

$$\sigma_a=\gamma z K_a \tag{7-11}$$

式中　K_a——朗肯主动土压力系数，$K_a=\tan^2\left(45^\circ-\dfrac{\varphi}{2}\right)$；

　　γ——土的重度（kN/m^3）。

由式（7-11）可知σ_a沿深度 z 呈三角形分布，如图 7-8（a）所示。

设挡土墙高度为 H，则作用于单位墙长上的总土压力为

$$E_a=\frac{1}{2}\gamma K_a H^2 \tag{7-12}$$

E_a作用点位于土压力分布图形的形心处，即 $H/3$ 处，方向水平指向墙背。

（2）黏性土

将$\sigma_1=\sigma_z=\gamma z$，$\sigma_3=\sigma_a$代入黏性土极限平衡条件得 z 深度处主动土压力大小为

$$\sigma_a=\gamma z K_a-2c\sqrt{K_a} \tag{7-13}$$

可见，黏性土的主动土压力由两部分组成：一是由土自重引起的压力$\gamma z K_a$，沿墙身呈三角形分布；一是由粘聚力 c 引起的拉力$2c\sqrt{K_a}$，与深度无关，沿墙身呈矩形分布。两项力叠加分布如图 7-8（b）所示。

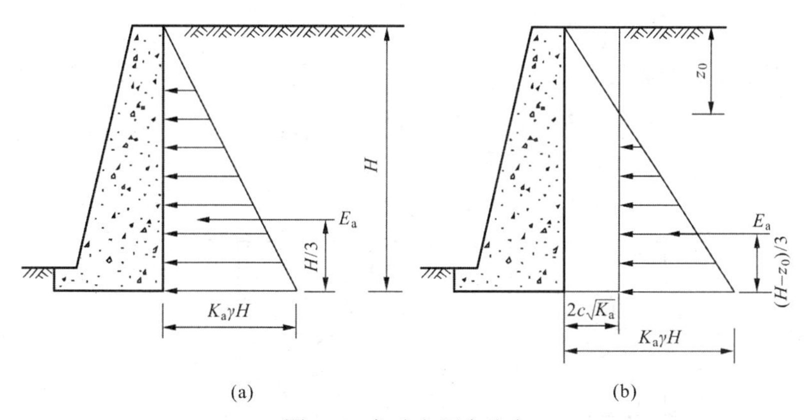

图 7-8　主动土压力分布

（a）无黏性土；（b）黏性土

由于墙身光滑，挡土墙无法承受拉力，可以认为挡土墙顶部 z_0 高度范围内墙上土压力为零，因此实际土压力分布为图中三角形部分。

其中，土压力为零的点至填土表面的高度 z_0 称为临界深度，由$\sigma_0=\gamma z K_a-2c\sqrt{K_a}=0$确定，临界深度

$$z_0=\frac{2c}{\gamma\sqrt{K_a}} \tag{7-14}$$

单位墙长上总的土压力按三角形面积计算，为

$$E_a = \frac{1}{2}\gamma K_a (H - z_0)^2 \tag{7-15}$$

E_a 作用点位于墙底面以上 $E_a = (H - z_0)/3$ 处，方向水平指向墙背。

例题 7-1 如图所示挡土墙高 4.5m，墙背直立、光滑，墙后填土面水平。填土为黏性土，其物理力学指标为 $\gamma = 18\text{kN/m}^3$，$c = 8\text{kPa}$，$\varphi = 20^\circ$。试求主动土压力沿墙高的分布、每米合力及其作用点。

解：

墙底处的土压力强度为

$$\begin{aligned}\sigma_a &= \gamma h \tan^2\left(45^\circ - \frac{\varphi}{2}\right) - 2c\tan\left(45^\circ - \frac{\varphi}{2}\right)\\ &= 18 \times 4.5\tan^2\left(45^\circ - \frac{20^\circ}{2}\right) - 2\times 8\tan\left(45^\circ - \frac{20^\circ}{2}\right)\\ &= 28.51(\text{kPa})\end{aligned}$$

临界深度为

$$z_0 = \frac{2c}{\gamma\sqrt{K_a}} = \frac{2\times 8}{18\tan\left(45^\circ - \frac{20^\circ}{2}\right)} = 1.27(\text{m})$$

主动土压力为

$$E_a = \frac{1}{2}\times(4.5 - 1.27)\times 28.51 = 46.04(\text{kN/m})$$

主动土压力距墙底的距离为

$$\frac{h - z_0}{3} = \frac{4.5 - 1.27}{3} = 1.08(\text{m})$$

主动土压力如图 7-9 所示。

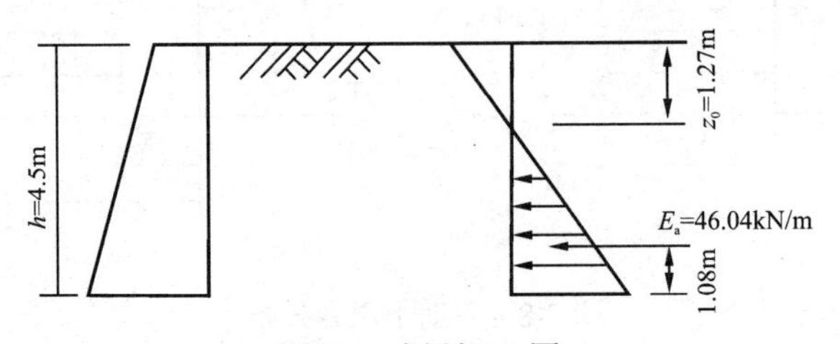

图 7-9 例题 7-1 图

3. 被动土压力计算

当土体单元处于被动极限平衡状态时，填土深度 z 处任一土体单元竖向应力为小主应力 σ_3，水平应力为大主应力 σ_1，根据土的极限平衡应力条件可堆出被动土压力 σ_p。

（1）无黏性土

假设填土为无地下水的均质无黏性土，且填土表面无荷载作用，则 $\sigma_1 = \sigma_p$，$\sigma_3 = \sigma_z = \gamma z$。当土体达到被动极限平衡状态时，将 σ_1、σ_3 代入无黏性土的极限应力平衡条件，得 z 深度处

主动土压力大小为

$$\sigma_{\mathrm{p}} = \gamma z K_{\mathrm{p}} \tag{7-16}$$

式中　K_{p}——朗肯被动土压力系数，$K_{\mathrm{p}} = \tan^2\left(45^\circ + \dfrac{\varphi}{2}\right)$；

　　γ——土的重度（$\mathrm{kN/m^3}$）。

σ_{p} 沿墙高的分布，作用于单位墙长上的土压力合力 E_{p} 的计算方法以及作用点的位置均与主动土压力相同，如图 7-10（a）所示。

设挡土墙高度为 H，则作用于单位墙长上的总土压力为

$$E_{\mathrm{p}} = \frac{1}{2}\gamma K_{\mathrm{p}} H^2 \tag{7-17}$$

E_{p} 作用点位于土压力分布图形的形心处，即 $H/3$ 处，方向水平指向墙背。

（2）黏性土

将 $\sigma_1 = \sigma_{\mathrm{p}}$，$\sigma_3 = \sigma_z = \gamma z$ 代入黏性土极限平衡条件，得 z 深度处被动土压力大小为

$$\sigma_{\mathrm{p}} = \gamma z K_{\mathrm{p}} + 2c\sqrt{K_{\mathrm{p}}} \tag{7-18}$$

与黏性土的主动土压力类似，黏性土的被动土压力也由两部分组成：一是由土自重引起的压力 $\gamma z K_{\mathrm{p}}$，沿墙身呈三角形分布；一是由粘聚力 c 引起的压力 $2c\sqrt{K_{\mathrm{a}}}$，与深度无关，沿墙身呈矩形分布。两项力叠加后合力沿墙身呈梯形分布如图 7-10（b）所示。

单位墙长上总的土压力按梯形面积计算，为

$$E_{\mathrm{p}} = \frac{1}{2}\gamma K_{\mathrm{p}} H^2 + 2cH\sqrt{K_{\mathrm{p}}} \tag{7-19}$$

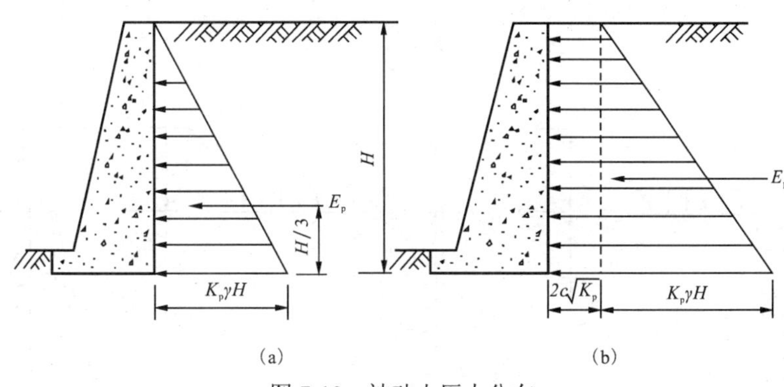

图 7-10　被动土压力分布

（a）无黏性土；（b）黏性土

E_{p} 作用点位于梯形分布图面积的重心上，方向水平指向墙背。梯形分布图重心可按下列两种方法求得：

1）数解法。将图 7-11 中的梯形应力分布图分为矩形和三角形两部分，分别求出各自的分力 E_{p1}、E_{p2}，然后对墙底求力矩，根据力矩平衡条件，合力矩等于分力矩之和得

$$E_{\mathrm{p}} h = E_{\mathrm{p1}} h_1 + E_{\mathrm{p2}} h_2 \tag{7-20}$$

所求得的 h 即为土压力 E_p 的作用点位置，即梯形重心的位置（图 7-11）。

2）图解法。如图 7-12 所示，连接上下底中点的连线，再连接上下底的延长线，交点 G 即为所求作用点位置。

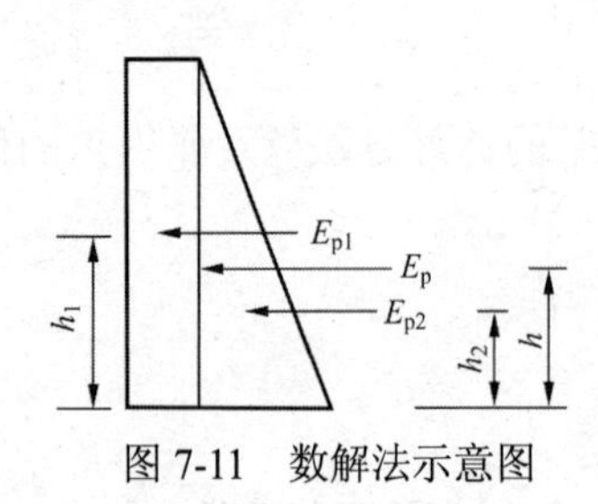

图 7-11　数解法示意图

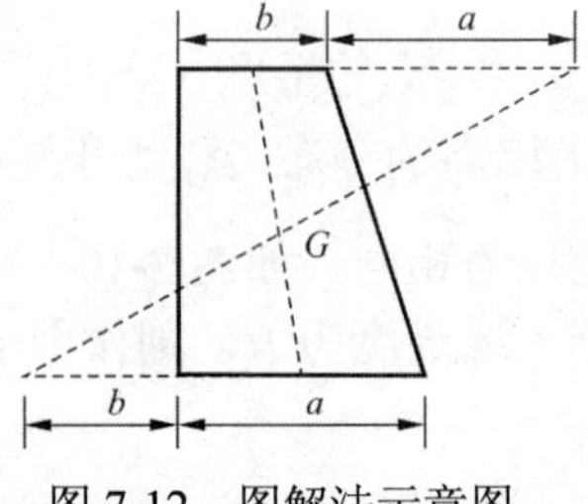

图 7-12　图解法示意图

朗肯土压力理论由于假定条件的存在，其计算条件和适用范围受到限制。应用朗肯理论计算所得结果，主动土压力值偏大，被动土压力值偏小，尤其是土体达到被动极限平衡条件所要求的位移量较大，因此在某些工程设计中要求慎重采用由极限平衡条件求出的被动土压力计算公式。

4. 特殊条件下的土压力计算

（1）填土表面有均布荷载

挡土墙后填土面上作用均布荷载 q 被称为超载。超载分布范围一般有图 7-13 所示的三种形式。通常超载作用下的土压力计算是把超载看作当量土重，将均布荷载 q 换算成当量土层厚度 h，即

$$h=\frac{q}{\gamma} \tag{7-21}$$

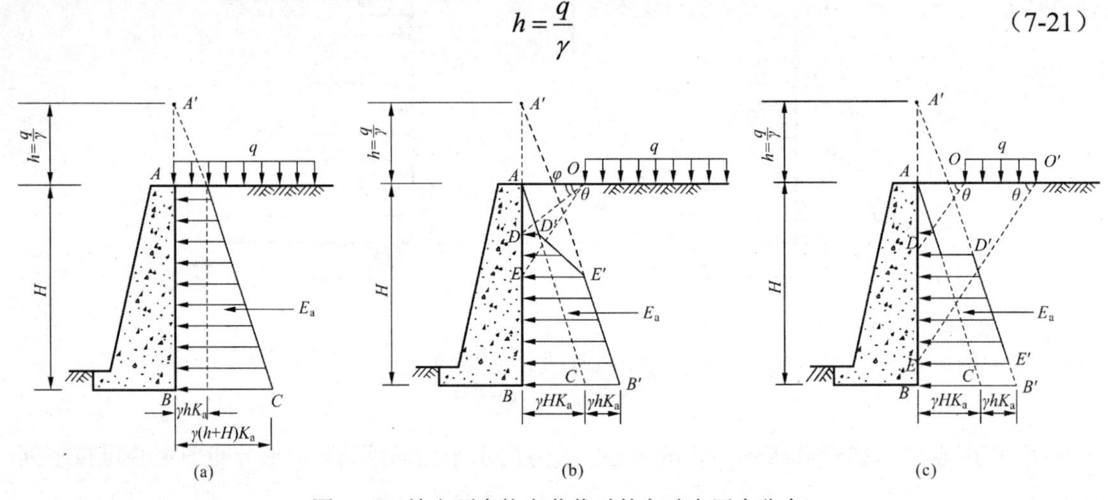

图 7-13　填土面有均布荷载时的主动土压力分布

当超载 q 如图 7-13（a）所示的连续分布时，墙后填土高度经超载换算由 AB 变为 $A'B$。对于无黏性土深度 z 处土体单元的竖向应力为

$$\sigma_z=\gamma(z+h)=\gamma z+q \tag{7-22}$$

墙背所受水平主动土压应力为

$$\sigma_a = \gamma(z+h)K_a = (\gamma z + q)K_a \tag{7-23}$$

压力分布如图 7-13（a）所示，为梯形分布，总的主动土压力为

$$E_a = \left(\frac{1}{2}\gamma H^2 + qH\right)K_a \tag{7-24}$$

当超载 q 为如图 7-13（b）所示的分布时，土压力计算仍采用当量土层厚度法，但计算范围按下述方法近似确定：自均布荷载起点 O 作两条与水平面夹角分别为 φ 和 θ 的辅助线 OD 和 OE，认为 D 点以上土压力不受填土面超载影响，E 点以下完全受影响，D 点和 E 点间的土压力用直线 $D'E'$ 连接，图中阴影部分即为墙背 AB 上的土压力分布。

当超载 q 为如图 7-13（c）所示的分布时，土压力计算所采用当量土层厚度法如下：自均布荷载分布点 O 和 O' 作两条与水平面夹角均为 θ 的平行辅助线 OD 和 $O'E$，认为 D 点以上和 E 点以下土压力不受填土面超载影响，D 点和 E 点间的土压力按连续均布荷载计算，图中阴影部分即为墙背 AB 上的土压力分布。

（2）成层填土

图 7-14 为符合朗肯条件的挡土墙，墙后填土由不同物理性质的水平土层组成。计算土压力时，第一层按均质土计算，层底处土压力为 σ_{ae1}；计算第二层土压力时，将第一层按重度换算成与第二层重度相同的当量土层 h_1'，$h_1' = h_1\gamma_1/\gamma_2$，然后以 $(h_1' + h_2)$ 为墙高，按均质土计算第二层土压力，得出第二层上下层面的土压力值 σ_{ae2} 和 σ_{aB}，即

$$\sigma_{a0} = 0$$

$$\sigma_{ae1} = \gamma_1 h_1 K_{a1}$$

$$\sigma_{ae2} = \gamma_1 h_1 K_{a2}$$

$$\sigma_{ae1} = (\gamma_1 h_1 + \gamma_2 h_2)\ K_{a2}$$

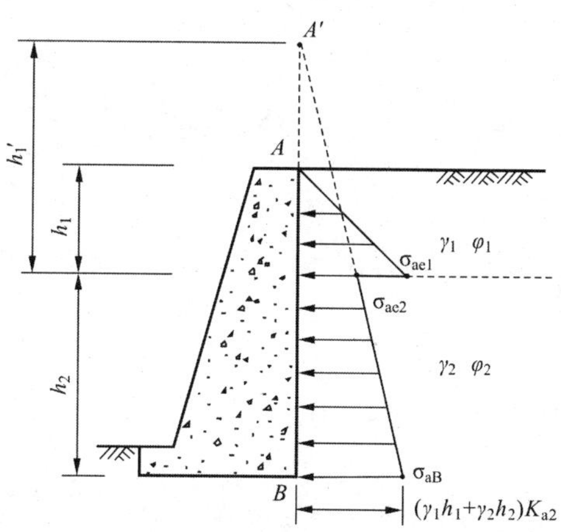

图 7-14　成层填土的土压力分布

如果墙后填土有 3 层，则按上述方法计算第 2、3 层土体界面处的土压应力。各层土除 γ 不同外，朗肯主动土压力系数 K_a 也不相同，图 7-14 所示为 $\varphi_2 > \varphi_1$ 的情况。相邻土层 φ 值关系不同的土压应力分布见图 7-15。

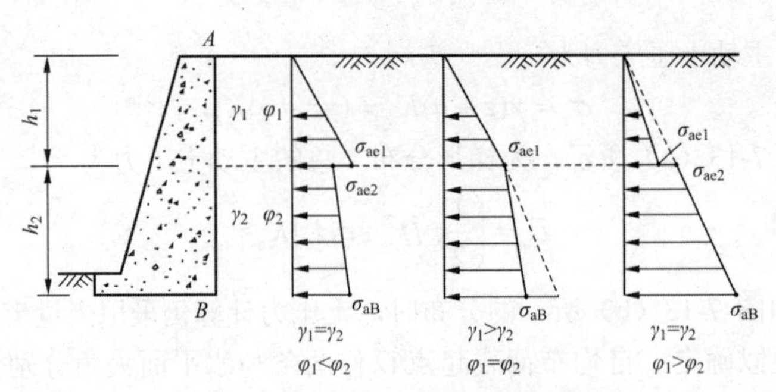

图 7-15 成层土压应力与 φ 值的关系

由上面的土压应力分布图可以看出，相邻土层 φ 值不同将使土层界面处土压应力发生突变。

（3）墙后填土有地下水

当挡土墙后填土全部或部分处于地下水位以下时，与前述静止土压力的计算方法相同，要考虑水位及其变化的影响，作用在墙背上的侧压力分为土压力和水压力两部分。水的存在会影响水下土的 γ 和 φ 值，因此用朗肯理论计算土压力时，水下土采用有效重度 γ' 和改变后的 φ 值，总的侧压力等于土压力和水压力之和。

例题 7-2 某挡土墙高 5m，墙背铅直光滑，填土表面水平，其上作用有连续均布荷载 $q = 10\text{kPa}$。已知填土的物理力学性质指标为 $\gamma = 18\text{kN/m}^3$，$c = 16\text{kPa}$，$\varphi = 20^\circ$。

试求挡土墙上作用的主动土压力及其作用点位置，并绘出主动土压力强度分布图。

解：

填土表面主动土压力强度为

$$\sigma_{a1} = qK_a - 2c\sqrt{K_a} = 10\tan^2\left(45^\circ - \frac{20^\circ}{2}\right) - 2\times 16\tan\left(45^\circ - \frac{20^\circ}{2}\right) = -17.5(\text{kPa})$$

墙底处的土压力强度为

$$\sigma_{a2} = (q + \gamma h)K_a - 2c\sqrt{K_a} = -17.5 + 18\times 5\tan^2\left(45^\circ - \frac{20^\circ}{2}\right) = 26.6(\text{kPa})$$

临界深度为

$$z_0 = \frac{17.5}{26.6 + 17.5}\times 5 = 1.98(\text{m})$$

总的主动土压力为

$$E_a = \frac{1}{2}\times 26.6\times 3.02 = 40.2(\text{kN/m})$$

土压力作用点位置为

$$z = \frac{(5 - 1.98)}{3} = 1.01(\text{m})$$

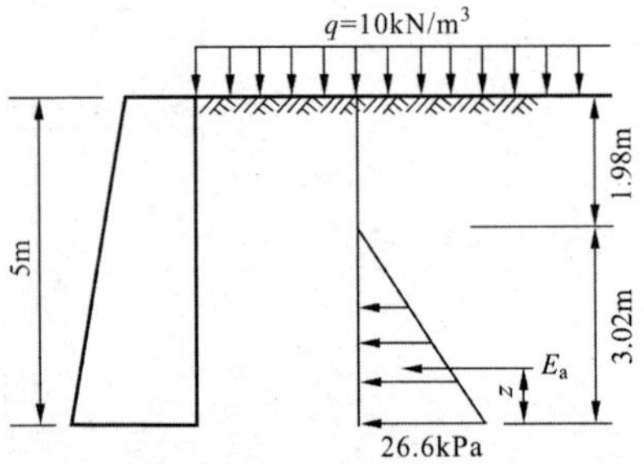

q=10kN/m³
5m
1.98m
3.02m
E_a
z
26.6kPa

图 7-16 例题 7-2 图

主动土压力强度分布及作用点位置如图 7-16 所示。

例题 7-3 某挡土墙高 5m，墙背垂直光滑，墙后填土面水平，共分两层。各层土的物理力学性质指标如图 7-17 所示，试求主动土压力 E_a，并绘出土压力分布图。

解：

计算一层填土的层顶处和层底处的土压力强度分别为

$$\sigma_{a0} = \gamma_1 z \tan^2\left(45^\circ - \frac{\varphi_1}{2}\right) = 0$$

$$\sigma_{a1} = \gamma_1 h_1 \tan^2\left(45^\circ - \frac{\varphi_1}{2}\right) = 17\times 2\times \tan^2\left(45^\circ - \frac{32^\circ}{2}\right) = 10.4(\text{kPa})$$

第二层填土顶面和底面的土压力强度分别为

$$\begin{aligned}\sigma_{a2} &= \gamma_1 h_1 \tan^2\left(45^\circ - \frac{\varphi_2}{2}\right) - 2c_2 \tan\left(45^\circ - \frac{\varphi_2}{2}\right)\\ &= 17\times 2\tan^2\left(45^\circ - \frac{16^\circ}{2}\right) - 2\times 10\tan\left(45^\circ - \frac{16^\circ}{2}\right)\\ &= 4.2(\text{kPa})\end{aligned}$$

$$\begin{aligned}\sigma_{a3} &= (\gamma_1 h_1 + \gamma_2 h_2)\tan^2\left(45^\circ - \frac{\varphi_2}{2}\right) - 2c_2 \tan\left(45^\circ - \frac{\varphi_2}{2}\right)\\ &= (17\times 2 + 19\times 3)\tan^2\left(45^\circ - \frac{16^\circ}{2}\right) - 2\times 10\tan\left(45^\circ - \frac{16^\circ}{2}\right)\\ &= 36.6(\text{kPa})\end{aligned}$$

主动土压力 E_a 为

$$E_a = \frac{1}{2}\times 10.4\times 2 + \frac{(4.2+36.6)\times 3}{2} = 71.6(\text{kN/m})$$

主动土压力分布如图 7-17 所示。

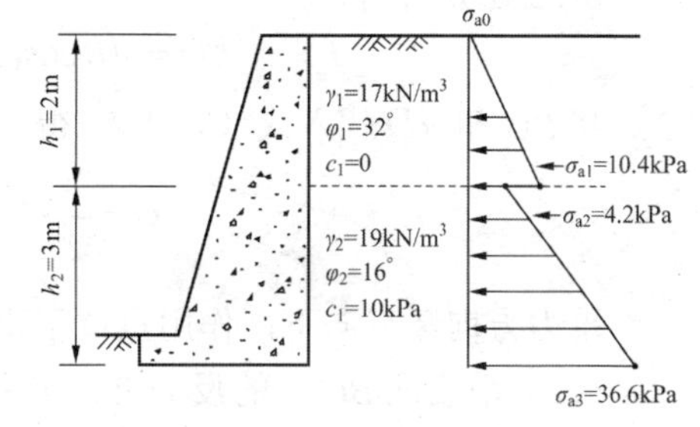

图 7-17　例题 7-3 图

7.4　库仑土压力理论

1. 基本假定与计算原理

法国学者库仑（C.A.Coulomb）于 1776 年提出库仑古典土压力理论。与朗肯土压力理论不同，该理论根据刚性极限平衡的概念，认为墙后土体处于极限平衡状态会形成一滑动楔体，并假定滑动体为刚体，滑动面为平面，通过分析滑动楔体的静力平衡条件，建立土压力计算公式，这就是库仑土压力理论的基本计算原理。

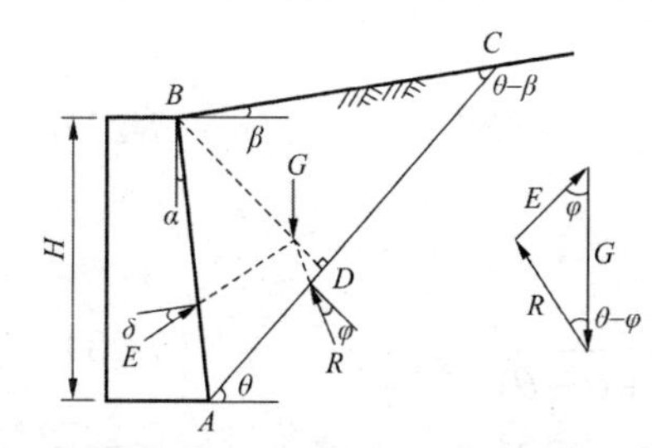

图 7-18　库仑主动土压力计算模型

对于计算模型库仑做了如下基本假定：

（1）墙后填土为均质无黏性土（$c=0$）；

（2）滑动破坏面为通过墙踵的平面；

（3）滑动楔体为刚性体。

通过上述假定，库仑建立了理想的计算模型，得出无黏性土的主动土压力和被动土压力计算公式。之后，该理论被推广到黏性土和有水的情况。

2. 库仑主动土压力计算

假设挡土墙形式如图 7-18 所示。墙高H，墙背与垂线夹角为α，墙后填土为砂土（$c=0$），填土表面与水平面的夹角为β，墙背与填土间的外摩擦角为δ。

取单位墙长进行分析。挡土墙在主动土压力作用下向前移动或转动，当墙后土体达到主动极限平衡状态时，土体中产生两个通过墙脚A的滑动面AB、AC，将滑动土楔体作为脱离体进行静力平衡分析，则作用在土楔体ABC上的作用力有以下几部分：

（1）土楔体ABC自重G。设滑裂面AC与水平面夹角为θ，则

$$G=\gamma V_{\mathrm{ABC}}=\frac{1}{2}\gamma\cdot BC\cdot AD \tag{7-25}$$

利用平面三角形的正弦定理

$$BC=AB\times\frac{\sin(90^{\circ}-\alpha+\beta)}{\sin(\theta-\beta)}$$

将$AB=H/\cos\alpha$代入上式，得

$$BC=\frac{H\cos(\alpha-\beta)}{\cos\alpha\sin(\theta-\beta)}$$

由$\triangle ADB$可得

$$AD=AB\cos(\theta-\alpha)=H\cos(\theta-\alpha)/\cos\alpha$$

将BC和AD代入式（7-25），得

$$G=\frac{1}{2}\gamma H^{2}\frac{\cos(\alpha-\beta)\cos(\theta-\alpha)}{\cos^{2}\alpha\sin(\theta-\beta)} \tag{7-26}$$

重力方向竖直向下，作用点位于土楔体ABC重心。

（2）滑裂面BC上的反力R。R是BC面上摩擦力和法向反力的合力，由于滑动土楔体ABC相对于滑动面BC右侧土体向下移动，故BC面摩擦力方向斜向上，因此合力R与滑裂面BC法线成φ角，且方向斜向上，大小未知。

（3）墙背对土楔体的反力E。E是AB面上摩擦力和法向反力的合力，由于滑动土楔体ABC相对于墙背向下滑动，故作用在AB面上的摩擦力方向斜向上，因此合力E与AB面法线成δ角，且方向斜向上，大小未知。

土楔体在以上三力作用下处于静力平衡状态，G、R、E作用线相交于一点，可闭合形成一力矢三角形，如图 7-18 所示。

由正弦定理可得

$$E=\frac{G\sin(\theta-\varphi)}{\sin(90^{\circ}+\varphi+\delta+\alpha-\theta)} \tag{7-27}$$

将式（7-25）土楔体G的表达式代入上式，得

$$E=\frac{1}{2}\gamma H^{2}\frac{\cos(\alpha-\beta)\cos(\theta-\alpha)\sin(\theta-\varphi)}{\cos^{2}\alpha\sin(\theta-\beta)\sin(90^{\circ}+\varphi+\delta+\alpha-\theta)} \tag{7-28}$$

式（7-28）中γ、β、H、φ、α、δ都可以已知，土压力E的大小仅取决于滑裂面的

倾角θ。由于滑裂面的倾角θ是假定的，只要找出真正的滑裂面就可以确定主动土压力大小。目前的做法是给定不同的滑裂面倾角，得出一系列土压力E值，然后确定E的最大值E_{max}，即为所求主动土压力。由式（7-28）可以看出E随滑裂面的破坏情况：当$\theta=90^{\circ}-\alpha$，滑裂面即为墙背面，此时$E=0$；当$\theta=\varphi$，R与E重合，$E=0$。所以，当θ在φ与$90^{\circ}-\alpha$之间变化时，E将有个极值，这个极值就是E_{max}，相对的破坏面为最危险滑裂面。

运用微分学中求极限的方法便可求出上式E的极大值，即令$\mathrm{d}E/\mathrm{d}\theta=0$，解得$\theta_{cr}$，代入式（7-28）中，整理后可得到作用在墙背上总的库仑主动土压力（方向与E相反）计算公式

$$E_a=\frac{1}{2}\gamma H^2K_a \tag{7-29}$$

$$K_a=\frac{\cos^2(\varphi-\alpha)}{\cos^2\alpha\cos(\alpha+\delta)\left[1+\sqrt{\dfrac{\sin(\varphi+\delta)\sin(\varphi-\beta)}{\cos(\alpha+\delta)\cos(\alpha-\beta)}}\right]^2} \tag{7-30}$$

式中　K_a——库仑主动土压力系数，按式（7-30）计算或查表7-2确定；

H——挡土墙高度；

α——墙背倾斜角（°），俯斜时取正号，仰斜时取负号；

β——墙后填土表面与水平面的倾角（°）；

γ——土的重度（kN/m^3）；

φ——墙后填土内摩擦角（°）；

δ——填土对挡土墙背的摩擦角，δ取决于墙背面粗糙程度、填土性质、墙背面倾斜形状等，可查表7-3确定。

表7-2　库仑主动土压力系数K_a值

δ	α	β \ φ	15°	20°	25°	30°	35°	40°	45°	50°
0°	−20°	0°	0.497	0.380	0.287	0.212	0.153	0.106	0.070	0.043
		10°	0.595	0.439	0.323	0.234	0.166	0.114	0.074	0.045
		20°		0.707	0.401	0.274	0.188	0.125	0.080	0.047
		30°				0.498	0.239	0.147	0.090	0.051
	−10°	0°	0.540	0.433	0.344	0.270	0.209	0.158	0.117	0.083
		10°	0.644	0.500	0.389	0.301	0.229	0.171	0.125	0.088
		20°		0.785	0.482	0.353	0.261	0.190	0.136	0.094
		30°				0.614	0.331	0.226	0.155	0.104
	0°	0°	0.589	0.490	0.406	0.333	0.271	0.271	0.172	0.132
		10°	0.704	0.569	0.462	0.374	0.300	0.238	0.186	0.142
		20°		0.883	0.573	0.441	0.344	0.267	0.204	0.154
		30°				0.750	0.436	0.318	0.235	0.172
	10°	0°	0.562	0.560	0.478	0.407	0.343	0.288	0.238	0.194
		10°	0.784	0.655	0.550	0.461	0.384	0.318	0.261	0.211
		20°		1.015	0.685	0.548	0.444	0.360	0.291	0.231
		30°				0.925	0.566	0.433	0.337	0.262
	20°	0°	0.736	0.648	0.569	0.498	0.434	0.375	0.322	0.274
		10°	0.896	0.768	0.663	0.572	0.492	0.421	0.358	0.302
		20°		1.205	2.834	0.688	0.576	0.484	0.405	0.337
		30°				1.169	0.740	0.586	0.474	0.385

续表

δ	α	β ╲ φ	15°	20°	25°	30°	35°	40°	45°	50°
10°	−20°	0°	0.427	0.330	0.252	0.188	0.137	0.096	0.064	0.039
		10°	0.529	0.388	0.286	0.209	0.149	0.103	0.068	0.041
		20°		0.675	0.364	0.248	0.170	0.114	0.073	0.044
		30°				0.475	0.220	0.135	0.082	0.047
	−10°	0°	0.477	0.385	0.309	0.245	0.191	0.146	0.109	0.078
		10°	0.590	0.455	0.354	0.275	0.211	0.159	0.116	0.082
		20°		0.773	0.450	0.328	0.242	0.177	0.127	0.088
		30°				0.605	0.313	0.212	0.146	0.098
	0°	0°	0.533	0.447	0.373	0.309	0.253	0.204	0.163	0.127
		10°	0.664	0.531	0.431	0.350	0.282	0.225	0.177	0.136
		20°		0.897	0.549	0.420	0.326	0.254	0.195	0.148
		30°				0.762	0.423	0.306	0.226	0.166
	10°	0°	0.603	0.520	0.448	0.384	0.326	0.275	0.230	0.185
		10°	0.759	0.626	0.524	0.440	0.369	0.307	0.253	0.206
		20°		1.064	0.674	0.534	0.432	0.351	0.284	0.227
		30°				0.969	0.564	0.427	0.332	0.258
	20°	0°	0.695	0.615	0.543	0.478	0.419	0.365	0.316	0.271
		10°	0.890	0.752	0.646	0.558	0.482	0.414	0.354	0.300
		20°		1.308	0.844	0.687	0.573	0.481	0.403	0.337
		30°				1.268	0.758	0.594	0.478	0.388
15°	−20°	0°	0.405	0.314	0.240	0.180	0.132	0.093	0.062	0.038
		10°	0.509	0.372	0.275	0.201	0.144	0.100	0.066	0.040
		20°		0.667	0.352	0.239	0.164	0.110	0.071	0.042
		30°				0.470	0.214	0.131	0.080	0.046
	−10°	0°	0.458	0.371	0.298	0.237	0.186	0.142	0.106	0.076
		10°	0.576	0.442	0.344	0.267	0.205	0.155	0.114	0.081
		20°		0.776	0.441	0.320	0.237	0.174	0.125	0.087
		30°				0.607	0.038	0.209	0.143	0.097
	0°	0°	0.518	0.434	0.363	0.301	0.248	0.201	0.160	0.125
		10°	0.656	0.522	0.423	0.343	0.277	0.222	1.174	0.135
		20°		0.914	0.546	0.415	0.323	0.251	0.194	0.147
		30°				0.777	0.422	0.305	0.225	0.165
	10°	0°	0.592	0.511	0.441	0.378	0.323	0.273	0.228	0.189
		10°	0.760	0.623	0.520	0.437	0.366	0.305	0.252	0.206
		20°		1.103	0.679	0.535	0.432	0.351	0.284	0.228
		30°				1.005	0.571	0.430	0.334	0.260

续表

δ	α	β \ φ	15°	20°	25°	30°	35°	40°	45°	50°
15°	20°	0°	0.690	0.611	0.540	0.476	0.419	0.366	0.317	0.273
		10°	0.904	0.757	0.649	0.560	0.484	0.416	0.357	0.303
		20°		1.383	0.862	0.697	0.579	0.486	0.408	0.341
		30°				1.341	0.778	0.606	0.487	0.395
20°	−20°	0°			0.231	0.174	0.128	0.090	0.061	0.038
		10°			0.266	0.195	0.140	0.097	9.064	0.039
		20°			0.344	0.233	0.160	0.108	0.069	0.042
		30°				0.468	0.210	0.129	0.079	0.045
	−10°	0°			0.291	0.232	0.182	0.140	0.105	0.076
		10°			0.337	0.262	0.202	0.153	0.113	0.080
		20°			0.437	0.316	0.233	0.171	0.124	0.086
		30°				0.614	0.306	0.207	0.142	0.096
	0°	0°			0.357	0.297	0.245	0.199	0.160	0.125
		10°			0.419	0.340	0.275	0.220	0.174	0.135
		20°			0.547	0.414	0.322	0.251	0.193	0.147
		30°				0.798	0.425	0.306	0.225	0.166
	10°	0°			0.438	0.377	0.322	0.273	0.229	0.190
		10°			0.521	0.438	0.367	0.306	0.254	0.208
		20°			0.690	0.540	0.436	0.354	0.286	0.230
		30°				1.051	0.582	0.437	0.338	0.264
	20°	0°			0.543	0.479	0.422	0.370	0.321	0.277
		10°			0.659	0.568	0.490	0.423	0.363	0.309
		20°			0.891	0.715	0.592	0.496	0.417	0.349
		30°				1.434	0.807	0.624	0.501	0.406

表 7-3　土对挡土墙墙背的摩擦角

挡土墙情况	墙背光滑，排水不良	墙背粗糙，排水不良	墙背光滑，排水良好	墙背粗糙，排水良好
摩擦角δ	（0～0.33）φ_k	（0.33～0.50）φ_k	（0.50～0.67）φ_k	（0.67～1.00）φ_k

注：φ_k为墙背填土的内摩擦角的标准值。

当墙背垂直（$\alpha=0$），光滑（$\delta=0$），填土面水平（$\beta=0$）时，式（7-29）可写为

$$E_a=\frac{1}{2}\gamma H^2\tan^2\left(45^\circ-\frac{\varphi}{2}\right) \tag{7-31}$$

可见在上述条件下，库仑公式和朗肯公式是相同的。因此可以说，在某种特定条件下，朗肯土压力理论是库仑土压力理论的一个特例。

由式 7-31 可以看出，主动土压力 E_a 的大小与墙高 H 的平方成正比。若要求得离墙顶任意深度 z 处的主动土压力强 σ_a，可将 E_a 对 z 取导数而得，即

$$\sigma_a=\frac{dE_a}{dz}=\frac{d}{dz}\left(\frac{1}{2}\gamma z^2K_a\right)=\gamma zK_a \tag{7-32}$$

可见主动土压力强度沿墙高按直线分布，总的土压力大小等于土压力分布图的面积，合力作用点在离墙底 $H/3$ 处，方向与墙背法线顺时针成 δ 角，与水平面成 $(\delta+\alpha)$ 角，沿墙背面的压强为 $\gamma zK_a\cos\alpha$，如图 7-19 所示，$Z=H$ 时为 $\gamma HK_a\cos\alpha$。

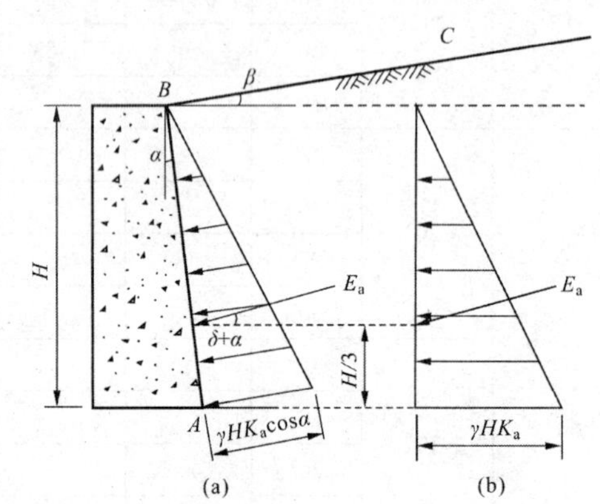

图 7-19　无黏性土主动土压力分布

（a）沿墙背分布；（b）沿墙高分布

值得注意的是 σ_a 是 E_a 对垂直深度 z 微分得来的，所得土压力分布只表示沿墙高或墙背的大小，作用方向需另行确定。

在挡土墙设计中常常遇到如何减小主动土压力的问题，分析式（7-30）可知：当其他条件相同时，φ 角越大，则 K_a 值越小；δ 角越大，则 K_a 值越小；α 角为正（即仰斜墙）且其值越大，则 K_a 值越大；α 角为负（即俯斜墙）且其值越大，则 K_a 值越小；β 角越大，则 K_a 值越大。可见，采用俯斜墙，减小墙后填土倾斜角或提高墙后填土强度，可减小墙背所承受的主动土压力大小。需注意：当 $\alpha>\varphi$ 时式（7-30）将出现虚值，因此该式的适用条件是 $\alpha\leqslant\varphi$。

例题 7-4　某挡土墙高 4m，墙背倾斜角 $\alpha=10^\circ$（俯斜），填土坡面 $\beta=30^\circ$，填土重度 $\gamma=18\text{kN/m}^3$，$\varphi=30^\circ$，$c=0$，填土与墙背的摩擦角 $\delta=(2/3)\varphi=20^\circ$，如图 7-20 所示，试按库仑理论求主动土压力 E_a 及其作用点。

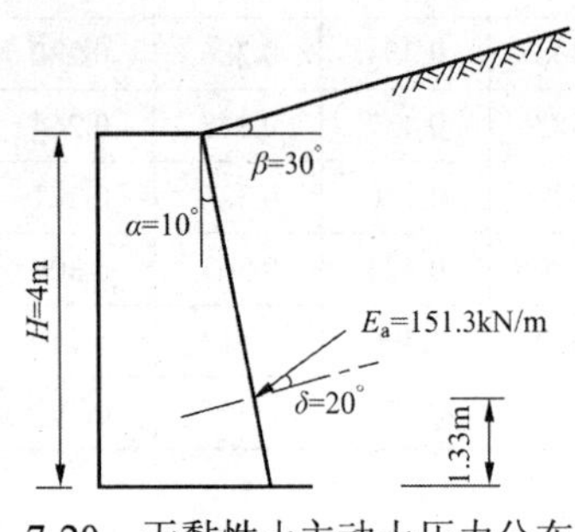

7-20　无黏性土主动土压力分布

解：

由 $\alpha=10^\circ$，$\beta=30^\circ$，$\delta=20^\circ$，$\varphi=30^\circ$，查表 7-2 得主动土压力系数为 $K_a=1.051$。则

$$E_a=\frac{1}{2}\gamma H^2K_a=\frac{1}{2}\times18\times4^2\times1.051=151.3(\text{kN/m})$$

土压力作用点在距墙底 $H/3=1.33\text{m}$ 处。

3. 库仑被动土压力计算

取单位墙长进行分析，挡土墙在外力作用下向着填土方向挤压，当墙后土体达到被动极限平衡状态时，土体中产生通过墙角 A 的滑动面 AB 和 AC，形成土楔体 ABC，土楔体受力情况如图 7-21 所示。根据静力平衡条件，自重 G、反力 R 和 E，形成闭合的力矢三角形。根据滑动面的位移趋势，R 和 E 的方向分别位于 BC 面和 AB 面法线上方。与求主动土压力推导过程相同得

$$E_p = \frac{1}{2}\gamma H^2 \times \frac{\cos(\alpha-\beta)\cos(\theta-\alpha)\sin(\theta+\varphi)}{\cos^2\alpha\sin(\theta-\beta)\sin(90^\circ+\alpha-\theta-\varphi-\delta)} \tag{7-33}$$

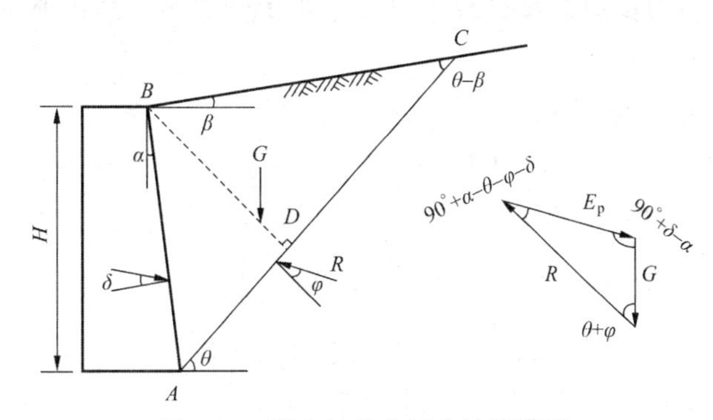

图 7-21　库仑被动土压力计算模型

同样，E_p 值随滑裂面倾角 θ 的变化而变化。与主动土压力不同的是，当挡土墙向填土方向挤压时，最危险滑动面上的 E_p 值一定是最小的，因为此时滑动土体受到的阻力最小，最易被向上推出，所以被动土压力为一系列滑裂面所对应土压力的极小值 $E_{pmin}=E_p$。与主动土压力计算原理相似，由 $dE_p/d\theta=0$，解出 θ_{cr}，再代回式（7-27）中，整理后可得到作用在墙背上总的库仑被动土压力计算公式为

$$E_p = \frac{1}{2}\gamma H^2 K_p \tag{7-34}$$

$$K_p = \frac{\cos^2(\varphi+\alpha)}{\cos^2\alpha\cos(\alpha-\delta)\left[1-\sqrt{\frac{\sin(\varphi+\delta)\sin(\varphi+\beta)}{\cos(\alpha-\delta)\cos(\alpha-\beta)}}\right]^2} \tag{7-35}$$

式中　K_p——被动土压力系数，由式（7-35）确定，其余符号同前。

当墙背垂直（$\alpha=0$），光滑（$\delta=0$），填土面水平（$\beta=0$）时，式 7-33 可写为

$$E_p = \frac{1}{2}\gamma H^2 \tan^2\left(45^\circ+\frac{\varphi}{2}\right) \tag{7-36}$$

可见在上述条件下，库仑公式和朗肯公式也是相同的。

由式（7-34）可以看出，主被动土压力 E_p 的大小与墙高 H 的平方也成正比，若要求得离墙顶任意深度 z 处的被动土压力强 σ_p，可将 E_p 对 z 取导数而得，即

$$\sigma_p = \frac{dE_p}{dz} = \frac{d}{dz}\left(\frac{1}{2}\gamma z^2 K_p\right) = \gamma z K_p \tag{7-37}$$

由式（7-37）可知，主动土压力强度沿墙高也按直线规律分布，总的土压力大小等于土压力分布图的面积，合力作用点在离墙底 $H/3$ 处，方向与墙背法线逆时针成 δ 角，与水平面成 $(\delta-\alpha)$ 角。

4. 墙后填土为黏性土

当采用库仑土压力理论墙后是黏性土时，工程中常采用等值内摩擦角法。具体计算分两种：

（1）根据抗剪强度理论相等原理计算。

由黏性土的抗剪强度理论 $\tau_f = \sigma\tan\varphi + c$ 和等值抗剪强度 $\tau_f = \sigma\tan\varphi_D$（式中 φ_D 为等值内摩擦角，将黏性土折算在内），两式相等可得

$$\varphi_D = \tan^{-1}\left(\tan\varphi + \frac{c}{\sigma}\right) \tag{7-38}$$

式中 σ——滑动面上的平均法向应力，实际上常用土压力合力作用点处的自重应力来代替，即 $\sigma = 2\gamma H/3$，因此会相应的产生误差。

（2）为简化计算，不论墙的形式和填土情况如何，均采用 $\alpha=0$，$\delta=0$，$\beta=0$ 情况的土压力公式来折算等值内摩擦角 φ_D。

填土为黏性土的土压力为

$$E_{a1} = \frac{1}{2}\gamma H^2\tan^2\left(45° - \frac{\varphi}{2}\right) - 2cH\tan\left(45° - \frac{\varphi}{2}\right) + \frac{2c^2}{\gamma} \tag{7-39}$$

按等值内摩擦角的土压力为

$$E_{a2} = \frac{1}{2}\gamma H^2\tan^2\left(45° - \frac{\varphi_D}{2}\right) \tag{7-40}$$

令 $E_{a1} = E_{a2}$ 得

$$\tan^2\left(45° - \frac{\varphi_D}{2}\right) = \tan^2\left(45° - \frac{\varphi}{2}\right) \tag{7-41}$$

按土压力相等原理计算等值内摩擦角，考虑了粘聚力和墙高的影响，但未考虑挡土墙的边界条件对内摩擦角的影响，因此与实际情况仍存在一定的误差。

7.5 土压力问题讨论

1. 朗肯理论与库仑理论的比较

朗肯土压力理论和库仑土压力理论均是在墙后土体处于极限平衡状态下求得主动与被动土压力。虽然两种理论在墙背光滑、铅直，填土面水平这种特殊情况下可以得到相同的计算结果，但是二者在理论依据、适用范围以及结果误差等方面存在明显的不同。

（1）理论依据

朗肯土压力理论根据半空间土体的应力状态和极限平衡理论分析确定土压力，其概念明确、方法简便，对黏性土与无黏性土都适用，是一种理论上比较严密的计算方法。

库仑土压力理论根据墙后滑动楔体的静力平衡条件分析确定土压力，其通过土楔体的静力平衡条件，推导出土压力计算公式，并考虑了墙背与填土之间的摩擦作用，是一种简化理

论计算方法。

（2）适用范围

朗肯土压力理论由于假定墙背铅直、光滑，填土面水平，因此使用范围受到限制。与之相比，库仑土压力理论假定墙后填土为无黏性土，滑裂面为平面，未对墙背或填土面作出限制，并且考虑了挡土墙与土之间的摩擦作用，这样可使主动土压力能够随土的性质变化而改变方向，因此符合大多数工程条件。

（3）结果误差

两种理论应用于实际工程时，必须明确它们的计算结果误差，以确保工程的安全性和可靠性。

朗肯理论假定墙背竖直、光滑，而实际上墙背是不光滑的，所以采用朗肯土压力理论计算出的土压力值与实际情况相比通常偏于保守，所得主动土压力系数 K_a 偏大，被动土压力系数 K_p 偏小，尤其是忽略墙背与填土之间的摩擦作用，将会对被动土压力计算带来相当大的误差。库仑理论虽考虑了墙背与填土之间的摩擦作用，但却把土体中的滑动面假定为平面，而实际上当墙背与填土间的摩擦角较大时，滑动面往往不是一个平面而是一个曲面，这样必然也会产生较大误差。

实践表明，如果墙背倾角不大（α 小于 15°），墙背与土体间的摩擦角较小（φ 小于 15°），则填土的主动滑动面近似于一个平面，但是当墙后填土达到被动极限状态时，滑动面将接近一对数螺旋面，与平面假设相差很大。为简单起见，被动土压力计算常采用朗肯理论。

2. 墙体位移对土压力分布的影响

试验表明，墙体位移不仅影响土压力的实际大小，还影响土压力的分布特征，如图 7-22 所示。

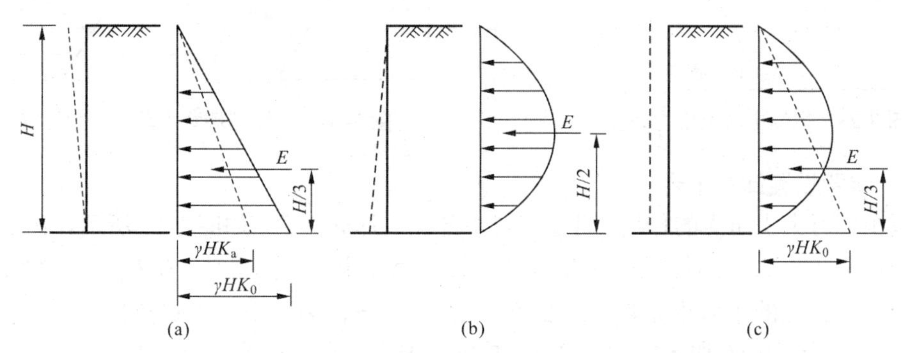

图 7-22　墙体位移与土压力分布特征

（a）上端外移，下端不动；（b）下端外移，上端不动；（c）上、下端均外移

当挡土墙的上端向外移动，下端不动时，无论位移多少，作用在墙背上的压力都按直线规律分布，压力作用点位于墙底以上 $H/3$ 处，直到移动量达到一定数值后，墙后填土达到主动极限平衡状态，此时作用在墙上的土压力才是主动土压力。

当挡土墙的下端向外移动，上端不动时，无论位移多少，都不能使填土达到主动极限平衡状态，压力为曲线分布，总压力作用点位于墙底以上约 $H/2$ 处。

当挡土墙的上下端同时向外移动时，开始阶段土压力也是曲线分布，直到位移超过某一值后，填土达到主动极限平衡状态，土压力变为直线分布，作用点位置也下降至墙高的 $H/3$ 处。

3. 特殊墙背条件时的土压力计算

（1）坦墙

墙背平缓的挡土墙被称为坦墙，如图 7-23 所示。坦墙背后的土体不是沿墙背 AC 产生滑动，而是沿土中与垂线夹角为 α_{cr} 的 BC 面滑动，α_{cr} 称为临界角，计算公式如下：

$$\alpha_{cr}=45^{\circ}-\frac{\varphi}{2}+\frac{\beta}{2}-\frac{1}{2}\arcsin\frac{\sin\beta}{\sin\varphi} \tag{7-42}$$

确定了 α_{cr} 之后即可按库仑理论计算墙背土压力，需要明确的是土压力的作用面为 BC，$\triangle ABC$ 内的土体重力计入墙体自重。

（2）折线形墙背

当挡土墙背为如图 7-24 所示的折线面时，可以墙背转折点为界，分为上墙 AB 和下墙 BC。首先按常规方法计算 AB 段土压力。计算下墙时，将墙背 BC 向上延长交地面线与 D 点，将 CD 作为假想墙背计算土压力，如图 7-24 所示，其中 B 点以下的土压力 $BFEC$ 即为 BC 段墙体承受的土压力。

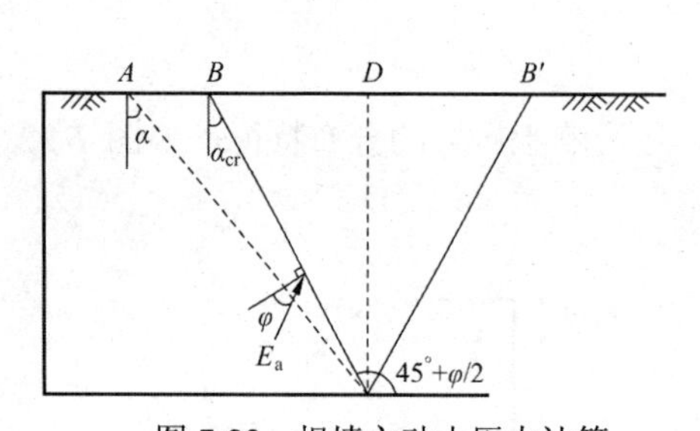

图 7-23　坦墙主动土压力计算

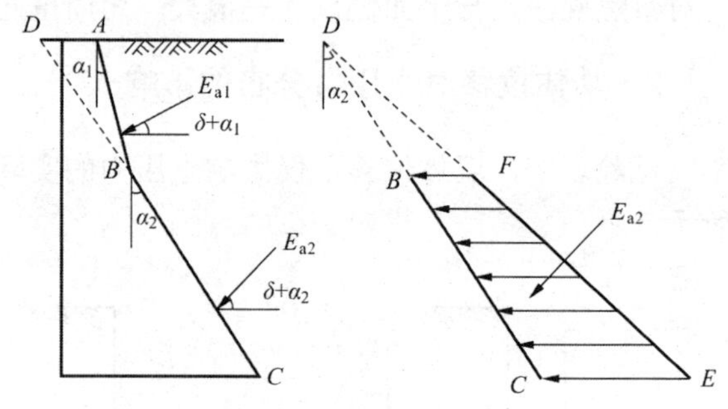

图 7-24　折线型墙背主动土压力计算

（3）墙背设置卸荷平台

为减少墙背上土压力的作用，可在墙背中部加设卸载平台，如图 7-25 所示。平台以上 H_1 高度内的墙面土压力按朗肯理论计算即可，其 B 点作用的土压力为 $\gamma H_1 K_a$，分布如图 7-25 所示。由于平台上的土体重力 W 已由卸荷台 BCD 承载，因此平台下 C 点出土压力变为零，从而起到减小平台下 H_2 段土压力的作用。减压范围至滑裂面与墙背交点 E 处为止。连接 B' 和 E' 并按朗肯理论计算墙底处土压力为 $\gamma(H_1+H_2)K_a$，土压力分布如图 7-25 所示。可见卸荷平台伸出越长，减压作用越显著。

（4）悬臂式挡墙

工程中常采用悬臂式挡墙，又称 L 形挡墙，如图 7-26 所示，其土压力计算原理与坦墙相似。当墙顶 A 与墙踵 C 的连线与垂线所成夹角 α 大于 α_{cr} 时，通常采用的土压力计算方法是：

按朗肯理论求出作用在经过墙踵 C 点的竖直面上的土压力 E_a，底板以上 $ABED$ 范围内的土重计入墙体自重。

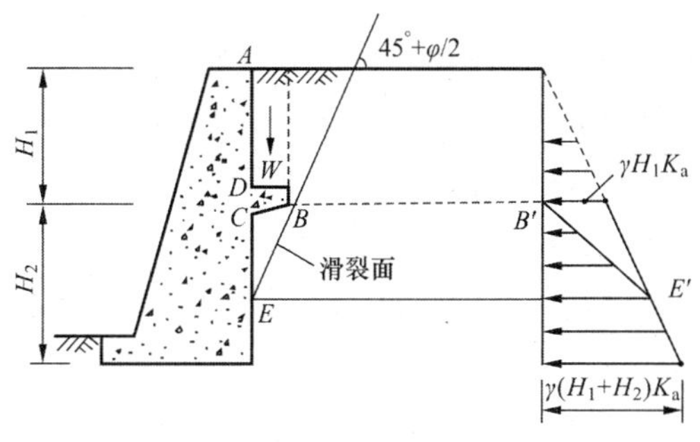

图 7-25　设卸载平台的挡土墙主动土压力计算

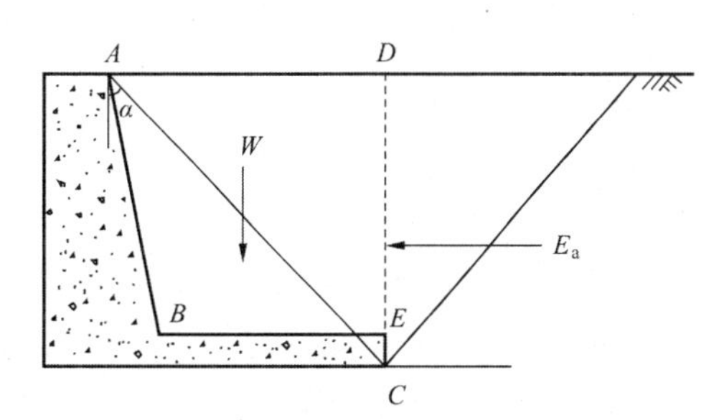

图 7-26　悬臂式挡土墙主动土压力计算

7.6　重力式挡土墙设计

挡土墙按结构形式可分为重力式、悬臂式、扶壁式和板桩式。本节主要以重力式挡土墙为例，介绍挡土墙的一般设计过程。

重力式挡土墙主要靠自身的重力维持墙体的稳定，具有结构简单、施工方便、易于就地取材等优点。通常用砖、石块或素混凝土砌筑。墙身的截面尺寸较大，抗拉、抗剪强度较低。宜用于高度较小、地基稳定、开挖时不会影响相邻建筑物的情况。

1. 重力式挡土墙的选型及构造措施

（1）墙背的倾斜形式

重力式挡土墙可采用的墙背倾斜方式分为仰斜、直立和俯斜（图 7-27）。当计算方法与计算指标相同时，主动土压力以仰斜最小，直立居中，俯斜最大。

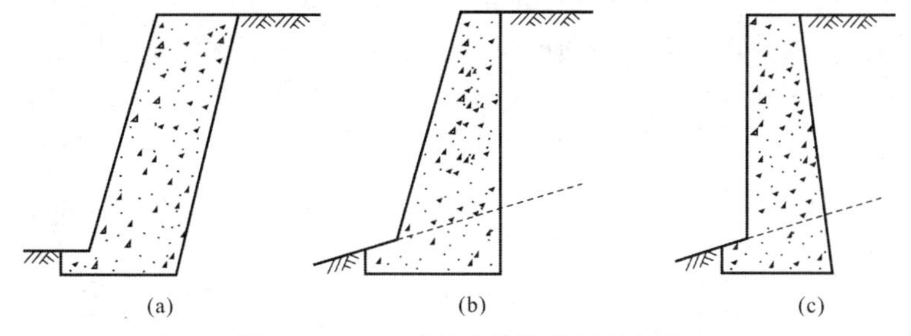

图 7-27　重力式挡土墙墙背倾斜方式

（a）仰斜；（b）直立；（c）俯斜

（2）墙身剖面

块石类挡土墙顶宽不宜小于 0.4m，混凝土墙不宜小于 0.2m。重力式挡土墙基础底宽为墙高的 1/3～1/2。

当墙前地面较陡时，墙面可取 1:0.05～1:0.2 仰斜坡度，或直立。当墙前地形较平坦时，墙面坡度可较缓，但不宜缓于 1:0.4。为避免施工困难，墙背仰斜坡度不宜缓于 1:0.25，墙面坡应尽量与墙背坡平行。

重力式挡土墙的基底常被做成逆坡，以此增加挡土墙的抗滑稳定性，一般土质地基的基底逆坡不宜大于 0.1:1，岩石地基的逆坡不宜大于 0.2:1。此外，对于墙高较大的重力式挡土墙，为使基底压力不超过地基承载力设计值，可加设墙趾台阶。如图 7-28 所示，其高宽比可取 $h:a=2:1$，a 不得小于 20cm。

重力式挡土墙应每间隔 10～20m 设置一道伸缩缝。当地基有变化时宜加设沉降缝。在挡土墙结构的拐角处，宜适当采取加强的构造措施。

（3）挡土墙的埋置深度

挡土墙的埋置深度与地基承载力、水流冲刷、冻结程度、岩石风化程度等因素有关，具体要求如下：

对于土质地基，埋置深度应符合：

1）无冲刷时，地表下不少于 1m。

2）有冲刷时，冲刷线以下至少 1m。

3）受冻胀影响时，冻结线以下不少于 0.25m。当冻深超过 1m 时，采用 1.25m，但基底应夯填一定厚度的砂砾或碎石垫层。

对于碎石、砾石、砂类地基，不考虑冻胀影响，基础埋深不小于 1m。岩石地基在清除风化层后，基础还应嵌入基岩不小于 0.15～0.60m。当墙趾前地面横坡较大时，应留出足够的襟边宽度，以防地基剪切破坏，襟边宽度可按 1～2 倍嵌入深度考虑。

（4）墙后排水措施

挡土墙排水的目的在于疏干墙后土体，防止地表水下渗后积水，以免因积水导致墙身承受额外的静水压力；较少季节性冰冻地区填料的冻胀压力；消除黏性土填料浸水后的膨胀压力。

挡土墙的墙身应沿纵横两向设排水孔间距宜取 2～3m，孔眼尺寸不宜小于 $\phi 100$ mm。墙后应设滤水层和必要的排水暗沟。墙顶地面应设排水沟，或截水沟截引地表水。为防止雨水和地面水下渗，应夯实回填土顶面和地表松土，必要时可铺设砌层。（图 7-29）

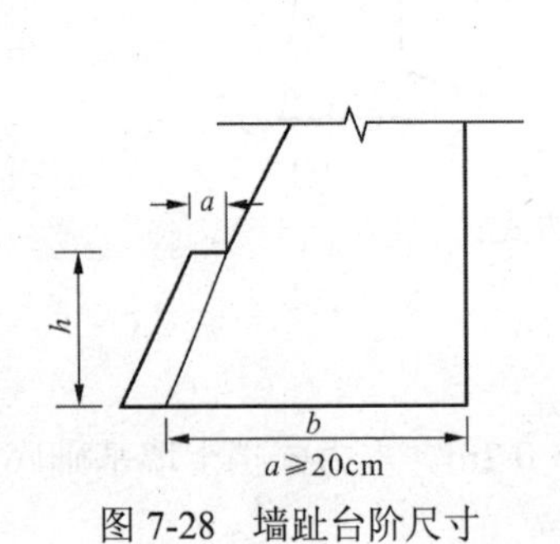

图 7-28　墙趾台阶尺寸

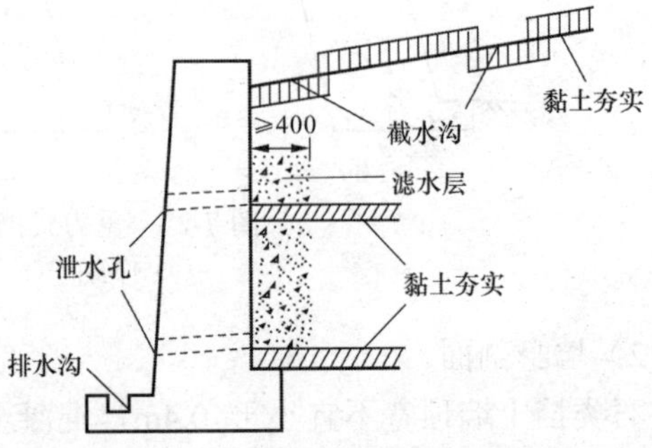

图 7-29　挡土墙的排水措施

（5）填土质量

墙后填土应分层夯实，填土材料宜选择透水性好、抗剪强度高、稳定性强的土，如碎石、砂土、砾土等。当填土采用黏性土时，宜掺入适量的碎石。在季节性冻土地区，墙后填土应采用非冻胀性填料，不宜采用淤泥、耕植土、膨胀性黏土等填料。

2. 重力式挡土墙的计算

挡土墙计算包括抗倾覆验算、抗滑移验算、地基承载力验算、墙身强度验算、抗震验算等。下面介绍属于稳定性验算的抗倾覆验算和抗滑移验算。

（1）抗倾覆验算

对于基底倾斜的挡土墙，在主动土压力作用下可绕墙趾 O 点产生向外倾覆，定义挡土墙每延米抗倾覆安全系数 K_t 为抗倾覆力矩与倾覆力矩之比，即

$$K_{\mathrm{t}}=\frac{Gx_0+E_{\mathrm{az}}x_{\mathrm{f}}}{E_{\mathrm{ax}}z_{\mathrm{f}}}\geqslant 1.5 \tag{7-43}$$

$$E_{\mathrm{az}}=E_{\mathrm{a}}\cos(\alpha-\delta)$$

$$E_{\mathrm{ax}}=E_{\mathrm{a}}\sin(\alpha-\delta)$$

$$x_{\mathrm{f}}=b-z_{\mathrm{f}}\cot\alpha$$

$$z_{\mathrm{f}}=z-b\tan\alpha_0$$

式中　G——挡土墙每延米自重（kN/m）；

E_{az}、E_{ax}——主动土压力 E_{a} 分别在 z 、x 方向的投影；

x_0、x_{f}、z_{f}——G 、E_{az}、E_{ax} 分别离墙趾 O 的水平距离；

z——土压力作用点与墙踵的高差；

b——基底的水平投影宽度；

α 、α_0——墙背、墙基与水平面之间的夹角。

需指出的是，墙趾可能陷入软弱的地基土中，导致力矩中心 O 点内移，使倾覆力矩的力臂减小，造成抗倾覆安全系数降低，因此在使用上式时需注意地基土的压缩性。

（2）抗滑移验算

重力式挡土墙在土压力作用下可能沿基础底面发生滑动，如图 7-30（b）所示。为避免滑移过大，定义总抗滑力与总滑动力之比为抗滑安全系数 K_{c}，且 K_{c} 应满足下式要求，即

$$K_{\mathrm{c}}=\frac{(G_{\mathrm{n}}+E_{\mathrm{an}})f}{E_{\mathrm{at}}-G_{\mathrm{t}}}\geqslant 1.3 \tag{7-44}$$

$$G_{\mathrm{n}}=G\cos\alpha_0$$

$$G_{\mathrm{t}}=G\sin\alpha_0$$

$$E_{\mathrm{an}}=E_{\mathrm{a}}\cos(\alpha-\alpha_0-\delta)$$

$$E_{\mathrm{at}}=E_{\mathrm{a}}\sin(\alpha-\alpha_0-\delta)$$

式中　G_{n} 、G_{t}——重力垂直基底和平行基底的分量；

E_{an} 、E_{at}——土压力垂直基底和平行基底的分量；

f——基底的摩擦系数，可通过现场试验确定，无试验资料时可参考表 7-4 确定。

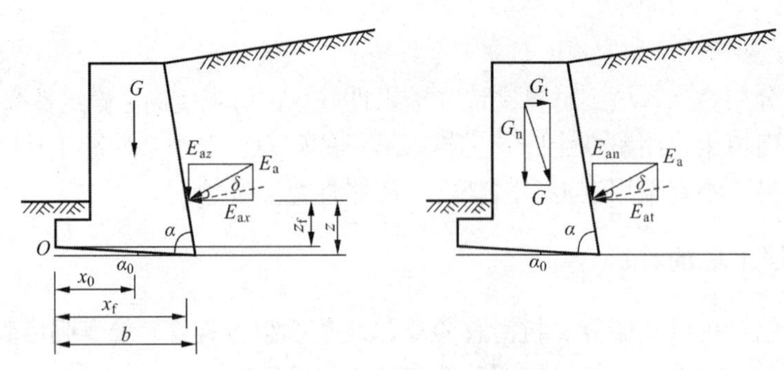

图 7-30 挡土墙的稳定性验算

（a）抗倾覆验算；（b）抗滑移验算

表 7-4 基底摩擦系数

土的类别		摩擦系数 f	土的类别		摩擦系数 f
黏性土	可塑	0.25～0.30	中砂、粗砂、砾砂		0.40～0.50
	硬塑	0.30～0.35	碎石土		0.40～0.60
	坚硬	0.35～0.45	岩石	软质岩石	0.40～0.60
粉土	稍湿	0.30～0.40		硬质岩石	0.65～0.75

注：1．对易风化的软质岩和塑性指数 I_p 大于 22 的黏性土，基底摩擦系数应通过试验确定。

2．对碎石土，密实土取高值，稍密、中密及颗粒为中等风化或强风化的取低值。

7.7 加筋土挡墙

1. 概述

加筋土挡墙是目前应用较为广泛的一种新型挡土结构，世界上第一座加筋土挡墙于 1965 年在法国建成。

加筋土挡墙是利用加筋土技术修筑的支挡结构物。加筋土是一种在土体中加入土工材料的复合土，利用其拉筋与土之间的摩擦作用来提高土体强度，从而达到稳定的目的。如图 7-31 所示为加筋土挡墙的基本构造图。加筋土挡墙的特点是重量轻，施工简便，工期短，造价相对较低，目前在工程应用和推广方面异常活跃。

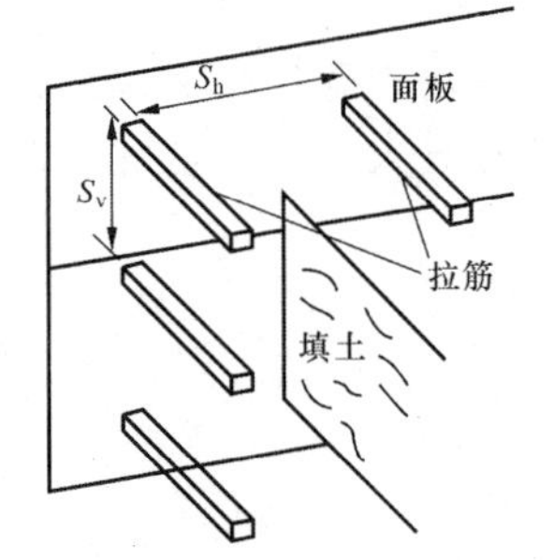

图 7-31 加筋土挡墙结构图

其主要由基础、面墙、填料、土工合成材料等组成。根据土工合成材料不同的布置方式，可将加筋土挡墙分为两种形式：满铺包裹式和筋带式。

2. 基本原理

加筋土挡墙是由面板、拉筋和填料共同组成的整体复合结构。土在自重或外荷载作用下很容易产生变形和发生倒塌，若在土中沿应变方向埋置具有挠性的筋带材料，土与筋带材料之间就会产生摩擦作用，使加筋土的黏着性得到增强，从而改变单一土的力学性质。具体地讲就是在加筋土挡墙结构中，由填土自重和外荷载产生的侧压力作用于面板，通过面板将此侧压力传给筋带，并企图将筋带从土中拔出，而筋带由于土体的挤压作用，于是填土与筋带之间的摩擦力会阻止筋带被拔出，此种情况下，只要筋带材料具有足够的强度，并且与土产生足够的摩擦力，那么加筋土体就可以保持稳定。在只产生摩擦力而不产生滑移的条件下，筋带提高了土的力学性能，使加筋土挡墙成为能够支撑外荷载和自重的结构体。

3. 设计要点

加筋土挡墙的设计包括确定挡墙类型、挡墙断面形式与尺寸、挡墙基本构造等。其中计算内容包括整体稳定性分析和内部稳定性分析。

（1）整体稳定性分析

将加筋体同面板及基础视为重力式挡土墙，先对墙体土压力进行计算，再按前述方法验算抗滑移、抗倾覆和地基稳定性等，具体方法可参见《水工挡土墙设计规范》（SL 379—2007）。通常由于筋材长度较大，加筋挡土墙一般能够保证整体稳定。

（2）内部稳定性分析

筋材内部稳定性分析主要是根据墙板所受土压力进行筋材的强度和抗拔力验算，具体验算步骤如下：

1）根据加筋材料的容许抗拉强度确定加筋布置间距和单根拉筋分担的土压力值，进而确定拉筋断面。

2）根据假定的滑裂面形状划分主动区和稳定区，对于拉伸量较大的加筋土挡墙或高度较大挡墙，滑裂面如图 7-32（a）所示。对于采用扁筋带、隔栅等延伸率较小的加筋材料或墙高 8m 以下的挡墙，宜采用如图 7-32（b）所示的“0.3H 折线滑裂面”。然后由主动区加筋长度 L_R 和锚固长度 L_E 确定每一加筋层的总长度 L，即

$$L = L_R + L_E \tag{7-45}$$

$$L_R = (H - z)\tan\left(\frac{\pi}{4} - \frac{\varphi}{2}\right) \tag{7-46}$$

$$L_E = \frac{S_v \sigma_h K_s}{2(c + \gamma z \tan\delta)} \tag{7-47}$$

式中　c、φ——填土的粘聚力和内摩擦角；

δ——填土与加筋材料间的摩擦角；

H、z——墙高和加筋层距墙顶的深度；

S_v——加筋布置的竖向间距；

σ_h——总水平土压力；

K_s——安全系数。

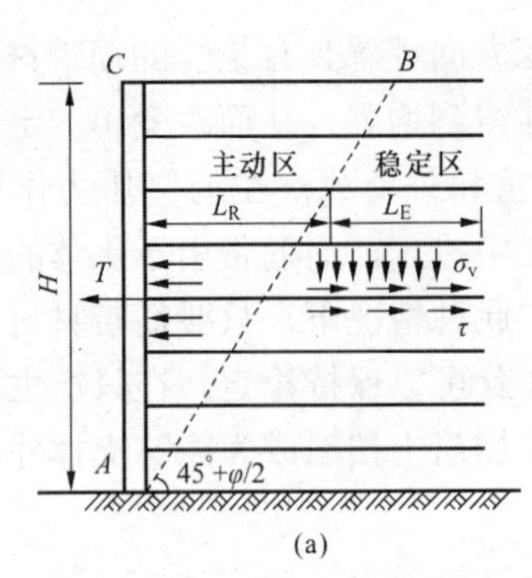

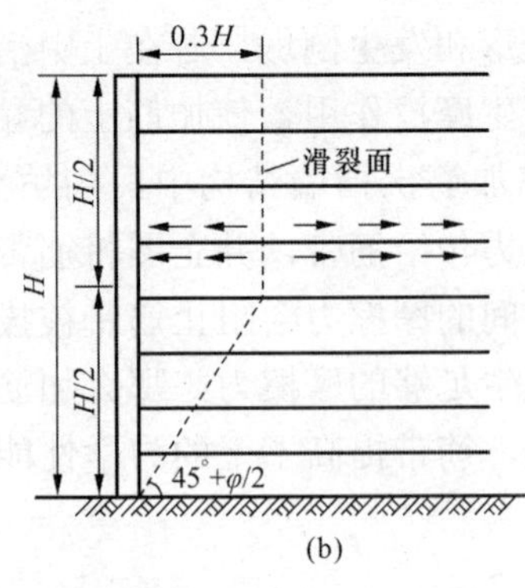

图 7-32　滑裂面形状类型

（a）朗肯型滑裂面；（b）0.3H 折线滑裂面

3）根据筋材的锚固长度 L_E 与周围土体产生的摩擦力按下式验算每层筋材的抗拔力。

$$T_{pi} = 2\sigma_{vi} B L_E f \tag{7-48}$$

式中　σ_{vi}——筋材上的有效法向应力；

f——筋材与土的摩擦系数；

B——筋材宽度。

4）对每层筋材进行强度验算，第 i 层单位墙长筋材承受的水平拉力按式（7-49）计算：

$$T_i = [(\sigma_{vi} + \sum \Delta\sigma_{vi})K_i + \Delta\sigma_{hi}]S_{vi} / A_r \tag{7-49}$$

式中　σ_{vi}——筋材所受土的竖向应力；

$\sum \Delta\sigma_{vi}$——墙后填土表面超载引起的竖向附加应力；

$\Delta\sigma_{hi}$——水平附加荷载；

S_{vi}——筋材竖向间距；

K_i——土压力系数。

延伸阅读

中山市某边坡挡土墙倒塌事故分析

事故边坡位于中山市沙溪镇秀山村 G105 国道东侧，支护形式主要采取有限放坡（或垂直）喷锚、锚拉挡土墙和加筋土挡墙三种支护形式。边坡呈“>”字形，属土岩混合边坡。边坡坡顶为拟建建筑，坡底为其他待开发用地，支护长度约 410m，高度在 3.4 ~ 15.9m。2008 年 3 月 12 日，该支护工程某段中部锚拉挡土墙发生了倒塌事故。

通过对倒塌现场情况检查分析发现，倒塌范围长约 31m，墙高约 15m，两边齐口分缝，中间设有一道分缝，墙倒塌在地面宽度约 10m，墙后部分土体倾倒，上部钢筋锚杆悬挂于土中，与墙体分离。墙内设计厚度为 300mm，实测厚度 270 ~ 300mm。紧邻段的锚杆挡墙高于 15m，可见多道水平裂缝，中下部分向外凸出，处于危险状态。

挡土墙倒塌后，裸露在外锚筋 31 根，其中 7 根为锚杆锚固端头拔出，锚固段长度经抽查在 0.60 ~ 0.75m 之间，未达到图纸要求的 0.85m，一根锚杆拉出，23 根为沿着钢筋锚固起弯点处折断，断口较平齐，无明显拉伸颈缩，多数锈蚀严重。对倒塌的挡土墙的锚头进行抽查（2 根）发现，施工单位对钢筋锚头进行弯折时，部分钢筋弯折处弯弧外直径不到 100mm，不满足《混凝土结构工程施工质量验收规范》规定的“钢筋作不大于 90° 弯折时，弯折处弯弧内直径不应小于钢筋直径的 5 倍”。对裸露出来的未倒塌的挡土墙排水反滤层进行检查，发现粗砂反滤层中已经夹杂有大量黏土，反滤层做法未能满足设计要求。检查期间恰逢持续近两个小时的大雨，但未见到挡土墙泄水孔有水流出，排水系统未起作用，加大了墙背所受的水土压力。

综合对地质资料、设计资料、施工资料、桩基施工情况、监测情况及倒塌现场情况的分析。挡土墙倒塌原因：

（1）实际土压力比设计考虑的土压力大。造成这一情况的原因是：填土施工未按设计要求分层压实，致使实际土压力比设计计算土压力大；挡土墙泄水孔反滤层施工质量较差，泄水孔未发挥作用，增大了墙被所受的水土压力；施工时未能按设计要求进行信息化控制，设计方无法及时获取到填土施工的密实度低于设计要求这一情况；挡土墙顶打桩带来的附加土压力影响，打桩会在土中引起挤土效应和动土压力；设计主动土压力荷载分项系数取值比规范要求的正常情况下偏小，致使计算土压力设计值比规范要求的土压力设计值小。

（2）锚头的承载力比设计考虑的承载力低。造成这一情况的原因是：未按设计要求配置锚杆钢筋，施工时图纸上要求的大部分 $\phi32$ 锚杆钢筋被换成 $\phi28$ 钢筋；锚杆设计中锚杆锚头在混凝土墙中的锚固形式和深度不符合要求；部分钢筋锚头的弯折加工不满足《混凝土结构工程施工质量验收规范》要求，弯折内弧直径过小，使钢筋弯折处易受损伤；填土压实施工时未按要求设置支撑，增大了锚杆附加拉力；设计中部分锚杆安全系数低于规范要求。

本章复习要点

掌握：静止土压力的计算方法；郎肯土压力理论及公式推导过程，并能够对填土面有均布荷载、墙后土由不同土层组成及有地下水存在等复杂情况进行土压力计算；能够运用库仑土压力理论解决墙背倾斜、填土面非水平情况下的土压力问题。

理解：库仑土压力计算公式及推导过程；特殊墙背条件下的土压力计算及处理方法；重力式挡土墙的设计。

复习题

1．土压力有哪几种类型，各类土压力产生的条件是什么？
2．减小主动土压力的措施主要有哪些？
3．试对郎肯土压力理论和库仑土压力理论的基本假定、计算原理及适用条件进行分析比较。
4．简述重力式挡土墙的设计过程。
5．加筋土挡墙有哪些主要特点，其基本受力原理是什么？

6．某挡土墙高 4.5m，墙背竖直光滑，填土表面水平，填土的物理指标：$\gamma = 18.2\text{kN/m}^3$，$\varphi = 26^\circ$，$c = 10\text{kPa}$，试求：

（1）主动土压力 E_a 及其作用点位置，并绘出 σ_a 分布图。

（2）若填土表面作用有超载 $q = 10\text{kPa}$，计算 E_a 及其作用点位置，并绘出 σ_a 分布图。

7．某挡土墙高 5m，墙背竖直光滑，墙后填土为砂土且表面水平，墙后地下水位距地表 2m。已知砂土的湿重度 $\gamma = 16\text{kN/m}^3$，饱和重度 $\gamma_{sat} = 18\text{kN/m}^3$，内摩擦角 $\varphi = 30^\circ$，试求作用在墙上的静止土压力和水压力的大小和分布及其合力。

8．某挡土墙高 4.2m，墙背倾斜角 $\alpha = -10^\circ$（俯斜），填土坡面 $\beta = 10^\circ$，填土重度 $\gamma = 19.5\text{kN/m}^3$，$\varphi = 30^\circ$，$c = 0$，填土与墙背的摩擦角 $\delta = 10^\circ$，试按库仑理论求主动土压力 E_a 并绘图表示其分布与合力、作用点位置和方向。

9．如图 7-33 所示挡土墙高 4m，墙背竖直光滑，填土表面水平，试求主动土压力 E_a 及其作用点位置，并绘出 σ_a 分布图。

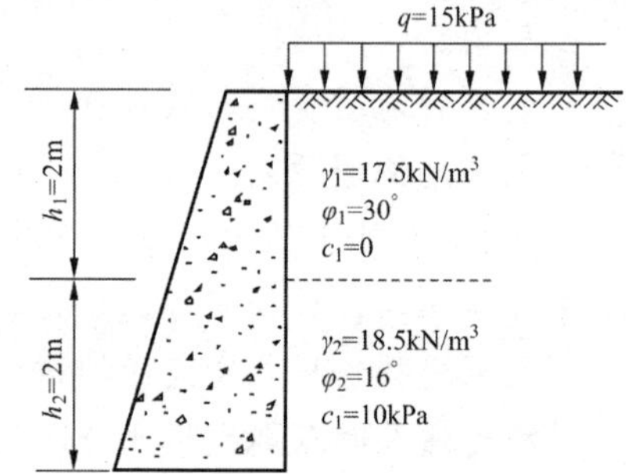

图 7-33　复习题 9 图

第 8 章　边坡稳定分析

8.1　概述

1. 边坡的基本概念

边坡就是具有倾斜坡面的土体（图 8-1）。边坡分为天然边坡和人工边坡，天然边坡是由于长期地质作用自然形成的边坡，如山坡、天然江河的岸坡、山麓堆积的坡积层等；人工边坡是经过人工挖填形成的土工坡面，如基坑、路堤、土石坝、渠道、人工开挖的引河等的边坡。此外，按照边坡的材料性质，边坡还可以分为土坡、岩坡以及岩土混合边坡。边坡的外形结构组成如图 8-2 所示。

（a）　（b）

图 8-1　边坡类型

（a）天然边坡；（b）人工边坡

图 8-2　边坡结构要素

2. 边坡灾害与成因

边坡失稳导致的灾害形式主要有滑坡和崩塌（图 8-3）。

（a）

（b）

图 8-3 边坡失稳灾害

（a）滑坡；（b）崩塌

由于边坡表面倾斜，使边坡在自身重力及周围其他外力作用下，有从高处向低处滑动的趋势，又由于土体内剪应力的存在，使边坡土体处于力学平衡状态。当某种自然因素或人为因素作用于边坡，进而破坏边坡土体的力学平衡时，土体内部某个面上的滑动力将超过土体抵抗滑动的能力，土体就会沿该滑动面产生相对位移，以致丧失稳定性，工程中称这一现象为滑坡。如果边坡太陡，失去稳定性时将会发生崩塌。

天然边坡的失稳往往会引发重大的地质灾害，改变地形地貌，严重危及周围人们的生命和财产安全。人工边坡的失稳则会影响工程进度，造成工程事故和巨大的经济损失。因此，边坡稳定问题在工程设计、施工以及地质灾害防治方面应引起足够的重视。

边坡的稳定受到内部和外部因素的共同制约，各种因素通常造成边坡土体剪应力的增大或抗剪强度的降低，使土体超过平衡条件发生边坡失稳。影响边坡稳定的主要因素有如下几项：

（1）边坡的几何条件，如坡度和高度。盲目的坡脚开挖往往造成边坡变陡。

（2）雨水或地表水的渗入可使边坡土体的重度增加，产生过高孔隙水压力，促使土体失稳，故边坡设计应采取相应的排水措施。

（3）因爆破或地震作用引起的冲击或震动，极易使饱和粉砂土发生液化或使土体结构破坏，从而降低土的抗剪强度，发生边坡失稳。

（4）边坡所处地质地形条件。如突凸形边坡由于重力作用很容易下滑，边坡下伏土层不透水易在交界面发生滑动，斜坡上堆有较厚土层等。

（5）渗流力作用、静水压力作用也可促使边坡滑动。

（6）干裂、冻融和各种软化因素等。

边坡发生滑动前，一般首先在坡顶有明显的下沉并可能出现裂缝，坡脚附近的地面则有较大的侧向位移并微微隆起。为了有效防止边坡失稳的发生，对于人工边坡，除了设计时进行仔细的稳定分析，得出一个合理的土坡设计断面外，还应采取相应的工程措施，加强工程管理，消除不利因素的影响；对于天然边坡，应进行地质调查和必要的勘察，发现危险边坡，确定潜在滑裂面位置，做好预防工作，必要时可采取相应的加固措施，从而有效避免地质灾害的发生。

3. 边坡稳定分析的思路和方法

所谓边坡的稳定分析，就是利用土力学的理论来研究发生滑坡时滑动面可能的位置和形式、滑动面上剪应力和抗剪强度的大小、抵抗下滑的因素以及如何采取措施等问题，以此估计边坡的安全性，设计坡度的技术性和经济性。

边坡的稳定分析由于不考虑滑动土体两端阻力的影响，因此可将其作为平面问题来考虑。土力学中，边坡的稳定安全度是用稳定安全系数 K 来表示。不同的土性和分析方法对边坡安全系数有不同形式的定义，通常采用的边坡安全系数是指土体滑动面上的平均抗剪强度与平均剪应力之比，即 $K=\dfrac{\tau_f}{\tau}$。

目前常用的边坡稳定分析方法主要有极限平衡分析法、工程地质对比法和有限元法等。其中极限平衡分析法是工程实践中使用最为广泛的方法。

极限平衡分析的一般步骤是：假定边坡失稳是沿着土体内某一确定的滑裂面滑动，根据滑动土体的静力平衡条件和摩尔-库仑强度理论，可以计算出该滑裂面滑动的可能性，即边坡稳定安全系数的大小，然后用同样的方法计算多个可能的滑动面，其中稳定安全系数最低的滑动面就是失稳可能性最大的滑动面。

由于不同性质的土体边坡其滑动面的形态有所不同，相应的稳定分析方法也有些差别。下面分别就无黏性土和黏性土的边坡稳定分析方法作详细的介绍。

8.2 无黏性土边坡稳定分析

1. 无渗流作用的无黏性土边坡

如图 8-4 所示，无黏性土边坡由于破坏时的滑动面往往近似于平面，为了计算分析简便，一般均假设滑动面是平面（图中 AC 面）。均质无黏性土构成的边坡，只要坡面上的单元土体能够保持稳定，无论有无渗流作用，整个边坡都能保持稳定。如图 8-5 所示，设单元体的自重为 W，坡角为 α，由 W 引起的顺坡方向的下滑力为 $T=W\sin\alpha$，单元体受到的最大摩阻力（也称为最大抗剪力）为 $T_{\mathrm{f}}=N\tan\varphi=W\cos\alpha\tan\varphi$（$\varphi$ 为无黏性土的内摩擦角）。因此，无黏性土边坡稳定安全系数定义为最大摩阻力与下滑力之比，即

$$K=\frac{T_{\mathrm{f}}}{T}=\frac{W\cos\alpha\tan\varphi}{W\sin\alpha}=\frac{\tan\varphi}{\tan\alpha} \tag{8-1}$$

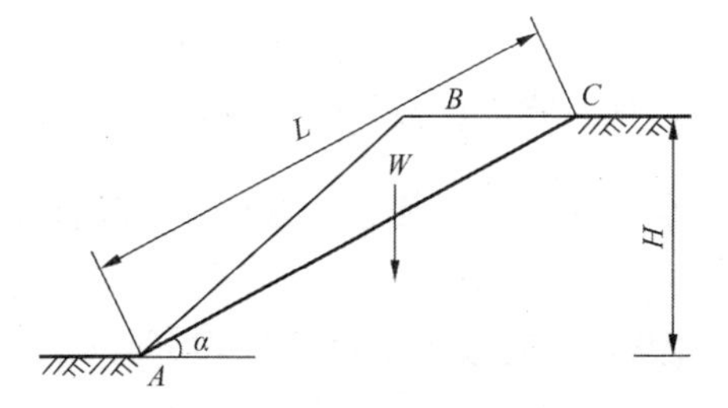

图 8-4　无黏性土边坡滑动面

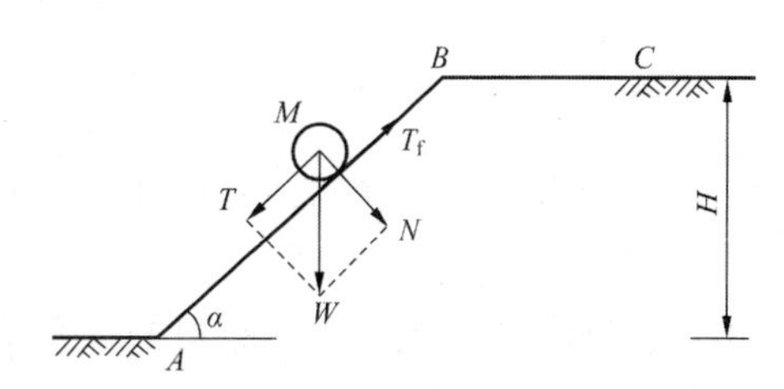

图 8-5　无黏性土边坡单元体受力图

由式（8-1）可知，无黏性土边坡的稳定性与坡高无关，仅取决于α角。当$\alpha=\varphi$时，K=1，边坡处于极限稳定平衡状态，此时的α角称为自然休止角；当$\alpha<\varphi$时，K>1，边坡稳定，为保证边坡有足够的安全储备，土建工程中一般取1.3～1.5。

2. 有渗流作用的无黏性土边坡

当边坡内外存在水位差时，如水库蓄水、基坑排水，坡面上渗流溢出处的土体，除受到重力作用外，还受到渗流力J的作用，从而使边坡稳定性降低。如图8-6所示，沿渗流溢出方向的渗透力为

$$J=\gamma_w i \tag{8-2}$$

$$J_\tau=\gamma_w i\cos(\alpha-\theta) \tag{8-3}$$

$$J_\upsilon=\gamma_w i\sin(\alpha-\theta) \tag{8-4}$$

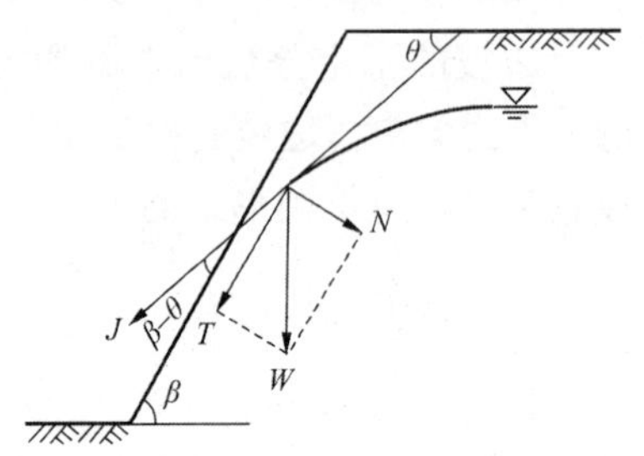

图8-6　无黏性土边坡渗流时的力系

式中　γ_w——水的重度；

i——渗透水力坡降；

θ——渗流方向与水平面夹角；

J_τ——渗流力沿坡面分量；

J_υ——渗流力垂直坡面分量。

土体重度采用有效重度γ'，则边坡的稳定安全系数为

$$K=\frac{[\gamma'\cos\alpha-\gamma_w i\sin(\alpha-\theta)]\tan\varphi}{\gamma'\sin\alpha+\gamma_w i\cos(\alpha-\theta)} \tag{8-5}$$

当渗流为顺坡出流时，$\theta=\alpha$，$i=\sin\alpha$，此时土体单元下滑的剪切力为$T+J=W\sin\alpha+\gamma_w i$，则边坡的稳定安全系数为

$$K=\frac{T_f}{T+J}=\frac{\gamma'\cos\alpha\tan\varphi}{(\gamma'+\gamma_w)\sin\alpha}=\frac{\gamma'\tan\varphi}{\gamma_{sat}\tan\alpha} \tag{8-6}$$

可见，与式8-1的K值相比，相差γ'/γ_{sat}倍，此值约为1/2，说明渗流方向为顺坡时，无黏性土边坡的稳定安全系数越降低1/2。

当渗流方向为水平溢出坡面时，$\theta=0$，$i=\tan\alpha$，则此时K的表达式为

$$K=\frac{(\gamma'-\gamma_w\tan\alpha^2)\tan\varphi}{\gamma_{sat}\tan\alpha} \tag{8-7}$$

式中　$\frac{\gamma'-\gamma_w\tan\alpha^2}{\gamma_{sat}}<\frac{1}{2}$，说明与无渗流作用的无黏性土边坡相比$K$下降一半多。

上述分析说明，在渗流作用下，无黏性土的边坡只有当坡角$\alpha\leqslant\frac{\varphi}{2}$时才能稳定，因此工程实践中应尽可能消除渗透水流的作用。此外，处于水下的边坡，其稳定坡角为无黏性土的水下内摩擦角φ'。

由下面例题8-1的计算结果可知：有渗流作用时土坡的稳定坡角比无渗流作用时的土坡稳定坡角小得多。

例题 8-1 某均质无黏性土无限土坡，无黏性土饱和重度$\gamma_{sat}=20.0\text{kN/m}^3$，内摩擦角$\varphi=45^\circ$，土坡稳定安全系数为 1.2，试问在干坡或完全浸水情况下以及坡面有顺坡渗流时其坡角应为多少度？（假定无黏性土的内摩擦角不随含水率变化而变化）

解：

干坡或完全浸水时，由式（8-1）得

$$\tan\alpha=\frac{\tan\varphi}{K}=\frac{1}{1.2}=0.833$$

即 $\alpha=39.8^\circ$

有顺坡渗流时，由式（8-6）得

$$\tan\alpha=\frac{\gamma'\tan\varphi}{\gamma_{sat}K}=\frac{10.2\times1}{20.0\times1.2}=0.425$$

即 $\alpha=23.0^\circ$

8.3 黏性土边坡稳定分析

黏性土与无黏性土相比，由于存在粘聚力，其危险滑动面会深入土体内部而不是沿边坡表面滑动。基于极限平衡理论的推导分析，均匀黏性土边坡的滑动面接近圆柱面或对数螺旋曲面，如图 8-7 所示。通过对黏性土边坡失稳实例的现场调查，发现实际滑动面也与圆弧面相近，为简化计算，工程设计中常将其作为平面问题，滑动断面假定为圆弧面。

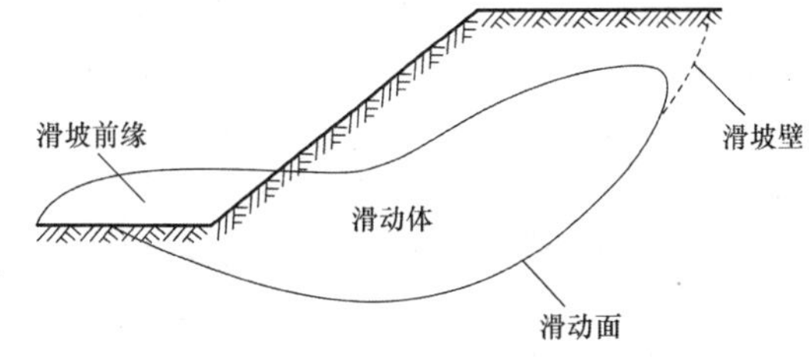

图 8-7 黏性土边坡滑动面

目前，对黏性土边坡稳定分析的方法主要分为两类：一类是对于简单的均质土边坡，将滑动土体作为一个整体来考虑，这类方法包括整体圆弧滑动法（适用于$\varphi=0$的情况）和泰勒图表法；另一类对于$\varphi\neq0$的均质土或非均质土边坡，将滑动土体划分成许多个竖向土条，然后考虑每一个土条的静力平衡，最著名的条分法是瑞典条分法（或称费伦纽斯条分法）和毕肖普条分法。

1. 整体圆弧滑动法

整体圆弧滑动法又称瑞典圆弧法，由瑞典人（K.E.Petterson）于 1915 年首先提出，后被世界各国广泛应用于实际工程。

黏性土由于颗粒间存在粘聚力，滑动土体以整体形式向下滑动，坡面上任一单元体的稳定条件不能代表整个边坡的稳定条件，因此分析计算时，假定滑动面以上土体为刚性体，即不考虑滑动土体内部的相互作用力，以它为脱离体，在极限平衡条件下进行受力分析。

（1）稳定安全系数

对于均质黏性土边坡，计算时假定滑动面为圆柱面，在边坡断面上的投影为圆弧，稳定安全系数通常用滑动面上的最大抗滑力矩与滑动力矩之比来定义。

如图 8-8 所示的简单均质土边坡。设边坡可能滑动面 AC，滑动面半径为 R，滑动体 ABC 视为刚体，边坡失稳时滑动土体绕圆心 O 发生转动。

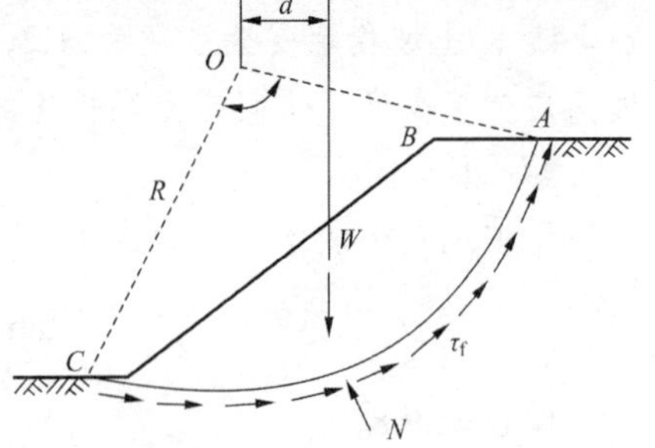

图 8-8　均质黏性土边坡的整体圆弧滑动

滑动力为滑动土体质量 W，滑动力矩 M_s 为滑动力对圆心 O 取矩，则

$$M_s = Wd$$

抗滑力是沿滑动面上分布的平均抗剪强度 τ_f，抗滑力矩 M_r 为抗滑力对圆心 O 取矩，则

$$M_r = \tau_f LR \tag{8-8}$$

由抗滑力矩与滑动力矩的比值得边坡的稳定安全系数 K_s，即

$$K = \frac{M_r}{M_s} = \frac{\tau_f LR}{Wd} \tag{8-9}$$

式中　τ_f——滑动面土的平均抗剪强度（kPa）；

L——滑动圆弧 AC 的长度（m）；

R——滑动面圆弧半径（m）；

W——滑动土体自重（kN）；

d——滑动土体重心离滑动圆弧圆心的水平距离（m）。

根据摩尔-库仑强度理论，黏性土抗剪强度 $\tau_f = \sigma \tan\varphi + c$。若滑动土体为均质饱和软黏土，在不排水条件下，其内摩擦角 $\varphi = 0$，此时抗剪强度 $\tau_f = c_u$，则

$$K = \frac{c_u LR}{Wd} \tag{8-10}$$

若 $\varphi \neq 0$，由于滑动面上法向应力 σ 沿滑动面不断改变而并非常数，所以 τ_f 不是常数，即式（8-9）只能给出一个定义，并不能确定 K 值大小，此时边坡稳定分析应采用条分法。

（2）最小稳定安全系数

上面求出的 K 是任意假定的滑动面上的稳定安全系数，而边坡稳定分析要求计算出与最危险滑动面对应的最小安全系数。对此常需要假定一系列滑动面进行多次试算，从而找出所需要的最危险滑动面求出对应的安全系数，计算工作量很大。为了快速找出最危险滑动面，费伦纽斯通过大量计算改进了瑞典圆弧法，提出确定最危险滑动面圆心的经验方法，该法的主要内容如下：

1）如图 8-9（a）所示，当 $\varphi = 0$ 时，最危险滑动面是通过坡脚的圆弧。圆心位置由 BO 与 CO 两线的交点确定，图中 β_1、β_2 的值可由表 8-1 查出。

2）当 $\varphi > 0$ 时，最危险滑动面的圆心位置可能在图 8-9（b）中 EO 的延长线上，自 O 点向外取圆心 O_1、O_2……分别作滑动圆弧求出相应的稳定安全系数 K_1、K_2……然后绘制 K 与圆心 O 的曲线找出最小值 K_{min} 及对应的最危险滑动面的圆心 O_m。当边坡非均质、坡面形状及荷载情况比较复杂时，还需自 O_m 作 OE 线的垂线，并在垂线上再取若干点作为圆心进行计算比较。

当边坡外形和土层分布都比较复杂时，最危险滑动面并不一定通过坡脚，此时费伦纽斯

法计算结果不一定可靠。此时可以利用计算机程序完成对最危险滑动面的查找，通常最危险圆弧圆心位于边坡坡线中心的竖直线与法线之间，可采用电算在此范围内有规律的进行搜索，找出最危险滑动面的圆心，确定出最小稳定安全系数。

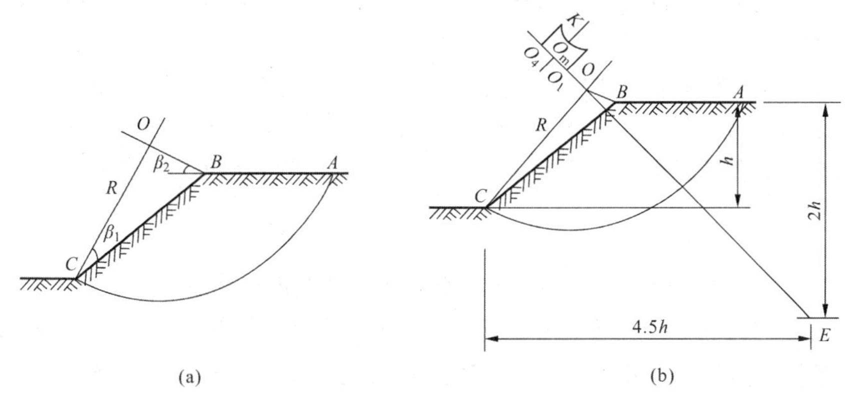

图 8-9　确定最危险滑动面圆心位置

（a）$\varphi=0$；（b）$\varphi>0$

表 8-1　　不同边坡的 β_1 和 β_2

坡比	坡角/（°）	β_1/（°）	β_2/（°）	坡比	坡角/（°）	β_1/（°）	β_2/（°）
1:0.6	60	29	40	1:3	18.43	25	35
1:1	45	28	37	1:4	14.04	25	37
1:1.5	33.79	26	35	1:5	11.32	25	37
1:2	26.57	25	35				

2. 条分法边坡稳定分析

条分法基于刚体极限平衡理论，将滑动土体划分成若干等宽的垂直土条，并将土条视为刚体进行受力分析，确定滑动面上法向应力的大小。

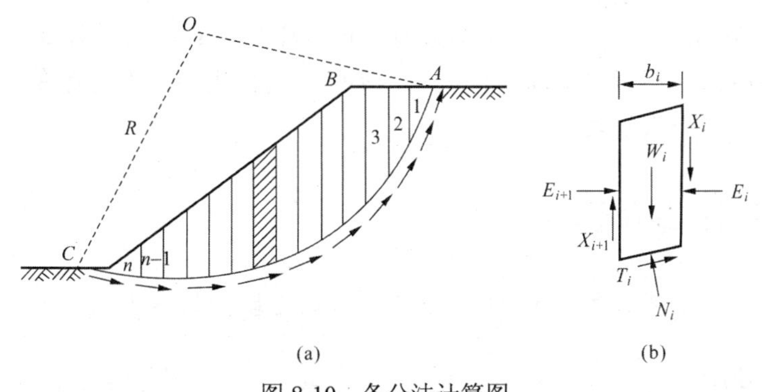

图 8-10　条分法计算图

（a）边坡分条；（b）第 i 土条受力分析

如图 8-10（a）所示一边坡，将滑动土体划分成若干土条。设滑动面为AC，对应滑动圆弧圆心为O，半径为R，取其中第i个土条进行受力分析，如图 8-10（b）所示，土条i上作用力如下：

（1）重力W_i，方向竖直向下。$W_i=\gamma_i b_i h_i$，γ_i、b_i、h_i分别为土条i的重度、宽度和高度，且均为已知量。

（2）土条底面上的法向反力N_i和切向反力T_i。假设N_i作用在土条底面中点，切向反力T_i作用线平行于土条的底面，且N_i与T_i均为未知力，可见n个土条就有$2n$个未知力。根据摩尔-库仑强度理论，假设土条的安全系数为K，则N_i与T_i的关系可表示为

$$T_i=\frac{c_i l_i+N_i\tan\varphi_i}{K} \tag{8-11}$$

上式表明，在土性参数c_i、φ_i和土条安全系数K确定的条件下，同一土条上的法向反力N_i和切向反力T_i线性相关，两者并不相互独立，因此实际上n个土条共有n个未知力。

（3）土条间法向作用力E_i和E_{i+1}。该对法向作用力大小、作用点均未知。其中，入坡土条 1 的右侧面和出坡土条n的左侧面上的作用力为零或已知。因此n个土条共有$2n-2$个独立未知数。

（4）土条间切向作用力X_i和X_{i+1}。该对切向作用力大小未知，作用点已知，分析方法同法向力。因此n个土条共有$n-1$个独立未知数。

（5）安全系数K。当边坡土体的滑动面、抗剪强度指标、所受外力以及自重确定时，滑动面上的剪应力和抗剪强度即为确定值，从而可以计算出各个土条的安全系数。为方便计算，假定各个土条的安全系数均等于整个滑动面的安全系数。因此安全系数K为一个独立的未知数。

通过上述分析可知，采用基于极限平衡理论的条分法求解安全系数时，共有$n+(2n-2)+(n-1)+1$，即$4n-2$个独立未知数。如果对每个土条按静力平衡条件分析，可以列出两个垂直方向的力平衡方程和一个绕圆心的力矩平衡方程，那么n个土条共计可列出$3n$个独立的平衡方程。可见，条分法边坡稳定分析的未知数比方程数多$n-2$个，属于超静定问题，需增加$n-2$个附加假设条件作为补充条件，将超静定问题转化为静定问题方能得到问题的解。

根据不同的假设条件可以得出不同的边坡稳定分析方法。常用的条分法及其简化假设如下：

（1）瑞典条分法。假设滑动面为圆弧面，不考虑条间力的作用，减少$2n-2$个未知数。

（2）毕肖普条分法。假设滑动面为圆弧面，不考虑切向条间力作用，减少$n-1$个未知数。

（3）杨布条分法。假设滑动面为任意面，条间法向作用力的作用点在滑动面以上1/3土条高度处，减少$n-1$个未知数。

8.4　常用条分法介绍

本节主要分析介绍瑞典条分法、毕肖普条分法以及杨布条分法。

1. 瑞典条分法

（1）受力分析与公式推导

瑞典条分法由瑞典工程师费伦纽斯提出，是条分法中最古老、最简单的方法。如图 8-11 所示为瑞典条分法的受力分析图，假设可能的滑动圆弧面 AC，圆心为 O，半径为 R，将滑动土体等宽度划分成许多竖向土条，土条宽度一般可取 $b=0.1R$。

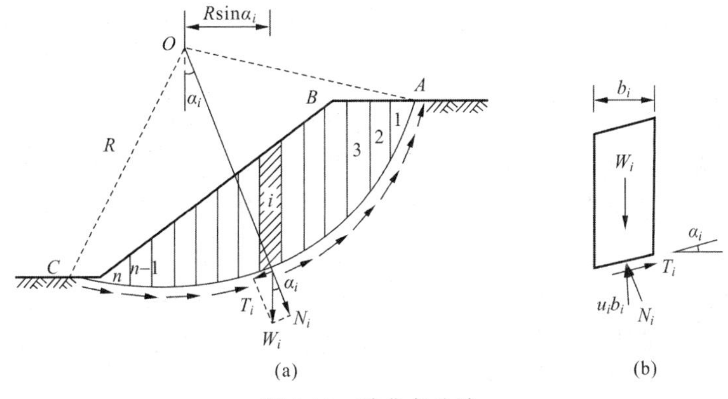

图 8-11　瑞典条分法

（a）边坡分条；（b）第 i 土条受力分析

瑞典条分法由于不考虑条间力作用，所以任一土条上的作用力包括 W_i、N_i 和 T_i，如图 8-11（b）所示，根据土条 i 的静力平衡条件可得

$$N_i = W_i \cos\alpha_i \tag{8-12}$$

$$T_i = W_i \sin\alpha_i \tag{8-13}$$

根据摩尔-库仑强度理论，土条 i 底部滑动面上土的抗剪强度为

$$\tau_{fi} = \sigma_i \tan\varphi_i + c_i = \frac{1}{l_i}(N_i \tan\varphi_i + c_i l_i) = \frac{1}{l_i}(W_i \cos\alpha_i \tan\varphi_i + c_i l_i) \tag{8-14}$$

式中　α_i——土条 i 滑动面法向与竖向的夹角；

l_i——土条 i 滑动面对应的弧长；

c_i、φ_i——滑动面上土的粘聚力和内摩擦角。

土条 i 上的作用力对圆心 O 产生的滑动力矩 M 及抗滑力矩 M_f 分别为

$$M = T_i R \sin\alpha_i \tag{8-15}$$

$$M_f = \tau_{fi} R = (W_i \cos\alpha_i \tan\varphi_i + c_i l_i) R \tag{8-16}$$

则瑞典条分法边坡稳定安全系数计算公式为

$$K = \frac{M_f}{M} = \frac{\sum_{i=1}^{i=n}(W_i \cos\alpha_i \tan\varphi_i + c_i l_i)}{\sum_{i=1}^{i=n} W_i \sin\alpha_i} \tag{8-17}$$

若已知土条 i 上孔隙水为 u_i，则式（8-17）可改写成用有效应力分析的公式

$$K = \frac{M_f}{M} = \frac{\sum_{i=1}^{i=n}[(W_i - u_i b_i)\cos\alpha_i \tan\varphi_i' + c_i' l_i]}{\sum_{i=1}^{i=n} W_i \sin\alpha_i} \tag{8-18}$$

对于均质土边坡，$c_i = c$，$\varphi_i = \varphi$，则得

$$K = \frac{M_{\mathrm{f}}}{M} = \frac{\tan\varphi \sum_{i=1}^{i=n}(W_i \cos\alpha_i + cL)}{\sum_{i=1}^{i=n} W_i \sin\alpha_i} \tag{8-19}$$

式中　L——滑动面 AD 的弧长；

n——土条个数。

式（8-19）是瑞典条分法最简单的计算公式，我国规范建议在边坡稳定分析时采用瑞典条分法。该法由于忽略了土条间的相互作用力，以致土条所受作用力 W_i、T_i 和 N_i 组成的力矢图并不闭合。因此瑞典条分法不满足静力平衡条件，只满足滑动土体的力矩平衡条件，计算所得稳定安全系数一般比“严格”方法偏低 10%～20%，尤其是在滑动圆弧圆心角较大，孔隙水压力较大时，计算得到的安全系数可能比较严格法小一半，另一方面也说明该法计算结果偏于安全。

（2）成层土与坡顶超载时安全系数

1）对于非均质土边坡，滑动体内包含不同的土层，各土层的重度 γ 和高度 h 不同，如图 8-12 所示，若土条 i 有 m 层土，分层计算并叠加后得土条 i 的重量为

$$W_i = b_i(\gamma_{1i}h_{1i} + \gamma_{2i}h_{2i} + \cdots + \gamma_{mi}h_{mi}) \tag{8-20}$$

粘聚力 c 和内摩擦角 φ 按土条 i 所处滑动面所在的土层位置采用相应的数值，将成层土的 W_i 代入式（8-17），得成层土边坡安全系数 K 的计算公式为

$$K = \frac{M_{\mathrm{f}}}{M} = \frac{\sum_{i=1}^{i=n}[b_i(\gamma_{1i}h_{1i} + \gamma_{2i}h_{2i} + \cdots + \gamma_{mi}h_{mi})\cos\alpha_i \tan\varphi_i + c_i l_i]}{\sum_{i=1}^{i=n} b_i(\gamma_{1i}h_{1i} + \gamma_{2i}h_{2i} + \cdots + \gamma_{mi}h_{mi})_i \sin\alpha_i} \tag{8-21}$$

2）当边坡的坡顶或坡面上作用着超载 q，如图 8-13 所示，则只要将超载分别加到有关土条的重量中去，即可得到超载作用下边坡安全系数 K 的计算公式为

$$K = \frac{M_{\mathrm{f}}}{M} = \frac{\sum_{i=1}^{i=n}[(qb_i + W_i)\cos\alpha_i \tan\varphi_i + c_i l_i]}{\sum_{i=1}^{i=n}(qb_i + W_i)\sin\alpha_i} \tag{8-22}$$

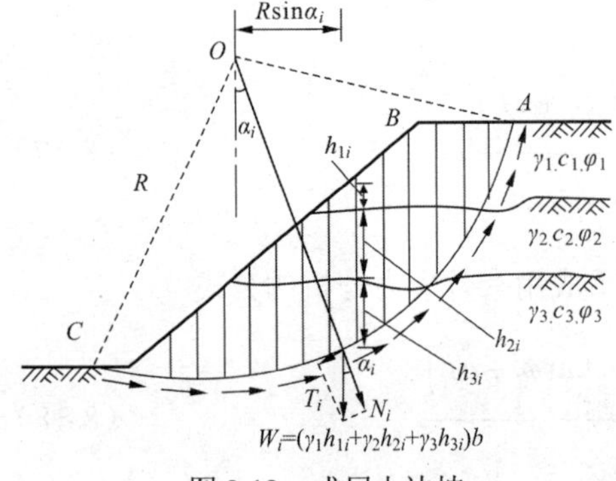

图 8-12　成层土边坡

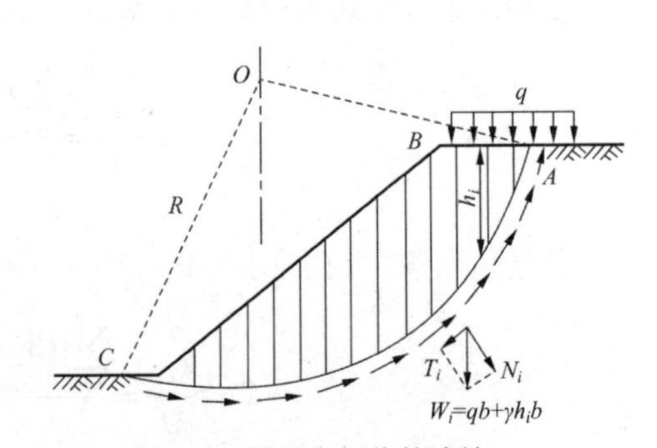

图 8-13　坡顶有超载的边坡

（3）渗流条件下边坡稳定安全系数

当边坡部分浸水时，水下土条的重量应按饱和重度计算，同时还需要考虑滑动面上的孔隙水压力和作用在边坡坡面上的水压力。如图 8-14 所示，以静水面 EF 以下滑动土体为研究对象，其作用力有滑动面上的静孔隙水压力合力 P_1、坡面上水压力合力 P_2 以及孔隙水的重力和土粒浮力的反作用力 G_w。在静水状态下，三力组成一平衡力系，且 P_1 的作用线通过圆心，根据力矩平衡条件，P_2 对圆心的矩恰好可与 G_w 与圆心的矩相互抵消。因此，水下土条重量取浮重度计算，将稳定安全系数计算式（8-18）中坡外水位以下土的重度用浮重度 γ' 代替即可，为

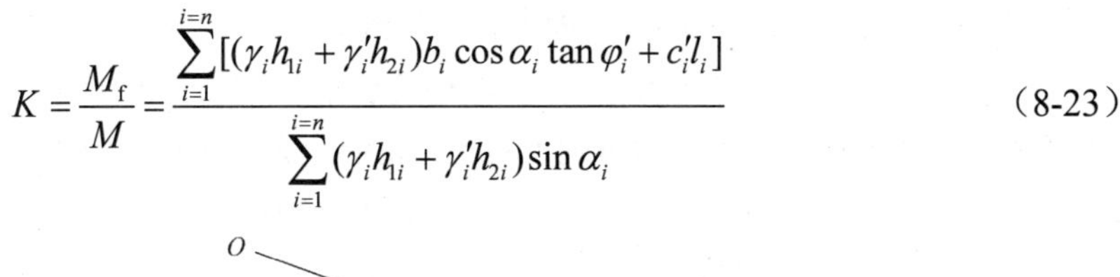

$$K=\frac{M_f}{M}=\frac{\sum_{i=1}^{i=n}[(\gamma_i h_{1i}+\gamma_i' h_{2i})b_i\cos\alpha_i\tan\varphi_i'+c_i' l_i]}{\sum_{i=1}^{i=n}(\gamma_i h_{1i}+\gamma_i' h_{2i})\sin\alpha_i} \tag{8-23}$$

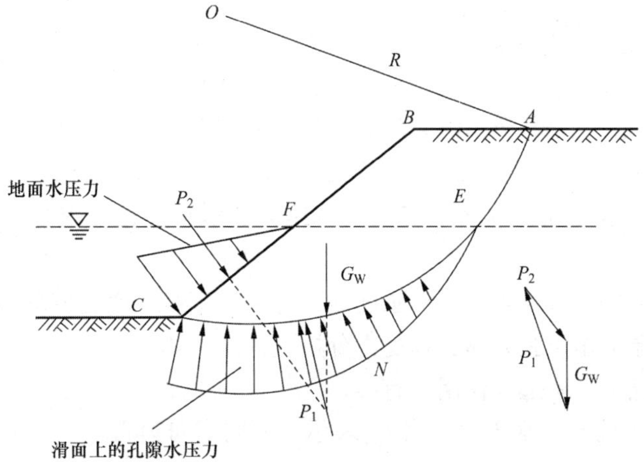

图 8-14　边坡部分浸水时的稳定计算

当边坡两侧出现水位差时，边坡中将会形成渗流。例如基坑排水，水库蓄水或库水降落，此时基坑边坡及土坝坝坡都会受到渗流的不利影响，因此在边坡稳定分析时必须考虑渗流力的作用。如图 8-15 所示，表示形成的渗流力方向指向坡面的情况。

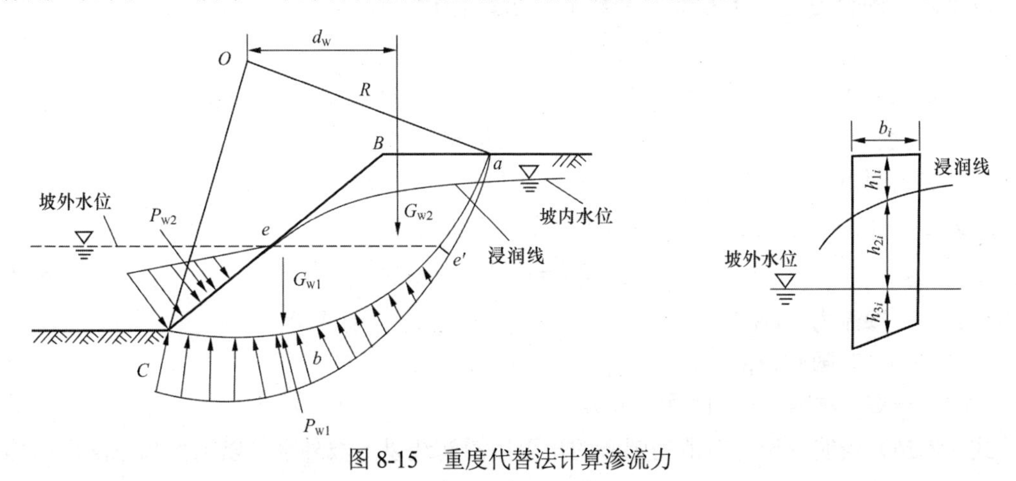

图 8-15　重度代替法计算渗流力

目前而言，考虑渗流力对边坡稳定影响的处理方法主要有流网法和代替法。

1）流网法。首先绘制出渗流区域内的流网，确定滑动土体内每一网格的平均水力梯度 i，然后利用公式计算出每一网格的渗流力：

$$T_i = JA_i = \gamma_w iA_i \tag{8-24}$$

式中　J——作用于单位体积土体上的渗流力；

γ_w——水的重度；

A_i——流网网格面积；

T_i——作用于网格形心，方向平行于流线方向。

若 T_i 对滑动圆心的力臂为 d_i，则第 i 网格的渗流力 T_i 所产生的滑动力矩为 $T_i d_i$，整个滑动土体范围内渗流力所产生的滑动力矩则为所有网格渗流力矩之和，即 $\sum T_i d_i$。一般认为渗流力在滑动面上引起的剪应力为均匀分布且不考虑其抗滑作用，那么该剪应力值就等于 $\sum T_i d_i /(RL)$。在边坡稳定分析中，把该剪应力添加到安全系数公式（8-17）中去，即可求出渗流作用下的边坡稳定安全系数。须注意，公式中浸润线（渗流水位线）以下土条重度取浮重度计算。

2）代替法。采用流网法计算渗流力是能够保证其计算精度的，但计算十分烦琐，流网的绘制也颇有难度。目前国内的工程单位在对边坡进行稳定分析时常采用代替重度法，简称代替法。

代替法的基本原理是用滑动体周界上的水压力和滑动体范围内水重力的作用来代替渗流力的作用。

如图 8-15 所示边坡，ae 表示渗流水面线，称为浸润线。取边坡滑动面以上、浸润线以下滑动土体中的孔隙水作为脱离体进行受力分析。

在稳定渗流情况下，其上的作用力有：

a．滑动面 abc 上的孔隙水压力，用 P_{w1} 表示，方向指向圆心。

b．坡面 ce 上的水压力，用 P_{w2} 表示，方向垂直于坡面。

c．ece' 范围内孔隙水重与土粒浮力的反作用力的合力 G_{w1}，方向竖直向下。

d．eae' 范围内孔隙水重与土粒浮力的反作用力的合力 G_{w2}，方向竖直向下，距圆心的力臂为 d_w。

以上四力的合力使土体内部产生渗流，则渗流力 T 为

$$T = P_{w1} + P_{w2} + G_{w1} + G_{w2} \tag{8-25}$$

式（8-25）表示滑动体范围内的渗流力等于所取脱离体范围内全部充满水时的水重力 G_{w1}、G_{w2} 与脱离体周界上水压力 P_{w1}、P_{w2} 的矢量和。

现将各力对圆心 O 取矩，P_{w1} 过圆心，力矩为零，由边坡部分浸水的受力分析可知，P_{w2} 与 G_{w1} 取矩后相互抵消，由此得到渗流力对圆心 O 的力矩为

$$Td = G_{w2} d_w \tag{8-26}$$

式中　T——渗流力（kN）；

d——T 对圆心 O 的力臂（m）；

d_w——G_{w2} 对圆心 O 的力臂（m）。

式（8-26）表明渗透力对滑动圆心的矩可用浸润线以下坡外水位以上滑弧范围内同体积

水重对滑动圆心取矩来代替，这也是代替法的本质原理。

G_{w2} 对滑动圆心 O 的力矩可分条进行计算后叠加：

$$G_{w2}d_w = \sum \gamma_w h_{2i} b \sin \alpha_i R \tag{8-27}$$

将此值添加到瑞典条分法安全系数公式滑动力矩项中，得

$$K = \frac{\sum[(\gamma_i h_{1i} + \gamma_i' h_{2i} + \gamma_i' h_{3i}) b_i \cos\alpha_i \tan\varphi_i + c_i' l_i]}{\sum(\gamma_i h_{1i} + \gamma_i' h_{2i} + \gamma_i' h_{3i}) b_i \sin\alpha_i + \sum \gamma_w h_{2i} b_i \sin\alpha_i} \tag{8-28}$$

合并分母化简后得

$$K = \frac{\sum[(\gamma_i h_{1i} + \gamma_i' h_{2i} + \gamma_i' h_{3i}) b_i \cos\alpha_i \tan\varphi_i + c_i' l_i]}{\sum(\gamma_i h_{1i} + \gamma_{sati} h_{2i} + \gamma_i' h_{3i}) b_i \sin\alpha_i} \tag{8-29}$$

式中　γ_i——土的天然重度（湿重度）；

γ_{sati}——土的饱和重度；

γ_i'——土的浮重度；

h_{1i}、h_{2i}、h_{3i}——分别表示土条 i 在浸润线以上、浸润线与坡外水位间和坡外水位以下的高度，如图 8-15 所示。

2. 毕肖普条分法

瑞典条分法在计算边坡稳定安全系数时，忽略了土条间作用力的存在，这样所得的稳定安全系数一般偏低。为了改进条分法的计算精度，毕肖普提出了一种考虑土条间作用力的边坡稳定分析方法，并被沿用至今。

（1）基本假定与受力分析

毕肖普仍假定滑动面为圆弧面，并假定各土条底部滑动面上的抗滑安全系数相同，均等于整个滑动面上的平均安全系数。

如图 8-16（a）所示，取单位长度边坡并按平面问题分析，设可能的滑动圆弧面为 AC，圆心为 O，半径为 R，将滑动土体划分成 n 个土条，从中任取一土条 i 作为分离体进行受力分析，如图 8-16（b）所示，其上作用力有：

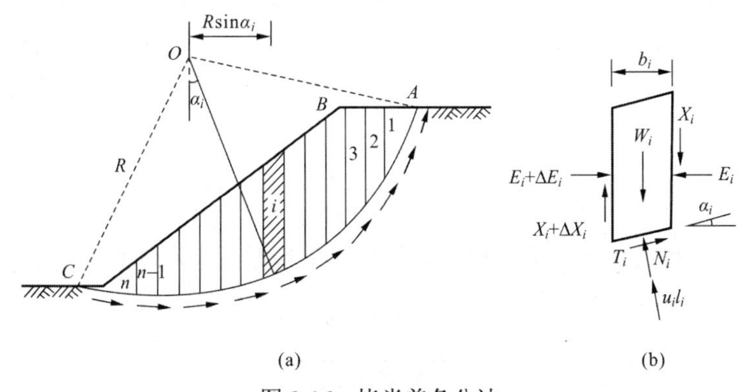

图 8-16　毕肖普条分法

（a）边坡分条；（b）第 i 土条受力分析

a．土条自重$W_i=\gamma b_i h_i$。

b．孔隙水压力$u_i l_i$，其中u_i、l_i分别为该土条底面中点处孔隙水压力和滑动圆弧长。

c．土条滑动面上的抗剪力T_i，有效法向反力N_i'。

d．土条两侧法向条间力E_i、$E_i+\Delta E_i$和切向条间力X_i、$X_i+\Delta X_i$。

（2）计算公式推导

毕肖普采用有效应力方法推导公式，该方法也可用于总应力分析。

基于以上分析，由土条i竖向力的平衡条件$\sum F=0$，得

$$W_i+\Delta X_i-T_i\sin\alpha_i-N_i'\cos\alpha_i-u_i l_i\cos\alpha_i=0 \tag{8-30}$$

式中，$l_i\cos\alpha_i=b_i$，b_i为土条i的宽度。

根据抗剪强度理论，以有效应力表示土条滑动面上的抗剪力，则T_i可表示为

$$T_i=\frac{1}{K}(c_i' l_i+N_i'\tan\varphi_i') \tag{8-31}$$

将式（8-31）代入式（8-30），解得N_i'为

$$N_i'=\frac{1}{m_{\alpha i}}\left(W_i+\Delta X_i-u_i b_i-\frac{c_i' l_i}{K}\sin\alpha_i\right) \tag{8-32}$$

其中

$$m_{\alpha i}=\cos\alpha_i\left(1+\frac{\tan\varphi'\tan\alpha_i}{K}\right) \tag{8-33}$$

整个滑动土体对圆心O求力矩平衡，此时土条间作用力的力矩将相互抵消，而N_i'与$u_i l_i$的作用线又通过圆心，故有

$$\sum W_i R\sin\alpha_i-\sum T_i R=0 \tag{8-34}$$

将式（8-33）代入式（8-32）后，再代入上式，得毕肖普条分法边坡稳定安全系数的计算公式为

$$K=\frac{\sum\frac{1}{m_{\alpha i}}[(W_i+\Delta X_i-u_i b_i)\tan\varphi_i'+c_i' b_i]}{\sum W_i\sin\alpha_i} \tag{8-35}$$

式（8-35）中ΔX_i仍是未知数，为使式（8-35）可解，毕肖普假设$\Delta X_i=0$。计算结果表明，这种简化对安全系数K的影响仅在 1%左右，且分条宽度越小，这种影响就越小。简化后的公式为

$$K=\frac{\sum\frac{1}{m_{\alpha i}}[(W_i-u_i b_i)\tan\varphi_i'+c_i' b_i]}{\sum W_i\sin\alpha_i} \tag{8-36}$$

毕肖普条分法也可写成总应力计算公式，简化毕肖普条分法的总应力分析公式为

$$K=\frac{\sum\frac{1}{m_{\alpha i}}(W_i\tan\varphi_i'+c_i b_i)}{\sum W_i\sin\alpha_i} \tag{8-37}$$

须注意的是，式中α_i为负时，$m_{\alpha i}$有可能趋近于零，从而使N_i'趋于无限大，此时毕肖普

条分法的计算误差较大不能使用。此外，当坡顶土条 α_i 很大时，N_i' 会出现负值，此时可取 $N_i'=0$。

（3）安全系数的求解

采用有效应力方法推导出的计算公式（8-37）中，$m_{\alpha i}$ 含有安全系数 K，故式（8-37）不能直接计算出安全系数 K，需要通过试算才能确定 K 值。

试算步骤如下：先假定 $K_0=1$，由式（8-33）求出 $m_{\alpha i}$，再按式（8-37）求出 K_1，若 $K_1\neq K_0$，则以计算的 K_1 值代入式（8-33）求出新的 $m_{\alpha i}$，如此反复迭代，直至前后两次 K 值满足所要求的精度为止。根据计算经验，通常迭代 3～4 次即可满足工程精度要求，且迭代总是收敛的。

为了求得 $K_{\min}$，毕肖普条分法同样需要假定若干个滑动面，并从中找出最危险滑裂面，其方法同前面所述。

由于毕肖普条分法考虑了土条间水平力的作用，故计算结果比较合理，所得安全系数较瑞典条分法略大，与严格计算结果的误差约为 2%～7%。

例题 8-2　某均质黏性土边坡，如图 8-17 所示，坡高 10m，坡比 1:1，填土粘聚力 $c=15\text{kPa}$，内摩擦角 $\varphi=20^\circ$，重度 $\gamma=18\text{kN/m}^3$，坡内无地下水影响，适用毕肖普条分法计算边坡的稳定安全系数。

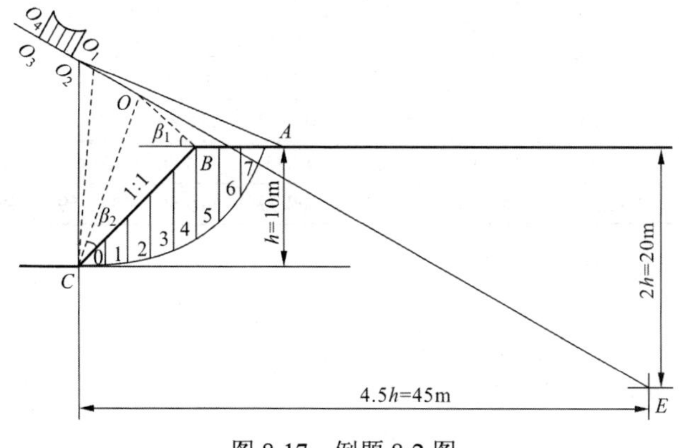

图 8-17　例题 8-2 图

解：

（1）选择滑弧圆心，作出相应的滑动圆弧。按一定比例画出边坡剖面，如图 8-17 所示。均质土边坡，按表 8-1 查得 $\beta_1=28^\circ$，$\beta_2=37^\circ$，作 BO 线及 CO 线并交于 O 点。再求得 E 点，作 EO 的延长线，并在延长线上取一点 O_1 作为第一次试算的滑动圆心，过坡角作相应的滑动圆弧，可量得半径 $R=16.56\text{m}$。

（2）将滑动土体划分成 7 个土条，并自滑动圆心的垂线开始对土条进行编号，依次编号为 0，1，2，3，4，5，6，7。

（3）量出各土条中心高度 h_i，并列表计算 $\sin\alpha_i$，$\cos\alpha_i$，W_i，$W_i\sin\alpha_i$，$W_i\tan\varphi$ 及 cb_i。

（4）稳定安全系数计算公式为

$$K = \frac{\sum \frac{1}{m_{\alpha i}}(W_i \tan\varphi_i' + c_i b_i)}{\sum W_i \sin\alpha_i}$$

（5）计算表格见表 8-2。

表 8-2 计算表

计算项目 \ 土条编号		0	1	2	3	4	5	6	7	Σ
1	h_i/m	0.970	2.786	4.351	5.640	6.612	6.188	4.202	1.520	
2	b_i	2.0	2.0	2.0	2.0	2.0	2.0	2.0	2.0	
3	W_i	34.92	100.30	156.64	203.04	238.03	222.77	151.27	46.76	
4	$\sin\alpha_i$	0.030	0.151	0.272	0.393	0.514	0.636	0.758	0.950	
5	$\cos\alpha_i$	1.000	0.988	0.962	0.919	0.857	0.772	0.652	0.313	
6	$W_i\sin\alpha_i$	1.05	15.15	42.61	79.79	122.35	141.68	114.66	44.42	561.71
7	$W_i\tan\varphi$	12.17	36.51	57.01	73.90	86.64	91.08	55.06	17.02	
8	cb_i	30.0	30.0	30.0	30.0	30.0	30.0	30.0	25.64	
9	$m_{\alpha i}(K=1)$	1.011	1.043	1.061	1.062	1.044	1.003	0.928	0.659	
10	[(7)+(8)]/(9)	42.25	63.77	82.01	97.83	111.72	110.75	91.66	64.73	664.72
11	$m_{\alpha i}(K=1.1834)$	1.009	1.034	1.046	1.040	1.015	0.968	0.885	0.605	
12	[(7)+(8)]/(11)	42.33	64.32	83.18	99.90	114.92	114.75	96.11	70.51	686.02
13	$m_{\alpha i}(K=1.2213)$	1.009	1.033	1.043	1.036	1.010	0.962	0.878	0.596	
14	[(7)+(8)]/(13)	42.33	64.39	83.42	100.29	115.49	115.47	96.88	71.58	689.85
15	$m_{\alpha i}(K=1.2281)$	1.009	1.033	1.043	1.035	1.009	0.961	0.877	0.595	
16	[(7)+(8)]/(15)	42.33	64.39	83.42	100.39	115.60	115.59	96.99	71.70	690.41

第一次试算时，假定 $K=1$，求得

$$K = \frac{664.72}{561.71} = 1.1834$$

第二次试算时，假定 $K=1.1834$，求得

$$K = \frac{686.02}{561.71} = 1.2213$$

第三次试算时，假定 $K=1.2213$，求得

$$K = \frac{689.85}{561.71} = 1.2281$$

第四次试算时，假定 $K=1.2281$，求得

$$K = \frac{690.41}{561.71} = 1.2291$$

满足精度要求，可取 $K=1.23$。

上述仅为一个假定滑弧的计算结果，为求出 $K_{\min}$ 值，需要假定若干个滑动面进行试算。

3. 杨布条分法

瑞典条分法和毕肖普条分法均假定滑动面为圆弧面，但在实际工程中常会遇到边坡下面

有软弱夹层或边坡位于倾斜岩层面上等情况，此时的滑动破坏面与圆柱面相差甚远，上述两种条分法不再适用。对此杨布提出了非圆弧滑动面的普通计算方法，当然该方法同样适用于滑动圆弧面的分析。

（1）基本假定和受力分析

如图 8-18（a）所示边坡。杨布假定如下：

1）假定条间力合力作用点位置已知，一般作用于土条底面以上 1/3 高度处，这些作用点的连线称为推力线。

2）滑动面上的切向力 T_i 等于滑动面上土所发挥的抗剪强度 τ_{fi}。

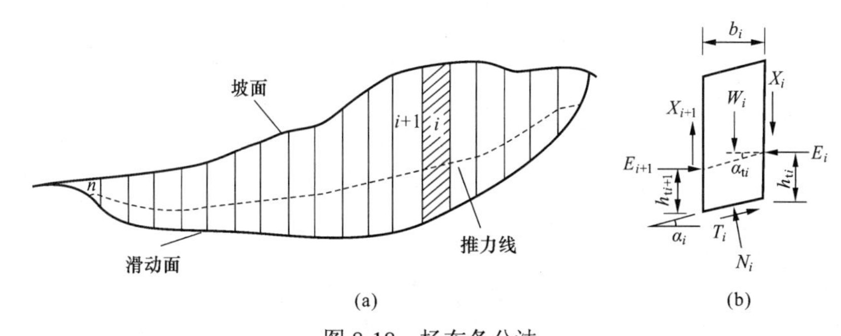

图 8-18　杨布条分法

（a）边坡分条；（b）第 i 土条受力分析

取任一土条 i，如图 8-18（b）进行受力分析，h_{ti} 为条间力作用点位置，α_{ti} 为推力线与水平线夹角，这些为已知量。需求未知量有：

1）土条底部法向反力 N_i（n 个）。

2）法向条间力之差 ΔE_i（n 个）。

3）切向条间力 X_i [（$n-1$）个]。

4）稳定安全系数 K。

（2）公式推导

对土条 i 取竖直方向力的平衡，有

$$N_i \cos\alpha_i = W_i + \Delta X_i - T_i \sin\alpha_i \tag{8-38}$$

对土条 i 取水平方向力的平衡，有

$$\Delta E_i = N_i \sin\alpha_i - T_i \cos\alpha_i \tag{8-39}$$

将式（8-38）代入上式得

$$\Delta E_i = (W_i + \Delta X_i)\tan\alpha_i - T_i \sec\alpha_i \tag{8-40}$$

对土条 i 的中点取力矩平衡得

$$E_{i+1}\left(h_{ti+1} - \frac{b_i}{2}\tan\alpha_{ti}\right) = X_{i+1}\frac{b_i}{2} + X_i\frac{b_i}{2} + E_i\left(h_{ti} - \frac{b_i}{2}\tan\alpha_{ti}\right)$$

由 $h_{ti+1} = h_{ti} + \Delta h_{ti}$、$X_{i+1} = X_i + \Delta X_i$、$E_{i+1} = E_i + \Delta E_i$ 得

$$E_{i+1}(h_{ti}+\Delta h_i)-E_i h_{ti}=\frac{b_i}{2}\tan\alpha_{ti}(2E_i+\Delta E_i)+\frac{b_i}{2}(2X_i+\Delta X_i) \tag{8-41}$$

略去高阶项并整理得

$$X_i=\frac{h_{ti}\Delta E_i}{b}-E_i\tan\alpha_{ti} \tag{8-42}$$

根据整个边坡条间力$\sum\Delta E_i=0$，得

$$\sum(W_i+\Delta X_i)\tan\alpha_i-\sum T_i\sec\alpha_i=0 \tag{8-43}$$

根据安全系数的定义和摩尔-库仑破坏准则：

$$T_i=\frac{\tau_{fi}l_i}{K}=\frac{c_i b_i\sec\alpha_i+N_i\tan\varphi_i}{K} \tag{8-44}$$

将式（8-38）代入式（8-44），得

$$T_i=\frac{1}{m_{\alpha i}}[c_i b_i+(W_i+\Delta X_i)\tan\varphi_i]\frac{1}{K} \tag{8-45}$$

其中

$$m_{\alpha i}=\cos\alpha_i\left(1+\frac{\tan\varphi_i\tan\alpha_i}{K}\right) \tag{8-46}$$

再将式（8-45）代入式（8-43），得杨布条分法安全系数计算公式，为

$$K=\frac{\sum\frac{1}{\cos\alpha_i m_{\alpha i}}[c_i b_i+(W_i+\Delta X_i)\tan\varphi_i]}{\sum(W_i+\Delta X_i)\tan\alpha_i} \tag{8-47}$$

（3）杨布法计算

杨布法计算公式的求解仍须采用迭代法，可同时计算出安全系数K、侧向条间力X_i和E_i。计算步骤如下：

1）与简化毕肖普条分法相同，首先假设$\Delta X_i=0$，此时再对公式（8-47）进行迭代。假定$K_0=1$，由式（8-46）求出$m_{\alpha i}$，再按式（8-47）求出K_1，若$K_1\neq K_0$，则以计算的K_1值代入式（8-46）求出新的$m_{\alpha i}$，如此反复迭代，直至前后两次K值首次逼近所要求的精度。用最终的K值算出每一土条的T_i。

2）用此T_i值代入式（8-40），求出每一土条的ΔE_i，继而可求出每一土条侧面的E_i，再由式（8-42）求出每一土条侧面的X_i，继而求出ΔX_i。

3）用新求出的ΔX_i重复第一步，求出K的二次近似值，并以此重新算出每一土条的T_i。

4）再重复步骤2）和3)，直到K满足所要求的精度为止。

杨布条分法基本满足了所有的静力平衡条件，所以是一种“严格”的计算方法，但其中推力线的假定必须符合条间力的合理性要求，即土条间不产生拉力和剪切破坏的情况。须注意的是杨布法迭代后的计算结果可能不收敛，此时则需要采用其他方法进行边坡稳定分析。

8.5　边坡稳定问题讨论

1. 坡顶开裂时的边坡稳定性

黏性土边坡在失稳前，由于土的收缩及张力作用，坡顶附近常出现竖向裂缝，如图 8-19 所示。坡顶裂缝的开裂深度 h_0 可近似按朗肯理论估算，即采用临界深度公式计算，其在墙顶产生的拉力区高度 $h_0 = \dfrac{2c}{\gamma\sqrt{K_a}}$，其中 K_a 为朗肯主动土压力系数。

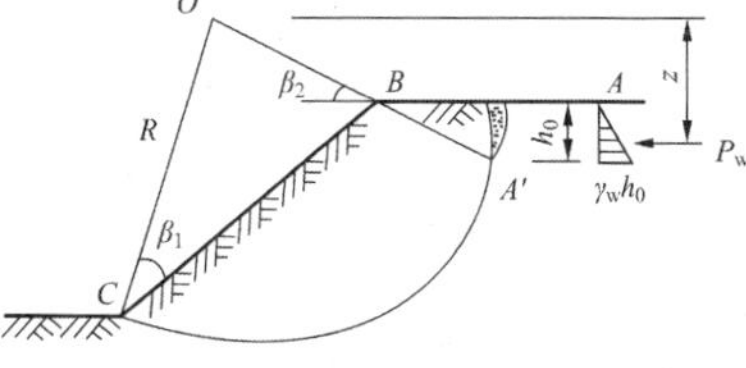

图 8-19　坡顶开裂时的边坡稳定计算

当雨水或地表水渗入坡顶裂缝后，将会在裂缝面上产生一静水压力，其值为 $P_w = \dfrac{1}{2}\gamma_w h_0^2$。裂缝中的静水压力会促使边坡滑动，该压力对最危险滑动面圆心 O 的力臂为 z，因此在按前述各方法进行边坡稳定分析时应计入 P_w 引起的滑动力矩，同时边坡滑动面的弧长也将相应的由 AC 缩短为 $A'C$。

2. 土抗剪强度指标的选用

黏性土的边坡稳定分析，除了采用不同的计算方法外，更重要的是土的抗剪强度指标的确定。抗剪强度指标的准确性很大程度上决定了边坡稳定分析的可靠性，因此，在应用土的抗剪强度指标时，原则上应通过试验并使试验模拟条件尽量符合土在现场的实际受力和排水条件，这样测定出的强度指标才能具有一定的代表性和适用性。

通常情况下，抗剪强度指标的选择较为复杂，受计算方法、土质情况、施工速率以及排水条件等多种因素的影响。选用时总的原则是，一方面应与计算方法相配合，例如，当采用有效应力分析时，应采用有效强度指标 c' 和 φ' 值，当采用总应力分析时，应选用不同的总应力强度指标；另一方面应考虑施工的施工阶段，合力选用强度指标。

3. 容许安全系数的取值

容许安全系数是指为了边坡工程或其他土工结构物安全可靠和正常使用的最低稳定性系数值，用[K]表示。边坡稳定分析时的最小稳定安全系数 K_{min} 必须大于容许安全系数值，即

$$K_{min} > [K] \tag{8-48}$$

由此可见，为保证边坡的安全可靠和正常使用，如何合理确定稳定安全系数的容许值也是极其重要的。关于安全系数的确定，目前各个部门有自己的标准，尚未统一。实际上，影响安全系数的因素很多，如抗剪强度指标的选用，计算方法和计算条件的选择等。我国《水运工程混凝土施工规范》（JTS202—2011）根据从实践中总结出来的经验，给出了容许稳定安全系数和土的强度指标配合应用的规定，见表 8-3。

表 8-3　　港口工程边坡容许安全系数

抗剪强度指标	容许安全系数	说　明
固结快剪	1.10～1.30	边坡上超载 q 引起的抗滑力矩可全部采用或部分采用，视土体在 q 作用下固结程度而定；q 引起的滑动力矩应全部计入
有效强度指标	1.30～1.50	孔隙水压力采用与计算情况相应的数值
十字板剪	1.10～1.30	需考虑因土体固结而引起的强度增长
快剪	1.00～1.20	需考虑因土体固结而引起的强度增长；考虑土体的固结作用，可将计算得到的安全系数提高 10%

4. 挖方、填方边坡的特点

从简化的毕肖普条分法的计算公式可以看出，孔隙水压力对安全系数的大小有着重要的影响。在总应力保持不变的情况下，孔隙水压力增大，土的抗剪强度就会减小，边坡的稳定安全系数就会相应降低；反之，孔隙水压力变小，边坡的稳定安全系数会相应增大。

在饱和黏性土地基上形成的边坡，施工过程中，超静孔隙水压力随着填土荷载的增大而加大，竣工后土中总应力保持不变，超静孔隙水压力会随着黏性土的固结而逐渐消散。因此，填土结束时的边坡稳定性应采用总应力法和不排水强度指标来分析，其长期稳定性则应采用有效应力法和有效应力参数来分析。可见，边坡的安全系数在施工结束时最小，并随着时间的增长而增大。

对于黏性土中挖方形成的边坡，开挖时，随着总应力的减小，孔隙水压力会不断下降，直至出现负值。竣工后，负超静孔隙水压力会随着时间逐渐消散，与此同时，黏性土会出现膨胀现象，并且抗剪强度下降。因此竣工时的稳定性分析和长期稳定性分析应分别采用卸载条件下的不排水和排水强度来表示。与填方边坡不同，挖方边坡的最不利条件是其长期稳定性。

延伸阅读

天气预报与自然灾害预报

不知从什么时候开始，在雨季电视台的天气预报之后常常紧跟着自然灾害预报，其具体的内容就是滑坡及泥石流等。为什么降雨会引起边坡失稳呢？

降雨引起滑坡的原因有多种，其中它会使土体自重变化；饱和度提高造成地基吸力减少甚至完全丧失，从而使土的抗剪强度减少；土中水的渗流增加滑动力等是主要因素。

弗雷德隆德（Fredlund）提出的非饱和土强度准则可表示为

$$\tau = c' + \sigma' \tan\varphi' + (u_{\mathrm{a}} - u_{\mathrm{w}}) \tan\varphi''$$

若表示成通常的摩尔-库仑强度准则，则为

$$\tau = c'' + \sigma' \tan\varphi'$$

式中，$c''=c'+(u_a-u_\omega)\tan\varphi''$，后一项也称为“假粘聚力”，$s=(u_a-u_\omega)$ 是基质吸力，随着饱和度增加，吸力减小，粘聚力减小，抗剪强度下降，从而引发滑坡。与此相似，土中水也可能使岩土矿物软化、泥化，土体或者岩体裂隙中的土夹层中孔隙水压力增加也会使土的抗剪强度降低。

降雨引起的渗流一般接近于沿坡渗流，其渗流方向与滑裂面方向夹角不大，因而渗流力主要是滑动力（矩）。例如对于有沿坡渗流的无限砂土坡，其安全系数几乎是渗流情况的一半（γ'/γ_{sat}）。

土的重度的变化也是引起滑坡的主要原因之一。按简单条分法边坡稳定的安全系数为

$$K=\frac{\sum(W_i\cos\theta_i\tan\varphi_i+c_il_i)}{\sum W_i\sin\theta_i}$$

由图 8-20 可见，θ_i 较小的土条（即土坡下部土条）$\cos\theta_i$ 较大，抗滑力矩也较大，有利于稳定；反之，θ_i 较大的土条（即土坡上部土条）$\sin\theta_i$ 较大，产生的滑动力矩大，抗滑力矩小，不利于稳定。如果降雨使①区的土变湿，重度增加，则不利于稳定。如果降雨达到下部积水，②区的土体重度变成浮重度，抗滑力矩骤减，则可能引发滑坡。水库蓄水而引发的库区滑坡就是如此。

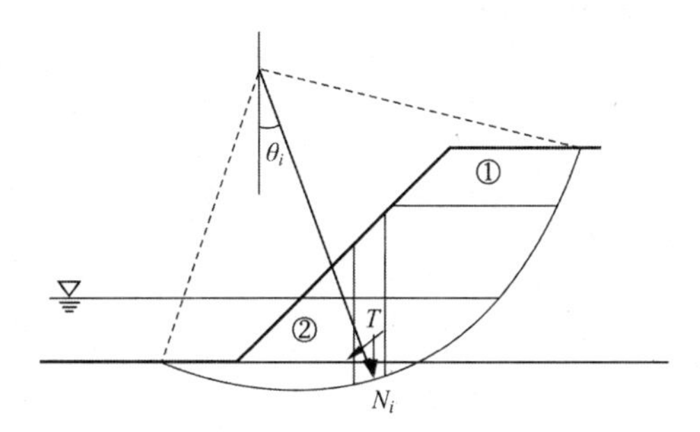

图 8-20　土中水对边坡稳定性的影响

本章复习要点

掌握：无黏性土边坡的稳定分析；运用瑞典圆弧法对成层土、有超载作用以及存在渗流情况的边坡安全系数计算。

理解：圆弧法和各种条分法的公式及推导过程。

复习题

1．影响边坡稳定的因素有哪些？
2．边坡稳定分析有何工程意义？
3．如何确定最危险滑动面及滑动圆心？
4．简化毕肖普条分法与瑞典条分法的主要区别是什么？分析说明毕肖普条分法计算所得

安全系数比瑞典条分法大的原因。

5．增加边坡稳定性的方法和措施有哪些？

6．分析同一工程在不同的工期采用不同容许安全系数的原因。

7．某边坡高 10m，边坡坡率 1:1，如图 8-21 所示，边坡填土的物理性质指标：$\gamma=20\text{kN/m}^3$，$c=12\text{kPa}$，$\varphi=25^\circ$，试求直线滑动面的倾角 $\alpha=32^\circ$ 时的稳定系数。

8．某一简单黏性土边坡，高 25m，坡比 1:2，填土的物理性质指标：$\gamma=20\text{kN/m}^3$，$c=10\text{kPa}$，$\varphi=26.6^\circ$。假设滑动圆弧半径为 49m，并假设滑动面通过坡脚位置，试用简化毕肖普条分法求该边坡对应这一滑动圆弧的安全系数。

9．某一均质黏性土边坡，高 20m，坡比 1:2，填土的物理性质指标：$\gamma=18\text{kN/m}^3$，$c=10\text{kPa}$，$\varphi=20^\circ$。假设滑动圆弧半径为 44m，并假设滑动面通过坡脚位置，土体中有稳定渗流作用，其浸润线和坡外水位的位置如图 8-22 所示。设土体的饱和重度 $\gamma=19\text{kN/m}^3$，试用代替法求稳定渗流期该滑弧的安全系数。

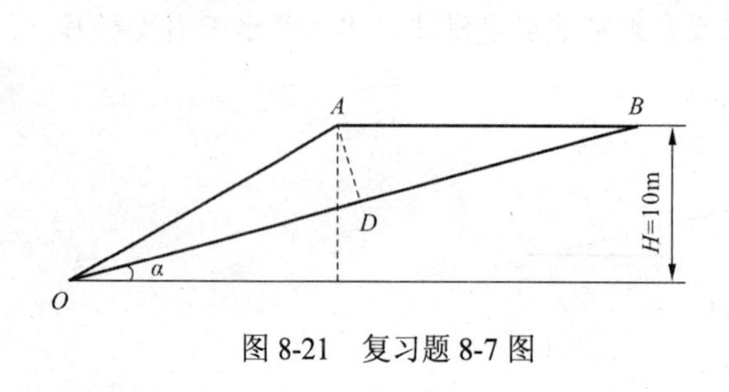

图 8-21　复习题 8-7 图

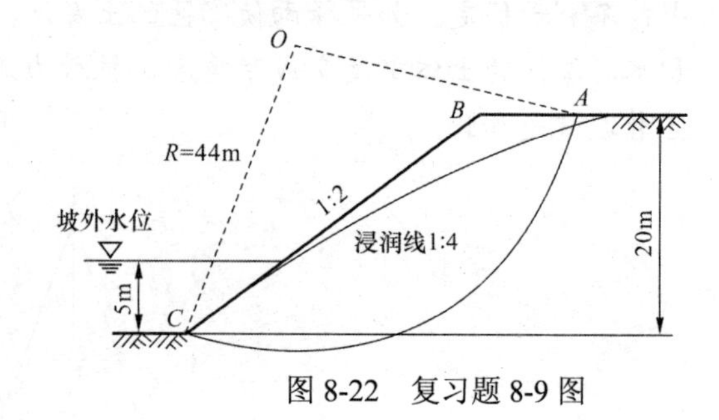

图 8-22　复习题 8-9 图

第9章　地基承载力

9.1　概述

地基承载力是指地基土承受外荷载的能力，即地基土单位面积上随荷载增加所能发挥的承载潜力，是评价地基稳定性的综合性名词。须指出，地基承载力是针对地基基础设计提出的为方便评价地基强度和稳定的实用性专业术语，不是土的基本性质指标。土的抗剪强度理论是研究和确定地基承载力的理论基础。

任何建筑物荷载均是通过基础传递于地基，因此设计时必须验算地基承载力。地基承载力设计一般要考虑两方面的内容：一是在荷载作用下，地基土会产生压缩与固结，引起基础沉降或沉降差，设计必须保证沉降量或沉降差在允许的范围内，否则可能导致上部结构开裂或倾斜破坏；二是地基的稳定性，它是指地基在外部荷载作用下，地基抵抗剪切破坏的稳定安全程度，任何情况下地基承受的外部荷载都不能超过地基的极限承载力，否则地基的稳定性就得不到保证，因此设计时要考虑足够的安全储备。

关于地基承载力，实际应用中经常会遇到一些名词，对此必须要明确它们的含义并加以区分。

（1）地基极限承载力

地基极限承载力指地基濒临破坏即将丧失稳定时所能发挥的承载力的极限值，没有安全储备。

（2）地基承载力特征值

地基承载力特征值是正常使用极限状态计算时的地基承载力。即在发挥正常使用功能时地基所允许采用抗力的设计值。它是以概率理论为基础，也是在保证地基稳定的条件下，使建筑物基础沉降计算值不超过允许值的地基承载力。

（3）修正后的地基承载力特征值

修正后的地基承载力特征值是指考虑了地基、基础的各项影响因素后，对承载力特征值进行修正以满足正常使用状态下的承载力值。

（4）地基承载力标准值

地基承载力标准值是指在正常情况下，可能出现承载力最小值，系按标准方法试验，并经数理统计处理得出的数据。可由野外鉴别结果和动力触探试验的锤击数直接查规范承载力表确定，也可根据承载力基本值乘以回归修正系数得到。

（5）地基承载力设计值或容许承载力

地基承载力设计值或容许承载力是指地基在保证稳定性的条件下，满足建筑物基础沉降要求并留有足够安全储备的承载力值。可由临界荷载直接得到，也可由极限荷载除以安全系数得到，或由地基承载力标准值经过基础宽度和埋深修正后确定。

9.2 地基破坏模式

地基的承载力特性可用现场静载荷试验以及室内模型试验进行研究，可用所得试验结果说明地基承载力基本概念和地基失稳时的破坏模式。载荷试验的具体过程可参阅规范和相关资料。通过载荷试验，可以将每级荷载下的基底压力 p 和相对应的稳定沉降值 S 绘制成 $p-S$ 曲线。根据不同特征的 $p-S$ 曲线，也就是地基剪切破坏特征，可将地基破坏概化为三种模式：整体剪切破坏、局部剪切破坏和冲剪破坏。如图 9-1（a）中，曲线 A 为整体剪切破坏；曲线 B 为局部剪切破坏；曲线 C 为冲剪破坏。图 9-1（b）中分别为发生 A、B、C 三种破坏的情形。

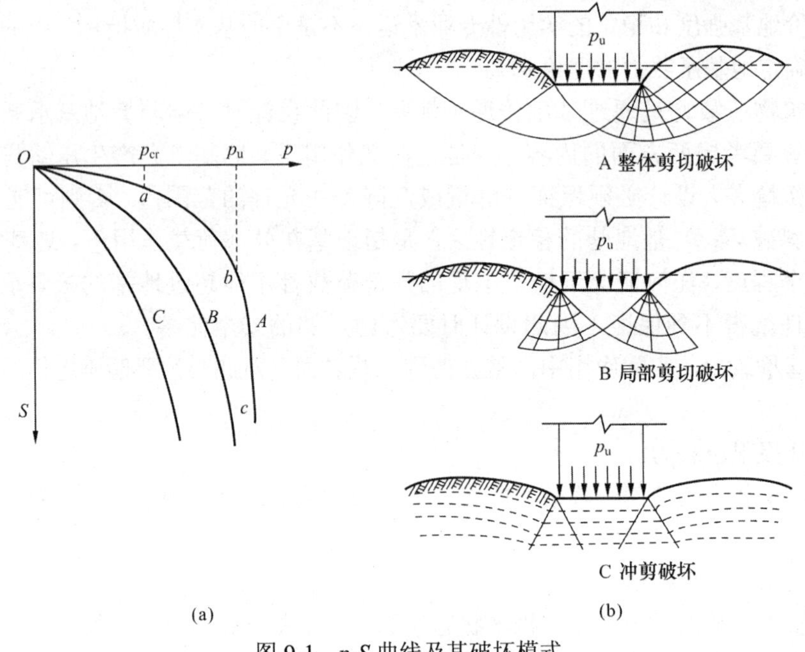

图 9-1　p-S 曲线及其破坏模式

（a）p-S 曲线；（b）地基破坏模式

（1）整体剪切破坏

整体剪切破坏是地基最为典型的破坏模式，由 L.普朗德尔（Prandtl，1920）提出，是一种在外荷载作用下，地基发生连续剪切滑动面的地基破坏模式。破坏特征是随着荷载的增加，剪切破坏区域不断扩大，最后在地基中形成延伸至地面的连续滑动面，造成建筑物急剧下沉或向一侧倾斜，基础四周地面向上隆起或开裂，地基发生整体剪切破坏，如图 9-1（b）中的整体剪切破坏图所示。

描述整体剪切破坏模式的曲线为 $p-S$ 图中的 A 曲线，其典型特征是具有明显的转折点，由此可将地基变形划分为三个阶段，如图 9-2 所示。

1）直线变形阶段。对应 $p-S$ 曲线的 oa 段，又称压缩阶段。这一阶段基底压力 p 较小，即基础外加荷载较小，地基土以压缩变形为主，沉降量 S 随 p 的增加近似成线性变化关系，地基土处于弹性变形阶段，a 点所对应的基底压力 p 称为地基临塑压力 p_{cr}。

2）弹塑性变形阶段。对应 $p-S$ 曲线非线性变化的 ab 段，又称剪切阶段。该阶段由于基底边缘剪应力较大，因此基底边缘局部位置土的剪应力首先达到该处土的抗剪强度，使土体处于极限平衡状态，继而出现塑性区，并随 p 的增加范围相应地扩大，但尚未在地基中连成片。

3）塑性流动阶段。对应 $p-S$ 曲线的 bc 段，又称隆起阶段。当基底压力 p 超过 b 点对应的 p_u 值后，地基中的塑性区迅速发展，继而逐渐连成片，形成一连续滑动面并向地面不断延伸。此时基础周围的地面土体隆起或开裂，基础急剧下沉或向某一侧倾倒，其另一侧土体被推出，地基失去稳定性。其中 b 点对应的极限荷载 p_u 称为地基的极限承载力。

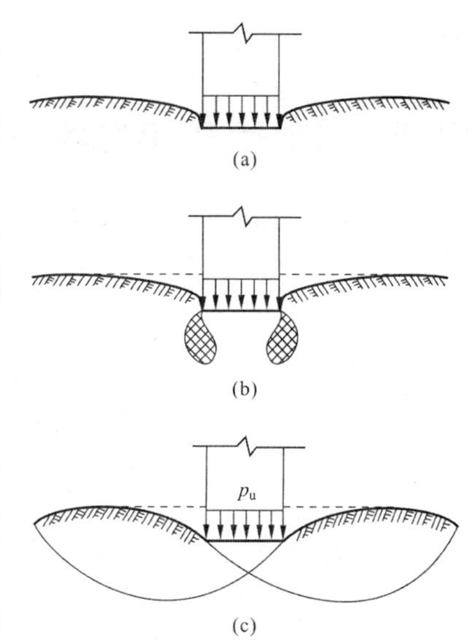

图 9-2　地基变形阶段
（a）压缩阶段；（b）剪切阶段；（c）隆起阶段

（2）局部剪切破坏

局部剪切破坏模式最早由太沙基（K. Tarzaghi，1943）提出，是一种在外荷载作用下地基某一范围内发生剪切破坏区的破坏模式。由图 9-1（b）的局部剪切破坏图可看出其破坏特征是基础沉降 S 随基底压力 p 的增加一开始即成非线性变化关系，且变化梯度越来越大，一般没有明显的转折点。塑性区只发展到地基某一范围，滑动面并未延伸至地面，这是与整体剪切破坏类型最显著的不同。此外，基础也没有明显的倾斜或倒塌，基础周围地面稍有隆起。

（3）冲剪破坏

冲剪破坏模式由 E.E 德贝尔和 A.S.魏锡克提出，是一种在荷载作用下地基土体发生垂直剪切破坏并使基础产生较大沉降的破坏模式，也称刺入破坏。如图 9-1（b）中冲剪破坏图所示，其破坏特征是沉降量 S 随基底压力 p 的变化从一开始就非常明显，$p-S$ 曲线没有任何转折点。在荷载作用下地基并不出现明显滑动面，基础周围地面存在环形裂缝并有下降，但并不出现明显隆起现象，同时基础会产生较大沉降。

试验结果表明：地基破坏模式的形成与地基土条件、基础条件、加荷方式等因素有关，对于一个具体工程可能会发生哪一种破坏则需要综合考虑各方面的因素。一般认为强度高的黏性土地基、密实砂层地基易发生整体剪切破坏；压缩性大的疏松砂层地基最可能发生局部剪切破坏；强度低的软弱黏土地基则易发生冲剪破坏。

目前，对整体剪切破坏模式研究较多，因为它有一个连续的滑动破坏面和与之相对应的破坏荷载，较易建立理论研究模型，因此已经得到一些地基承载力的计算公式。其他两种破坏模式的过程和特征比较复杂，理论研究方面还没有得出相应的地基承载力理论公式，为了适用，可将整体剪切破坏的理论公式进行适当修正后加以应用。

9.3 临塑荷载和临界荷载

通过上一节对地基整体剪切破坏 $p-S$ 曲线的分析，得到两个界限荷载 p_{cr} 和 p_u。试想如果基底压力达到并超过极限荷载 p_u，则无法保证地基的稳定性，地基可随时丧失稳定性。如果基底压力在临塑荷载 p_{cr} 以内，则地基未出现塑性区，地基一定处于稳定状态，但安全储备过于保守，未充分发挥出地基的承载能力。因此允许地基产生一定范围的塑性变形，既可保证地基的安全度，又能充分利用地基资源。本节将根据土的弹性理论并结合工程经验，设定塑性区的允许范围，导出地基承载力的临界荷载公式。

1. 地基塑性变形区边界方程

设地表作用一均布条形荷载 p_0，如图 9-3（a）所示。根据地基附加应力和弹性力学理论，在均质地基内某一深度点 M 处产生的大、小主应力可表达为

$$\sigma_1=\frac{p_0}{\pi}(\beta_0+\sin\beta_0) \tag{9-1}$$

$$\sigma_3=\frac{p_0}{\pi}(\beta_0-\sin\beta_0) \tag{9-2}$$

式中 p_0——均布条形荷载（kPa）；

β_0——任意点 M 与均布条形荷载两端点的夹角。

考虑到基础具有一定的埋置深度 d，条形基础两侧作用有超载 $q=\gamma_m d$，γ_m 为基础埋深范围内土层的加权平均重度。因此，作用与 M 点的应力除了基底压力 p_0 引起的地基附加应力外，还有土的附加应力 $q+\gamma z$，其中 γ 为地基持力层土的重度，地下水位以下取浮重度，z 为 M 点距基底的距离，如图 9-3（b）所示。

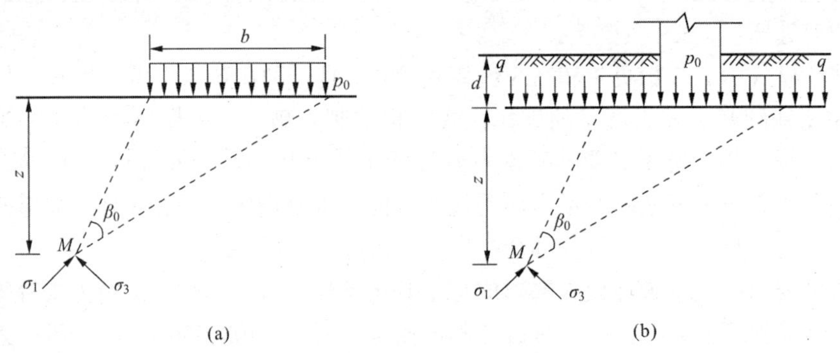

图 9-3 均布条形荷载作用下地基中的主应力

（a）无埋置深度；（b）有埋置深度

为简化起见，在公式推导中不改变 M 点的附加应力场的大小和方向。假定土的自重应力在各方向相等，$\sigma_x=\sigma_z=\gamma z$，即相当于土的静止侧压力系数 $K_0=1.0$，则 M 点的大小主应力可表示为

$$\sigma_1 = \frac{p_0}{\pi}(\beta_0 + \sin\beta_0) + q + \gamma z \tag{9-3}$$

$$\sigma_3 = \frac{p_0}{\pi}(\beta_0 - \sin\beta_0) + q + \gamma z \tag{9-4}$$

$$p_0 = p - \gamma_m h$$

式中　p_0——基底附加压力；

h——从天然地面算起的基础埋深；

γ_m——基础埋深范围内土层的加权平均重度。

根据极限平衡理论，当 M 点应力达到极限平衡状态时，该点的大、小主应力应满足极限平衡条件，即

$$\sin\varphi = \frac{\sigma_1 - \sigma_3}{\sigma_1 + \sigma_3 + 2c\cot\varphi} \tag{9-5}$$

将式（9-3）、式（9-4）代入式（9-5）中，整理得塑性区的边界方程为

$$z = \frac{p_0}{\gamma\,\pi}\left(\frac{\sin\beta_0}{\sin\varphi} - \beta_0\right) - \frac{1}{\gamma}(c\cot\varphi + q) \tag{9-6}$$

式（9-6）表示塑性区边界上任一点的坐标 z 与 β_0 角的关系。如果荷载 p_0、基础两侧超载 q 以及土的 γ 、c 、φ 已知时，由此式即可给出塑性区的边界线，如图 9-4 所示。采用弹性理论分析计算，可知基础两边点的主应力最大，因此塑性区首先从基础两边点开始向深度发展。

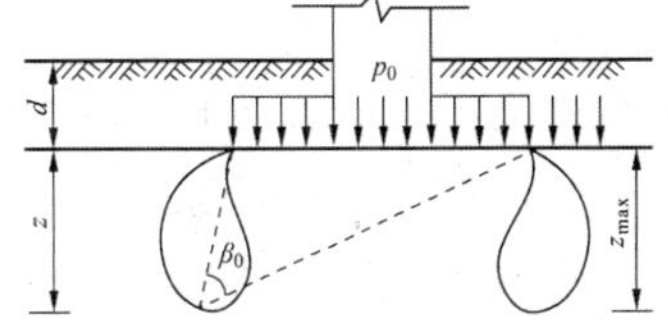

图 9-4　条形基础底面边缘塑性区

2. 临塑荷载

临塑荷载是指地基土中应力状态从压缩阶段过渡到剪切阶段时的界限荷载，即地基中将要出现但尚未出现塑性区时基底单位面积上所承担的荷载。如图 9-4 所示为条形基础底面边缘的塑性区。

根据式（9-6），令 $\dfrac{dz}{d\beta_0} = 0$，所得极值即为在某一荷载作用下塑性区的最大发展深度 z_{max}，如图 9-4 所示。

由

$$\frac{dz}{d\beta_0} = \frac{p_0}{\gamma\,\pi}\left(\frac{\cos\beta_0}{\sin\varphi} - 1\right) = 0$$

得

$$\cos\beta_0 = \sin\varphi$$

即

$$\beta_0 = \frac{\pi}{2} - \varphi$$

将 β_0 代入式（9-6）得 z_{max} 的表达式为

$$z_{max} = \frac{p_0}{\gamma\,\pi}\left(\cot\varphi + \varphi - \frac{\pi}{2}\right) - \frac{1}{\gamma}(c\cot\varphi + q) \tag{9-7}$$

可见，当土性和基础埋深一定时，塑性区最大深度仅随荷载 p_0 的增大而增大。

根据临塑荷载的定义，当 $z_{max}=0$ 时所对应的荷载就是临塑荷载 p_{cr}，即

$$p_{cr}=\frac{\pi(q+c\cot\varphi)}{\cot\varphi+\varphi-\frac{\pi}{2}}+q \tag{9-8}$$

用承载力系数表示为

$$p_{cr}=cN_c+qN_q \tag{9-9}$$

式中承载力系数 N_c、N_q 均为 φ 的函数，有

$$N_c=\frac{\pi\cot\varphi}{\cot\varphi+\varphi-\frac{\pi}{2}} \tag{9-10}$$

$$N_q=\frac{\cot\varphi+\varphi+\frac{\pi}{2}}{\cot\varphi+\varphi-\frac{\pi}{2}} \tag{9-11}$$

3. 临界荷载

临界荷载是指允许地基产生一定范围的塑性变形区所对应的基底压力，也称塑性荷载。通常将临界荷载作为地基的容许荷载或地基承载力特征值，由此可在保证地基安全度的前提下充分发挥地基的承载潜能。

根据工程实践经验，对于基底宽度为 b 的基础，中心荷载作用下可允许塑性区最大开展深度 $z_{max}=b/4$，偏心荷载下可允许塑性区最大开展深度 $z_{max}=b/3$，分别将 $b/4$、$b/3$ 两值代入式（9-7）中，可得临界荷载 $p_{1/4}$ 和 $p_{1/3}$ 的表达式为

$$p_{1/4}=\frac{\pi(c\cot\varphi+q+\gamma b/4)}{\cot\varphi+\varphi-\frac{\pi}{2}}+q \tag{9-12}$$

$$p_{1/3}=\frac{\pi(c\cot\varphi+q+\gamma b/3)}{\cot\varphi+\varphi-\frac{\pi}{2}}+q \tag{9-13}$$

用承载力表示为

$$p_{1/4}=cN_c+qN_q+\gamma bN_{1/4} \tag{9-14}$$

$$p_{1/3}=cN_c+qN_q+\gamma bN_{1/3} \tag{9-15}$$

式中承载力系数 $N_{1/4}$、$N_{1/3}$ 均为 φ 的函数，有

$$N_{1/4}=\frac{\pi}{4\left(\cot\varphi+\varphi-\frac{\pi}{2}\right)}$$

$$N_{1/3}=\frac{\pi}{3\left(\cot\varphi+\varphi-\frac{\pi}{2}\right)}$$

式（9-14）和式（9-15）表明，临界荷载由三部分组成，前两部分分别反映地基粘聚力

和基础埋深对承载力的影响，两部分的叠加即为临塑荷载，第三部分是基础宽度和地基土重度对承载力的影响，实际反映了塑性区开展深度的影响。

需注意，以上公式均是基于弹性力学且针对条形基础推导出的，因而对于其他基础形式和塑性区较大的情况存在误差。

例题 9-1 一条形基础位于均质地基上，基础宽 $b=2.5\text{m}$，埋置深度 $d=1.1\text{m}$，地基土 $\gamma=18.0\,\text{kN/m}^3$，$w=35\%$，$d_s=2.73$，$c=10\,\text{kPa}$，$\varphi=13^{\circ}$，求：（1）该基础的临塑荷载 p_{cr}、临界荷载 $p_{1/4}$ 和 $p_{1/3}$。（2）若地下水位位于基础底面，当不考虑水对土的抗剪强度指标的影响时，临塑荷载和临界荷载有何变化？

解：

根据 $\varphi=13^{\circ}$，由公式计算得：$N_c=4.55$，$N_q=2.05$，$N_{1/4}=0.26$，$N_{1/3}=0.35$

$$q=\gamma_m d=18.0\times1.1=19.8\ \text{（kPa）}$$

$$p_{cr}=cN_c+qN_q=10\times4.55+19.8\times2.05=86\ \text{（kPa）}$$

$$p_{1/4}=cN_c+qN_q+\gamma bN_{1/4}=10\times4.55+19.8\times2.05+18\times2.5\times0.26=98\ \text{（kPa）}$$

$$p_{1/3}=cN_c+qN_q+\gamma bN_{1/3}=10\times4.55+19.8\times2.05+18\times2.5\times0.35=102\ \text{（kPa）}$$

当地下水位上升到基础底面时，γ 需取有效重度 γ'，有

$$\gamma'=\frac{d_s-1}{1+e}\gamma_w=\frac{(d_s-1)\gamma}{d_s(1+w)}=\frac{(2.73-1)\times18.0}{2.73\times(1+0.35)}=8.45\ \text{（kN/m}^3\text{）}$$

$$p_{cr}=cN_c+qN_q=10\times4.55+19.8\times2.05=86\ \text{（kPa）}$$

$$p_{1/4}=cN_c+qN_q+\gamma' bN_{1/4}=10\times4.55+19.8\times2.05+8.45\times2.5\times0.26=92\ \text{（kPa）}$$

$$p_{1/3}=cN_c+qN_q+\gamma' bN_{1/3}=10\times4.55+19.8\times2.05+8.45\times2.5\times0.35=93\ \text{（kPa）}$$

计算结果表明，由地下水位变化带来的土的重度改变将影响地基临界荷载，即塑性荷载 $p_{1/3}$ 和 $p_{1/4}$，而对临塑荷载未有影响，但当地下水位上升到基底以上时临塑荷载将降低。

9.4 极限平衡理论法计算地基极限承载力

极限平衡理论法计算地基极限承载力的基本思路是假定地基土是刚塑性体，用严密的数学方法建立土中某点达到极限平衡时的静力平衡方程组，求解方程组得出地基极限承载力。通常直接求解方程组存在许多困难，目前仅在比较简单的边界条件下才能求得其解析解。

本节将介绍基于极限平衡理论法的普朗德尔、雷斯诺和泰勒极限公式。

1. 普朗德尔地基承载力公式

基本假定：

（1）条形基础，刚度足够大，地基光滑无摩擦力。

（2）地基土为刚塑性体，土的重度为零（$\gamma=0$）。

（3）基础置于地基表面，地面水平。

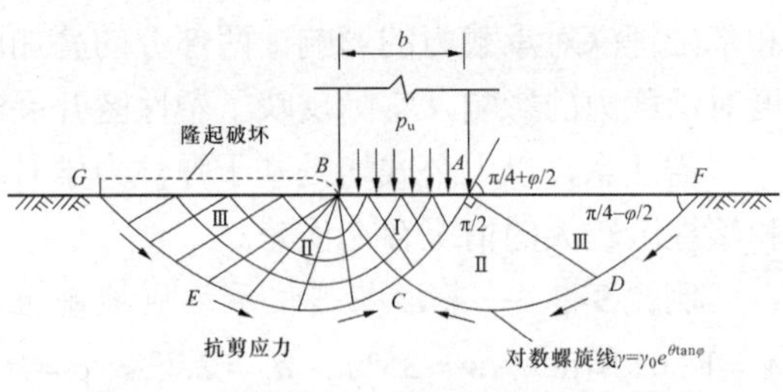

图 9-5　普朗德尔地基整体剪切破坏模式

根据极限平衡理论，在上述假定条件下，普朗德尔认为，在荷载作用下，当地基达到塑性极限平衡状态时，地基中将产生如图 9-5 所示的整体剪切破坏。

普朗德尔将整个塑性极限平衡区分为 3 个区：Ⅰ区是位于基底下的中心三角区，称为主动郎肯区，因为假定基底无摩擦力，故该区竖向应力为大主应力 σ_1，水平应力为小主应力 σ_3。三角区两侧面与水平面夹角为 $\frac{\pi}{4}+\frac{\varphi}{2}$，此即是小主应力作用面与破坏面夹角。Ⅱ区与Ⅰ区相邻，称普朗德尔区，由一组与水平面夹角为 $\frac{\pi}{4}-\frac{\varphi}{2}$ 的辐射向直线和一组形似对数螺旋曲线 $r_0e^{\theta\tan\varphi}$ 为边界的扇形组成，中心角为直角。Ⅲ区与Ⅱ区相邻，称郎肯被动区，该区水平向应力为大主应力 σ_1，竖向应力为小主应力 σ_3。

普朗德尔假设的塑性区边界条件较简单，可求得其解析解，普朗德尔通过极限平衡理论得到的基底极限荷载公式为

$$p_u = c\left[e^{\pi\tan\varphi}\tan^2\left(\frac{\pi}{4}+\frac{\varphi}{2}\right)-1\right]\cot\varphi = cN_c \tag{9-16}$$

$$N_c = [e^{\pi\tan\varphi}\tan^2\left(\frac{\pi}{4}+\frac{\varphi}{2}\right)-1]\cot\varphi$$

式中　p_u——普朗德尔极限承载力；

c、φ——土的抗剪强度指标；

N_c——承载力系数，它是内摩擦角 φ 的函数，也可从表 9-1 中查得。

2. 雷斯诺对普朗德尔公式的补充

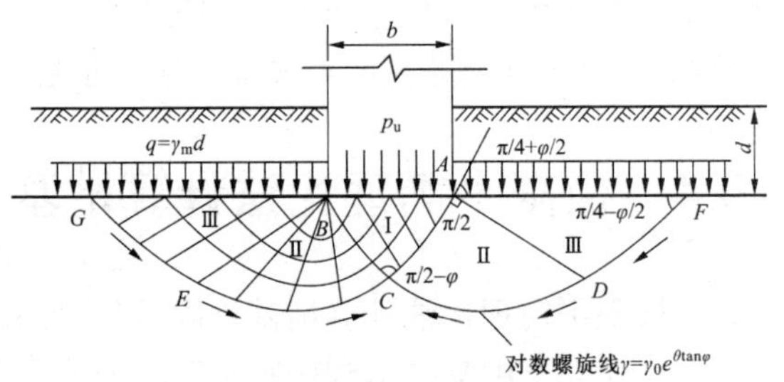

图 9-6　基础有埋置深度时的雷诺斯解

雷斯诺（H.Reissner，1924）在普朗德尔公式的基础上，进一步考虑了基础埋深对承载力的影响，如图 9-6 所示。他将基础埋深范围内基底两侧土体重量作为作用在基底面上的柔性超载 $q=\gamma_m d$，导出由 q 产生的极限承载力公式为

$$p_u = qe^{\pi\tan\varphi}\tan^2\left(\frac{\pi}{4}+\frac{\pi}{2}\right) = qN_q \tag{9-17}$$

式中　N_q——承载力系数，$N_q = e^{\pi\tan\varphi}\tan^2\left(\frac{\pi}{4}+\frac{\pi}{2}\right)$，可查表 9-1。

将式（9-16）与式（9-17）合并，得到普朗德尔-雷诺斯地基承载力公式为

$$p_u = qN_q + cN_c \tag{9-18}$$

上述普朗德尔-雷斯诺公式并未考虑基底以下土体的重量，也没有考虑基础埋深范围内侧

面土的抗剪强度，因而计算结果与工程实际有较大差距。

3. 泰勒对普朗德尔-雷斯诺公式的补充

若考虑土体重力影响，普朗德尔滑动面Ⅱ区的 CD、CE 边界不再是图 9-6 的对数螺旋线，滑动面形状很复杂，按极限平衡理论无法求得其解析解。对此泰勒在普朗德尔-雷斯诺公式的基础上作了一些近似计算。

泰勒（D.W.Taylor，1948）认为，若考虑土体重力影响，假定其滑动面与普朗德尔公式相同，那么图 9-6 中的滑动土体 $ABGECDF$ 的重力，将使滑动面 $GECDF$ 上土的抗剪强度增加。泰勒假定其增加值可用一个换算粘聚力 $c' = \gamma t \tan\varphi$ 来表示，其中 γ、φ 为土的重度及内摩擦角，t 为滑动土体的换算高度。假定 $t = OC = \frac{b}{2}\cot\alpha = \frac{b}{2}\tan\left(\frac{\pi}{4}+\frac{\varphi}{2}\right)$，这样用 $(c+c')$ 代替式（9-18）中的 c，得到考虑滑动土体重力时的普朗特尔极限荷载计算公式为

$$
\begin{aligned}
p_{\mathrm{u}} &= qN_{\mathrm{q}} + cN_{\mathrm{c}} + \gamma\frac{b}{2}\tan\left(\frac{\pi}{4}+\frac{\varphi}{2}\right)\left[e^{\pi\tan\varphi}\tan^2\left(\frac{\pi}{4}+\frac{\varphi}{2}\right)-1\right] \\
&= \frac{1}{2}\gamma bN_{\mathrm{r}} + qN_{\mathrm{q}} + cN_{\mathrm{c}}
\end{aligned}
\tag{9-19}
$$

式中　N_{r}——承载力系数，$N_{\mathrm{r}} = \tan\left(\frac{\pi}{4}+\frac{\varphi}{2}\right)\left[e^{\pi\tan\varphi}\tan^2\left(\frac{\pi}{4}+\frac{\varphi}{2}\right)-1\right]$。

9.5　假定滑动面方法计算地基极限承载力

采用极限平衡理论法计算地基极限承载力时，由于工程实际情况比较复杂，往往无法求得解析解，若用数值计算方法求解计算量很大，若进行假定简化计算，结果与实际工程又会出现较大差距。按照假定滑动面法的思路求解地基极限承载力，不仅工程应用方便，而且所得结果也有较高的应用价值。

该方法的求解思路是根据模型试验假定在极限荷载作用时地基土中滑动面的形状，然后借助该滑动面上的静力平衡条件，求出地基极限承载力。本节将着重介绍基于假定滑动面法的太沙基公式和汉森公式。

1. 太沙基极限承载力公式

（1）太沙基（K.Terzaghi）于 1943 年推导出极限承载力公式。

1）假定

a. 条形基础，地基破坏模式为整体剪切破坏。

b. 忽略基底以上土体的抗剪强度，其重量视为作用在基础两侧的均布荷载 $q = \gamma d$。

c. 基底粗糙，即考虑基底与土体之间的摩擦力作用，在极限荷载作用下地基滑动面形状如图 9-7 所示，基底以下土体也分为 3 个区。

Ⅰ区：基础下的土楔体 ABC，该区为压密区。由于假定基底粗糙，有较大摩阻力作用，

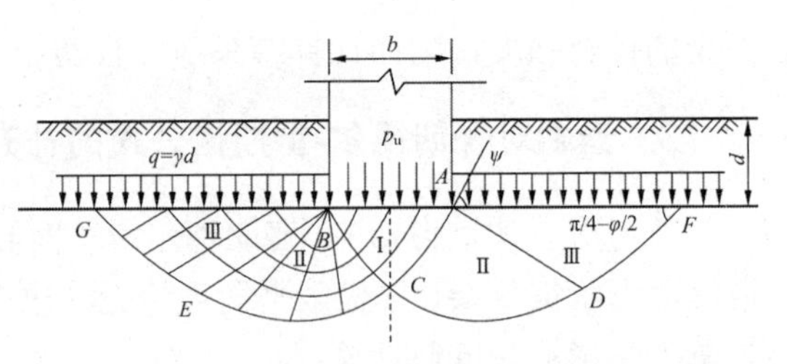

图 9-7　太沙基公式滑动面形状

因此 AB 面不发生剪切位移，该区与基础底面一同移动，所以Ⅰ区内土体不处于主动郎肯状态，而处于弹性平衡状态，通常称为弹性楔体。滑动面 AC 和 BC 与水平面夹角为 ψ，ψ 与基底面粗糙程度有关，$\varphi\leqslant\psi\leqslant\left(\dfrac{\pi}{4}+\dfrac{\varphi}{2}\right)$，$\psi=\varphi$ 为基底完全粗糙，$\psi=\left(\dfrac{\pi}{4}+\dfrac{\varphi}{2}\right)$ 为基底完全光滑。

Ⅱ区：称为过渡区。与普朗德尔假设相同，滑动面由一组通过 A、B 两点的辐射线和一组对数螺旋线 CD、CE 组成，这里太沙基忽略了土的重度对滑动面形状的影响，所得是一种近似解。螺旋线在 C 点的切线垂直，在 D 点处的切线与水平线成 $\left(\dfrac{\pi}{4}-\dfrac{\varphi}{2}\right)$ 角。

Ⅲ区：称为被动朗肯区，土体处于被动极限平衡状态，滑动面是平面，DF 与 D 点处螺旋线的切线重合，故 AD 及 DF 与水平面成 $\left(\dfrac{\pi}{4}-\dfrac{\varphi}{2}\right)$ 角。

2）根据上述假定，取弹性楔体 ABC 为脱离体求地基极限承载力，如图 9-8 所示。弹性楔体 ABC 受力包括：

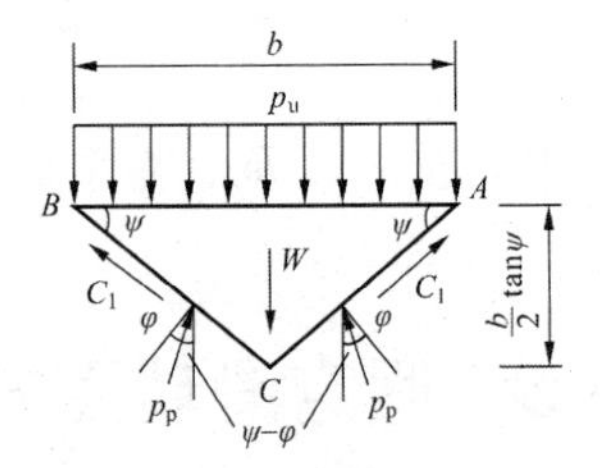

图 9-8　弹性楔体受力示意图

a. 楔体 ABC 自重 W，方向竖直向下，为

$$W=\frac{1}{2}\gamma Hb=\frac{1}{4}\gamma b^2\tan\psi$$

b. 基底 AB 面上极限总荷载 P_u，其值等于地基极限承载力 p_u 与基础宽度 b 的乘积，方向竖直向下，为

$$P_u=p_u d$$

c. 楔体 ABC 两侧面 AC 与 BC 上的粘聚力合力 C_1，方向与边界面平行，为

$$C_1=c\times AC=\frac{cb}{2\cos\psi}$$

d. 楔体 ABC 两侧面 AC 与 BC 上的反力 P_p，其方向与作用面的法线方向成 φ 角。

根据楔体竖向力的平衡条件，得

$$P_u=2P_p\cos(\psi-\varphi)+cb\tan\psi-\frac{1}{4}\gamma b^2\tan\psi \tag{9-20}$$

对式(9-20)进行求解必须首先确定 ψ 与 P_p 的值，这需要作大量的试算工作，因此式(9-20)不能直接运用，必须有附加条件才能直接计算出结果。

3）当基底完全光滑时，$\psi=\dfrac{\pi}{4}+\dfrac{\varphi}{2}$，此时Ⅰ区变为主动朗肯区，而不再是弹性楔体。当各区同时达到塑性极限平衡状态时，除 $\gamma\neq0$ 外，其余均与普朗德尔假定一致，此时太沙基极限承载力公式为

$$p_u=\frac{1}{2}\gamma bN_r+qN_q+cN_c \tag{9-21}$$

$$N_q = e^{\pi\tan\varphi}\tan^2\left(\frac{\pi}{4}+\frac{\varphi}{2}\right) \tag{9-22}$$

$$N_c = \left[e^{\pi\tan\varphi}\tan^2\left(\frac{\pi}{4}+\frac{\varphi}{2}\right)-1\right]\cot\varphi = (N_q-1)\cot\varphi \tag{9-23}$$

$$N_r = 1.8N_c\tan^2\varphi \tag{9-24}$$

式中　N_r、N_q、N_c——太沙基极限承载力系数，均与土的内摩擦角有关。

式（9-24）中 N_r 的解析式是通过大量的试算得到的半经验公式，系数 1.8 是太沙基建议的系数。为运用方便 N_r、N_q、N_c 可直接查表 9-1 得到。

表 9-1　　基底光滑时太沙基承载力系数表

φ（°）	N_r	N_c	N_q	φ（°）	N_r	N_c	N_q
0	0.00	5.14	1.00	26	9.53	22.25	11.85
2	0.01	5.63	1.20	28	13.13	25.80	14.72
4	0.05	6.19	1.43	30	18.09	30.14	18.40
6	0.14	6.81	1.72	32	24.95	35.49	23.18
8	0.27	7.53	2.06	34	34.54	42.16	29.44
10	0.47	8.35	2.47	36	48.08	50.59	37.75
12	0.76	9.28	2.97	38	67.43	61.35	48.93
14	1.16	10.37	3.59	40	95.51	75.31	64.20
16	1.72	11.63	4.34	42	136.72	93.71	85.38
18	2.49	13.10	5.26	44	198.77	118.37	115.31
20	3.54	14.83	6.40	46	293.50	152.10	158.51
22	4.96	16.88	7.82	48	442.40	199.26	222.31
24	6.90	19.32	9.60	50	682.30	266.89	319.07

4）当基底完全粗糙时，$\psi=\varphi$，此时楔体 ABC 将随基础一起移动且一直处于弹性平衡状态，则式（9-20）变为

$$P_u = 2P_p + cb\tan\varphi - \frac{1}{4}\gamma b^2\tan\varphi \tag{9-25}$$

式（9-25）表明，求得 P_p 即可求出 p_u，而 P_p 是由土的重度 γ、粘聚力 c 及超载 $q=\gamma_m d$ 三因素所决定。太沙基从实际工程要求的角度出发，用下述简化方法分别计算出由以上三因素引起的反力的总和：

a. 假定土无质量，有粘聚力、内摩擦角，无超载，即 $\gamma=0$、$q=0$，求出由 c 引起的反力 P_{pc}。

b. 假定土无质量和粘聚力、有内摩擦角、有超载，即 $\gamma=0$、$c=0$，求出由 q 引起的反力 P_{pq}。

c. 假定土有质量和内摩擦角、无粘聚力、无超载，即 $q=0$、$c=0$，求出由 γ 引起的反力 $P_{p\gamma}$。

则各因素叠加得

$$P_p = P_{pq} + P_{pc} + P_{p\gamma} \tag{9-26}$$

将式（9-26）代入式（9-25）中，整理后得到基底完全粗糙时太沙基极限承载力公式

$$p_u = \frac{1}{2}\gamma bN_r + qN_q + cN_c \tag{9-27}$$

$$N_{\mathrm{q}}=\frac{e^{\left(\frac{2\pi}{3}-\varphi\right)}\tan\varphi}{2\cos\left(\frac{\pi}{4}+\frac{\varphi}{2}\right)} \tag{9-28}$$

$$N_{\mathrm{c}}=(N_{\mathrm{q}}-1)\cot\varphi \tag{9-29}$$

式中　N_{r}、N_{q}、N_{c}——基底完全粗糙时太沙基极限承载力系数，均与土的内摩擦角有关。

对于N_{r}，太沙基未给出明确的计算方法，需通过试算确定。各承载力系数亦可由图 9-9 所示的承载力系数曲线查得。

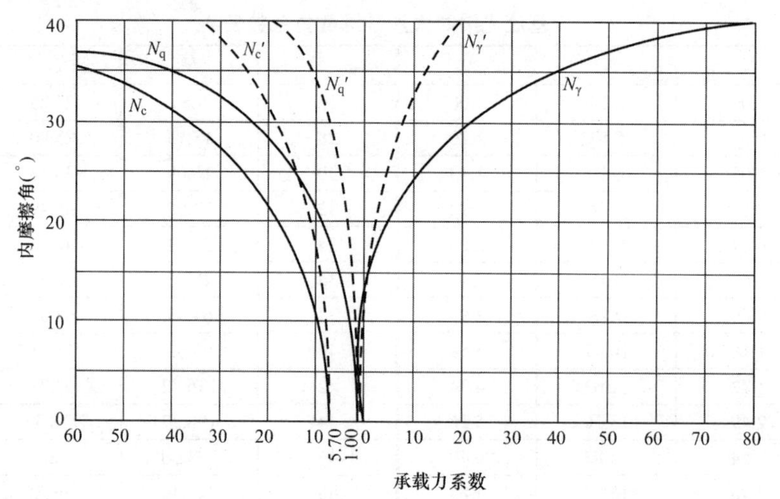

图 9-9　基底完全粗糙时太沙基极限承载力系数

由图 9-9 中曲线可以看出，当$\varphi>25^{\circ}$后，N_{γ}增加很快，说明对砂土地基，基础的宽度对极限承载力影响很大。当地基为饱和软黏土时，$\varphi_{\mathrm{u}}=0$，这时$N_{\mathrm{c}}\approx5.7$，$N_{\mathrm{q}}\approx1.0$，$N_{\gamma}\approx0$，按式（9-27）可得饱和软黏土地基上极限承载力为

$$p_{\mathrm{u}}\approx q+5.7c \tag{9-30}$$

式（9-30）表明饱和软黏土地基的极限承载力与基础宽度无关。

（2）由前述假定可知，太沙基极限承载力公式是在条形基础整体剪切破坏形式的前提下推导出的。对于局部剪切破坏，太沙基建议将c和$\tan\varphi$进行折减，得到的修正值如下：

$$c'=\frac{2}{3}c$$

$$\tan\varphi'=\frac{2}{3}\tan\varphi$$

则局部剪切破坏形式的地基极限承载力修正公式为

$$p_{\mathrm{u}}=\frac{1}{2}\gamma bN_{\gamma}'+qN_{\mathrm{q}}'+\frac{2}{3}cN_{\mathrm{c}}' \tag{9-31}$$

式中　N_{γ}'、N_{q}'、N_{c}'——分别为基底完全粗糙时太沙基极限承载力系数，可由图 9-9 虚线查取。

对于方形和圆形基础，考虑到空间效应的地基可能破坏形式，太沙基建议采用经验系数

进行修正，修正后的公式为

1）圆形基础（半径为 R）：

整体剪切破坏

$$p_u = 0.6\gamma RN_r + qN_q + 1.2cN_c \tag{9-32a}$$

局部剪切破坏

$$p_u = 0.6\gamma RN_r' + qN_q' + 0.8cN_c' \tag{9-32b}$$

2）方形基础（宽度为 b）：

整体剪切破坏

$$p_u = 0.4\gamma dN_r + qN_q + 1.2cN_c \tag{9-33a}$$

局部剪切破坏

$$p_u = 0.4\gamma dN_r' + qN_q' + 0.8cN_c' \tag{9-33b}$$

如果是 $b \times l$ 的矩形基础，可分别计算 $b/l = 0$ 的条形基础和 $b/l = 1$ 的方形基础的极限承载力，然后进行插值求得。

在实际工程实际中，若将太沙基极限承载力除以安全系数 K 作为地基容许承载力，那么 K 的取值需综合考虑结构类型、荷载性质、建筑物重要性等因素，一般取 $K = 2$～3。

2. 汉森极限承载力公式

前面所介绍的地基承载力极限公式是基于中心竖向荷载作用的条形基础（或圆形修正和方形修正），同时不考虑基底以上土的抗剪强度作用。但在实际工程中遇到的情况往往比较复杂，比如很多时候基础作用的荷载倾斜或偏心，此时与所受竖向荷载不同，地基的整体剪切破坏将沿水平荷载分量作用方向一侧发生滑动，使弹性区边界面不对称——一侧为平面，另一侧为圆弧，并且圆弧中心即为基础转动中心，此外随着荷载偏心距的增大，滑动面将明显缩小，如图 9-10 所示。

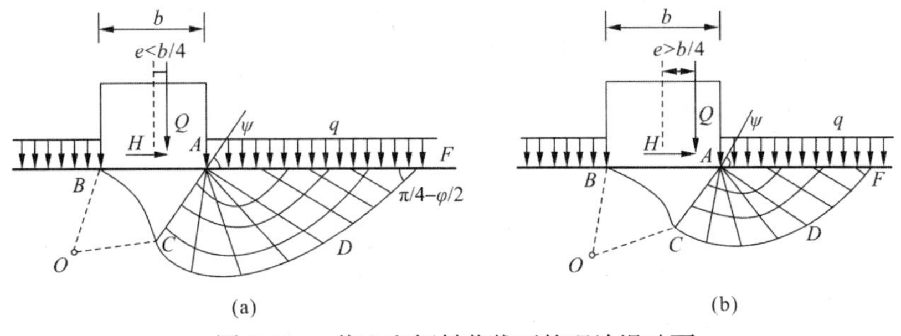

图 9-10　偏心和倾斜荷载下的理论滑动面

（a）偏心距 $e < b/4$；（b）偏心距 $e > b/4$

针对工程中可能遇到的复杂情况，汉森和魏锡克结合工程经验，在太沙基极限承载力理论基础上假定基底光滑，提出了考虑荷载的倾斜和偏心、基础形状和埋深、地面倾斜等诸多影响因素的承载力修正公式

$$p_u = \frac{1}{2}\gamma b' N_r i_r s_r d_r g_r b_r + qN_q i_q s_q d_q g_q b_q + cN_c i_c s_c d_c g_c b_c \tag{9-34}$$

下面以汉森建议的修正公式为例，介绍上式中各修正系数的含义。

（1）偏心荷载修正系数b'、l'

基础承受竖向偏心荷载时，应分别对基础宽度b和长度l进行修正

$$b' = b - 2e_b \quad (9\text{-}35a)$$

$$l' = l - 2e_l \quad (9\text{-}35b)$$

式中 b'——基础有效宽度；

l'——基础有效长度；

e_b——荷载宽度方向的偏心距；

e_l——荷载长度方向的偏心距。

基础修正后的有效面积为$A_f = b'l'$。修正后荷载的作用点将位于有效面积的中心而不再偏心，从而可按中心荷载情况下的极限承载力公式进行计算。

（2）荷载倾斜修正系数i_r、i_q、i_c

考虑到倾斜荷载的水平荷载分量对地基竖向承载力的影响，应对竖向极限承载力加以折减，即对地基极限承载力公式的各项分别乘以荷载倾斜修正系数i_r、i_q、i_c。

$$i_r = \begin{cases} \left(1 - \dfrac{0.7H}{Q + cA\cot\varphi}\right)^5 > 0 & \text{水平基底} \quad (9\text{-}36a) \\ \left[1 - \dfrac{(0.7 - \eta/45^\circ)H}{Q + cA\cot\varphi}\right]^5 > 0 & \text{倾斜基底} \quad (9\text{-}36b) \end{cases}$$

$$i_q = \left(1 - \frac{0.5H}{Q + cA\cot\varphi}\right)^5 > 0 \quad (9\text{-}37)$$

$$i_c = \begin{cases} \varphi = 0^\circ & 0.5 + 0.5\sqrt{1 - \dfrac{H}{cA}} \quad (9\text{-}38a) \\ \varphi > 0^\circ & i_q - \left(\dfrac{1 - i_q}{N_q - 1}\right) \quad (9\text{-}38b) \end{cases}$$

式中 A——基底面积，当荷载偏心时，采用有效面积A_f；

η——基础底面与水平面的倾斜角；

H、Q——倾斜荷载在基底上的水平分力和竖直分力。

当进行荷载倾斜修正或基础作用有水平荷载的时候，为防止因水平荷载过大使基础产生水平滑动，还必须满足$H \leqslant c_a A + Q\tan\delta$的条件，其中$c_a$为基底与土之间的粘着力，可取用土的不排水剪切强度$c_u$，$\delta$为基底与土之间的摩擦角。

（3）基础形状修正系数s_r、s_q、s_c

当基础不是条形基础时，地基承载力要根据基础形状加以修正，即对公式中各项分别乘以基底形状修正s_r、s_q、s_c。

$$s_r = 1.0 - \frac{0.4b}{l} i_r \geqslant 0.6 \quad (9\text{-}39a)$$

$$s_q = 1.0 + \frac{b}{l} i_q \sin\varphi \tag{9-39b}$$

$$s_c = 1.0 + \frac{0.2b}{l} i_c \tag{9-39c}$$

（4）基础埋深修正系数 d_γ、d_q、d_c

当基础具有一定埋置深度时，需考虑延伸到基底面以上土层滑动面对地基极限承载力的影响，对于 $d/b \leqslant 1$ 的一般浅基础情况，汉森建议的深度修正系数分别为

$$d_r = 1.0 \tag{9-40a}$$

$$d_q = 1 + 2\tan\varphi(1-\sin\varphi)^2 \frac{d}{b} \tag{9-40b}$$

$$d_c = 1 + 0.4\frac{d}{b} \tag{9-40c}$$

（5）地面倾斜修正系数 g_r、g_q、g_c

有时受地基条件、环境和使用要求的限制，建筑物基础以外的地基表面为倾斜面，如图 9-11（a）所示，此时有必要对地基极限承载力进行修正，汉森建议的相应修正系数 g_γ、g_q、g_c 为

$$g_r = g_q = (1.0 - 0.5\tan\beta)^5 \tag{9-41a}$$

$$g_c = 1 - \frac{\beta}{147^\circ} \tag{9-41b}$$

式中 β——倾斜地面与水平面之间的夹角。

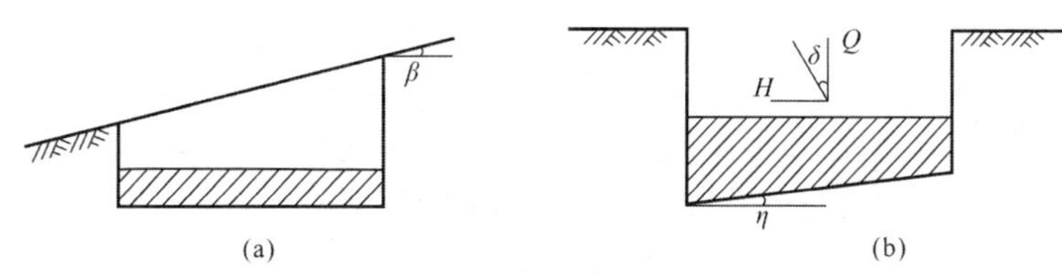

图 9-11 地面与基底倾斜

（a）地面倾斜；（b）基底倾斜

（6）基底倾斜修正系数 b_γ、b_q、b_c

当基础地面有一定倾角时，如图 9-11（b）所示，同样需要对极限承载力公式进行修正，修正系数 b_γ、b_q、b_c 分别为

$$b_\gamma = e^{-2.7\eta\tan\varphi} \tag{9-42a}$$

$$b_q = e^{-2\eta\tan\varphi} \tag{9-42b}$$

$$b_c = 1 - \frac{\eta}{147^\circ} \tag{9-42c}$$

采用汉森公式确定地基容许承载力时，同样要将极限承载力除以一安全系数 K，实际工程中安全系数按表 9-2 取用。

表 9-2　　汉森公式安全系数表

土或荷载条件	无黏性土	黏性土	瞬时荷载	静荷载或长期活荷载
K	2.0	3.0	2.0	2.0 或 3.0（视土样而定）

9.6 规范确定地基承载力的方法

本节主要介绍《建筑地基基础设计规范》（GB 50007—2011）确定地基承载力的方法。通过对规范方法的学习，提高运用规范解决实际工程问题的能力，同时注意理论公式计算与规范方法确定地基承载力的综合比较。

规范规定地基承载力特征值 f_{ak} 可由载荷试验或其他原位测试、计算公式并结合工程实践经验等方法确定。当基础宽度大于 3m 或埋置深度大于 0.5m 时，由上述方法确定的地基承载力特征值 f_{ak}，尚应进行基础深度和宽度的修正。

由于初步设计时基础底面尺寸是未知的，故初步设计阶段可先不作宽度修正而只作深度修正，地基尺寸确定后再作深宽修正并复核地基承载力设计取值。规范给出的修正公式如下：

$$f_a = f_{ak} + \eta_b \gamma (b-3) + \eta_d \gamma_m (d-0.5) \tag{9-43}$$

式中 f_a——修正后的地基承载力特征值（kPa）；

η_b、η_d——基础宽度和深度的地基承载力修正系数，可由表 9-3 取；

γ——基础底面以下土的重度，地下水位以下取浮重度；

b——基础底面宽度（m），当基础底面宽度小于 3m 时按 3m 取值，大于 6m 时按 6m 取值；

γ_m——基础底面以上土的加权平均重度，位于地下水位以下的土层取有效重度；

d——基础埋置深度（m），宜自室外地面标高算起。在填方平整的地区，可自填土地面标高算起，但填土在上部结构施工后完成时，应从天然地面标高算起。对于地下室，如采用箱型基础或筏基时，基础埋置深度自室外地面标高算起；当采用独立基础或条形基础时，应从室内地面标高算起。

表 9-3 **地基承载力修正系数**

土的类别		η_b	η_d
淤泥和淤泥质土		0.0	1.0
人工填土 e 或 $I_L \geqslant 0.85$ 的黏性土		0.0	1.0
红黏土	含水比 $\alpha_W > 0.8$	0.0	1.2
	含水比 $\alpha_W \leqslant 0.8$	0.15	1.4
大面积压实填土	压实＞0.95 系数、黏粒含量 $\rho_c \geqslant 10\%$ 的粉土	0.0	1.5
	最大干密度 2.1g/cm^3 的级配碎石	0.0	2.0
粉土	黏粒含量	0.3	1.6
	黏粒含量	0.5	2.0
e 及 I_L 均小于 0.85 的黏性土		0.3	1.6
粉砂、细砂（不包括很湿与饱和时的稍密状态）		2.0	3.0
粉砂、细砂、砾砂及碎石土		3.0	4.4

注：1．强风化和全风化的岩石，可参照所风化成的相应土类取值，其他状态下的岩石不修正；

2．地基承载力特征值按规范深层平板载荷试验确定时 η_d 取 0；

3．含水比是指土的天然含水量与液限的比值；

4．大面积压实填土是指填土范围大于两倍基础宽度的填土。

规范指出，当偏心距$e \leqslant 0.033b$时，不均匀沉降可能较大。根据土的抗剪强度指标确定地基承载力特征值可按下式计算，并应满足变形要求：

$$f_a = M_b \gamma b + M_d \gamma_m d + M_c c_k \tag{9-44}$$

式中　M_b、M_d、M_c——承载力系数，按表9-4查取；

f_a——由土的抗剪强度确定的地基承载力特征值（kPa）；

b——基础底面宽度（m），大于6m时按6m取值，对于砂土小于3m时按3m取值；

c_k——基底下一倍基础短边宽度的深度范围内土的粘聚力标准值(kPa)。

式中的承载力系数M_b、M_d、M_c与理论公式$f_{1/4}$的承载力系数$\frac{1}{2}N_\gamma$、N_q、N_c在理论概念上一致，不同之处在于$\varphi > 22^\circ$时M_b比$f_{1/4}$中的$\frac{1}{2}N_\gamma$取值提高，φ越大M_b值提高的比例越大。试验和经验表明，这是因为土的强度较高时地基实际承载力大于用理论公式$f_{1/4}$计算的地基承载力，因此规范应用理论公式$f_{1/4}$的同时对第一项承载力系数作了修正，f_a是已修正后的承载力特征值，因此可直接作为承载力设计值使用。

表9-4　　规范公式承载力系数M_b、M_d、M_c

土的内摩擦角标准值φ（°）	M_b	M_d	M_c
0	0.00	1.00	3.14
2	0.03	1.12	3.32
4	0.06	1.25	3.51
6	0.10	1.39	3.71
8	0.14	1.55	3.93
10	0.18	1.73	4.17
12	0.23	1.94	4.42
14	0.29	2.17	4.69
16	0.36	2.43	5.00
18	0.43	2.72	5.31
20	0.51	3.06	5.66
22	0.61	3.44	6.04
24	0.80	3.87	6.45
26	1.10	4.37	6.90
28	1.40	4.93	7.40
30	1.90	5.59	7.95
32	2.60	6.35	8.55
34	3.40	7.21	9.22
36	4.20	8.25	9.97
38	5.00	9.44	10.80
40	5.80	10.84	11.73

9.7 地基承载力影响因素

根据前面论述的地基承载力理论和基本公式可知，地基承载力主要由三部分组成：

（1）滑动土体自重所产生的抗力。

（2）基础两侧均布荷载q所产生的抗力。

（3）滑裂面上粘聚力c所产生的抗力。

以上三种抗力所涉及的主要因素除了土的物理力学指标γ、c、φ外，基础的宽度和埋置深度对地基的承载力也有重要的影响。其中γ、c、φ的影响是很明显的，重度γ受到地下水位的影响，即处于地下水位以下的土的重度要取浮重度γ'，由于土的浮重度仅约为湿重度的一半，因此承载力会相应的降低。粘聚力c还会影响到滑裂面的长度，c值越大，滑裂面长度越长，相应的承载力会随之增加。土的内摩擦角φ还会对滑裂面的形状产生很大影响，而滑裂面的形状又会对上述三种抗力产生影响。下面将介绍基础的宽度和埋置深度对地基的承载力的影响情况。

1. 基础宽度的影响

对于非条形基础，太沙基修正公式和汉森公式都引入了形状修正系数，可见地基的承载力与基础的尺寸和形状有关。承载力公式显示，当基础的宽度b越大，承载力越高。但研究表明，当基础宽度达到某一数值以后，承载力不但不再增大反而会随着宽度的增大而降低。因此在实际工程中，应合理运用承载力公式，明确各影响因素的影响范围，避免采取无限制地加大基底宽度的办法来提高地基承载力。对此，地基规范中采用了限制性规定，应用公式时，当基础实际宽度$b > 6\text{m}$时，计算中只取$b = 6\text{m}$进行计算。所以实际工程中虽可采用加大基础的宽度来提高地基的承载力，但必须在一定范围内才会有显著的效果，否则会适得其反。

2. 基础的埋置深度

在一定荷载作用下，增加基础的埋置深度，可以减小基底的附加应力，从而提高地基的承载力并可以相应的减小基础的沉降量。因此，增加基础埋深对提高软黏土地基的稳定和减小沉降均有显著的效果，常被工程界所采用，这就是补偿基础的设计思想。另一方面，增加基础的埋置深度，施工难度和对周围环境的影响也会相应增大。

目前对各类土，确定地基承载力实际上并没有通用计算公式，需根据强度理论，结合工程经验确定满足工程要求的地基承载力值，它不仅与土的性质、土层情况有关，而且与基础形状、尺寸，基础埋置深度，地下水位变化以及上部结构的变形要求等诸多因素有关。实际上，地基常常有足够的承载潜力，但受制于上部建筑的使用要求，地基变形超过正常使用的限值，也就是由变形控制了承载力，即控制变形的主导设计思想。因此工程中，控制地基的变形应该引起工程人员的极大关注。

延伸阅读

地基破坏实例

1. 加拿大特朗斯康谷仓（图 9-12）

加拿大特朗斯康谷仓平面呈矩形，长 59.44m，宽 23.47m，高 31.00m，容积 36368m^3。谷仓为圆筒仓，每排 13 个圆筒仓，5 排，一共 65 个圆筒仓组成。谷仓的基础为钢筋混凝土筏基，厚 61cm，基础理深 3.66m。

图 9-12 加拿大特朗斯康谷仓

谷仓于 1911 年开始施工，1913 年秋完工。谷仓自重 20000t，相当于装满谷物后满载总重量的 42.5%。1913 年 9 月起往谷仓装谷物，仔细地装载，使谷物均匀分布。10 月，当谷仓装了 31822m^3 谷物时，发现 1 小时内垂直沉降达 30.5cm。结构物向西倾斜，并在 24 小时内倾倒，倾斜度离垂线达 26° 53′。谷仓西端下沉 7.32m，东端上抬 1.52m。

加拿大特朗斯康谷仓严重倾倒，是地基整体滑动强度破坏的典型工程实例。1913 年 10 月 18 日谷仓倾倒后，上部钢筋混凝土筒仓坚如磐石，仅有极少的表面裂缝。

2. 美国纽约某水泥仓库

近代世界上最严重的建筑物破坏之一是美国的一座水泥仓库。这座水泥仓库位于纽约市汉森河旁。建筑地基土分四层：表层为黄色黏土，厚 5.5m；第二层为青色黏土，标准贯入试验 N=8 击，承载力为 84～105kPa，层厚 17.0m；第三层为碎石夹黏土，厚度较小，仅 1.8m；第四层为岩石。

水泥仓库上部结构为圆筒形，直径 d = 13m，基础为整块板式基础，基础埋深 2.8m，位于表层黄色黏土中部。

1914 年水泥筒仓地基软黏土严重超载，引起地基土剪切破坏而滑动。

地基滑动使水泥筒仓倾倒呈 45°，地基土被挤出地面，高达 5.18m。与此同时，离筒仓净距 23m 以外的办公楼受地基滑动的影响，发生倾斜。

当这座水泥仓库第一次发生大量沉降灾难的预兆时，如果立即卸除储存的极重的水泥，很容易挽救，可以在仓库下托换基础。但负责人仅安排了仔细进行沉降观测与记录，未采取卸荷措施，结果发展成灾难。

本章复习要点

掌握：临塑荷载和临界荷载的计算；用公式计算地基极限承载力。

理解：地基的破坏模式及破坏过程；临塑压力及塑性区最大深度的推导及计算；按《地基基础设计规范》计算地基极限承载力。

复习题

1．地基的破坏模式有几种，其影响因素有哪些？
2．简述典型地基的破坏过程。
3．何谓塑性区？怎样根据塑性区的开展深度确定临塑荷载？
4．临塑荷载、临界荷载（塑性荷载）以及极限荷载的关系是什么？
5．将条形基础的极限承载力公式用于方形基础的计算，其结果偏安全还是偏不安全，并说明原因。
6．某条形基础，底宽 b 为 3m，埋置在中等密度的砂土层以下 1m 处。砂土内摩擦角 φ 为 35°，湿重度 γ 为 18kN/m^3，饱和重度为 19 kN/m^3。适用太沙基公式求地基的极限承载力。若基础宽度增加到 6m，问承载力增加了多少？若埋置深度增加到 2m，承载力又将增加多少？若地下水位上升至地面，承载力会有何变化（假定基底完全粗糙）？
7．某方形基础受中心垂直荷载作用，b 为 1.5m，d 为 2.0m，地基为坚硬黏土，湿重度 γ 为 18.2kN/m^3，内摩擦角 φ 为 35°，粘聚力 c 为 30kPa，试分别按太沙基和汉森公式确定地基承载力（安全系数取 3.0）。
8．地基勘察资料如图 9-13 所示，设独立基础承受偏心荷载为 60kN，试设计独立基础并绘制施工图。

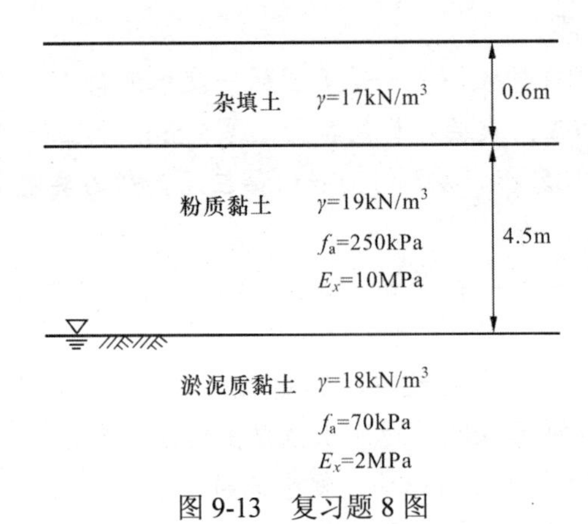

图 9-13　复习题 8 图

第 10 章　特殊土

我国幅员广大，地质条件复杂，分布土类繁多，工程性质各异。有些土类由于地理环境、气候条件、地质成因等因素的影响而具有与一般土类显著不同的特殊工程性质，当其作为建筑场地、地基时，如果不根据其自身特点而采取相应的治理措施，就会造成工程事故危害。

本章对几种常见特殊土的定义和分布、成因、基本特征和主要工程性质作了简单地介绍，以便读者延拓知识对它们有基本的认识，能够简单地应用，如若深入地研究和应用尚应参考相关专著。

10.1　软土

1. 软土的定义和分布

软土一般是指天然含水量大、压缩性高、承载能力低的一种软塑到流塑状态的黏性土。如淤泥、淤泥质土以及其他高压缩饱和黏性土、粉土等。在我国软土主要分布在东海、渤海、黄海等沿海地区，如上海、天津、宁波、温州等城市；内陆平原地区，如长江中下游、淮河平原、松辽平原等，洞庭湖、鄱阳湖、洪泽湖、太湖等地区。此外昆明的滇池地区，贵州六盘水地区等山区也有分布。

2. 软土的成因

软土是自然历史的产物，是随着地理、气候、沉积环境的变化而形成的。一般认为是第四纪后期地表水所形成的沉淀物质，多分布在海滨、湖滨、河流沿岸等地标常年潮湿或积水的地势低洼地带。

3. 软土的基本特征

（1）具有明显的结构性。软土一般形成于水流不通畅和缺氧的静水或缓慢流水中，因此这类土主要有黏粒和粉粒等细小颗粒组成。软土处地表往往生长有大量喜水性植物，由于这些植物的生长和死亡，使软土中含有较多的腐殖质和有机物。软土中有机质的含量一般为5%～15%，最高达 17%～25%。黏粒的矿物质成分以水云母和蒙脱石为主，在淤泥中黏粒的含量一般高达 30%～60%。这些有机质和黏土矿物质颗粒表面有大量的负电荷，与水分子发生反应会在颗粒外围形成很厚的结合水膜，在沉积过程中，以絮状和蜂窝状结构居多，呈现明显的结构性。

（2）高含水量和高孔隙比。软土的天然含水量一般为35%～80%。孔隙比在1～2之间。

（3）抗剪强度低。根据土工试验的结果，我国软土的天然不排水抗剪强度一般小于20kPa，其变化范围在5～25kPa；有效内摩擦角约为20°～35°；固结不排水剪内摩擦角12°～17°。正常固结的软土层的不排水抗剪强度往往是随距地表深度的增加而增大，每米的增长率约为1～2kPa。加速软土层的固结速率是改善软土强度特性的一项有效途径。

（4）压缩性高。一般正常固结的软土的压缩系数约为 $\alpha_{1\text{-}2}$=0.5～1.5MPa^{-1}，最大可达 $\alpha_{1\text{-}2}$=4.5MPa^{-1}；压缩指数约为 C_c=0.35～0.75。

（5）渗透性很小。软土的渗透系数一般约为 1×10^{-6}～1×10^{-8}cm/s。

（6）具有明显的流变性。在荷载作用下，软土承受剪应力的作用产生缓慢的剪切变形，并可能导致抗剪强度的衰减，在主固结沉降完毕之后还可能继续产生可观的次固结沉降。

4. 软土主要危害和处理措施

由于软土强度低，沉陷量大，往往给道路工程带来很大的危害，如处理不当会给公路的施工和使用造成很大影响。这种土质如果施工中出现在路基填土或桥涵构造物基础中，最佳含水量不易把握，极难达到规定的压实度值，满足不了相应的密实度要求，在通车后，往往会发生路基失稳或过量沉陷。其危害性显而易见，故禁止采用。在软土地基上修筑路堤，特别是桥头引道，如不采取有效的加固措施，就会产生不同程度的坍滑或沉陷，导致公路破坏或不能正常使用。

对公路软土地基的处理方法有换填法、排水固结法、轻型填方施工法、复合地基处理法等方法。

10.2 湿陷性黄土

1. 湿陷性黄土的定义和分布

一定压力下受水浸湿，土的结构破坏而发生显著的附加下沉的黄土为湿陷性黄土。湿陷性黄土又分为自重湿陷性黄土和非自重湿陷性黄土。自重湿陷性黄土是指在上覆土的自重压力下受水浸湿，发生显著附加下沉的黄土。非自重湿陷性黄土是指在上覆土的自重压力下受水浸湿，不发生显著附加下沉的黄土。湿陷性黄土广泛分布于我国东北、西北、华中和华东部分地区。

2. 湿陷性黄土的成因

黄土是在第四纪时期形成的、颗粒组成以粉粒（粒径约为0.005～0.075mm）为主的黄色或褐黄色集合体，含有大量的碳酸盐类，通常具有肉眼可见的大孔隙。一般认为，湿陷性黄土是干燥气候下在风力搬运作用下沉积的土体，土体没有经过次生扰动，无沉积层理。

3. 湿陷性黄土的基本特征

湿陷性黄土是一种特殊性质的土，在一定的压力下，下沉稳定后，受水浸湿，土结构迅速破坏，并产生显著附加下沉，故在湿陷性黄土场地上进行建设，应根据建筑物的重要性、地基受水浸湿可能性的大小和在使用期间对不均匀沉降限制的严格程度，采取以地基处理为主的综合措施，防止地基湿陷对建筑产生危害。湿陷性黄土的颗粒组成见表 10-1。

表 10-1　　湿陷性黄土的颗粒（mm）组成

地名	>0.05		0.05～0.01		0.01～0.005		<0.005	
	平均值（%）	常见值（%）	平均值（%）	常见值（%）	平均值（%）	常见值（%）	平均值（%）	常见值（%）
兰州	19	10～25	57	50～65	10	5～10	14	5～25
西安	9	5～15	50	40～60	16	10～20	25	20～30
洛阳	11	5～15	48	40～60	13	10～15	28	20～35
太原	27	15～35	50	40～60	7	5～15	16	10～20
延安	24	20～30	48	40～55	11	9～15	17	10～25

上述颗粒的矿物成分，粗颗粒中主要是石英和长石，黏粒中主要是中等亲水性的伊利石。此外，在湿陷性黄土中又含有较多的水溶盐，呈固态或半固态分布在各种颗粒的表面。

黄土是干旱或半干旱气候条件下的沉积物，在生成初期，土中水分不断蒸发，土孔隙中的毛细作用，使水分逐渐集聚到较粗颗粒的接触点处。同时，细粉粒、黏粒和一些水溶盐类也不同程度的集聚到粗颗粒的接触点形成胶结。

试验研究表明，粗粉粒和砂粒在黄土结构中起骨架作用，由于在湿陷性黄土中砂粒含量很少，而且大部分砂粒不能直接接触，能直接接触的大多为粗粉粒。细粉粒通常依附在较大颗粒表面，特别是集聚在较大颗粒的接触点处与胶体物质一起作为填充材料。

黏粒以及土体中所含的各种化学物质如铝、铁物质和一些无定型的盐类等，多集聚在较大颗粒的接触点起胶结和半胶结作用，作为黄土骨架的砂粒和粗粉粒，在天然状态下，由于上述胶结物的凝聚结晶作用被牢固的粘结着，使湿陷性黄土具有较高的强度，但遇水时，由于水对各种胶结物的软化作用，致使土的强度突然下降而产生湿陷。

湿陷性黄土之所以在一定压力下受水时产生显著附加下沉，除上述在遇水时颗粒接触点处胶结物的软化作用外，还在于土的欠压密状态。干旱气候条件下，无论是风积或是坡积和洪积的黄土层，其蒸发影响深度大于大气降水的影响深度，在其形成过程中，充分的压力和适宜的湿度往往不能同时具备，导致土层的压密欠佳。接近地表 2～3m 的土层，受大气降水的影响，一般具有适宜压密的湿度，但此时上覆土重很小，土层得不到充分的压密，便形成了低湿度、高孔隙率的湿陷性黄土。

湿陷性黄土在天然状态下保持低湿和高孔隙率是其产生湿陷的充分条件。我国湿陷性黄土分布地区大部分年平均降雨量约在 250～500mm，而蒸发量却远远超过降雨量，因而湿陷性黄土的天然湿度一般在塑限含水量左右，或更低一些。

在竖向剖面上，我国湿润陷性黄土的孔隙比一般随深度增加而减小，其含水量则随深度增加而增加，有的地区这种现象比较明显，为此较薄的湿陷性土层往往不具自重湿陷或自重湿陷不明显。

衡量黄土湿陷性的评价指标主要有三个：湿陷系数、湿陷起始压力和湿陷起始含水量。

（1）湿陷系数 δ_s

湿陷系数 δ_s 是单位厚度的环刀土样，在规定的压力作用下，下沉稳定后，试样浸水饱和所产生的附加下沉量。可通过室内侧限浸水压缩试验确定并由式（10-1）或（10-2）计算：

$$\delta_s = \frac{h_p - h_p'}{h_p} \approx \frac{h_p - h_p'}{h_0} \tag{10-1}$$

或

$$\delta_s = \frac{e_p - e_p'}{1 + e_p} \approx \frac{e_p - e_p'}{1 + e_0} \tag{10-2}$$

式中 h_p、e_p——分别是在侧限条件下原状土样加压到规定压力 p（kPa）时压缩稳定后的高度（cm）和孔隙比；

h_p'、e_p'——分别是上述加压稳定后土样在浸水作用下压缩稳定后的高度（cm）和孔隙比；

h_0、e_0——分别是土样的原始高度（cm）和孔隙比。

湿性黄土的湿陷程度，可根据湿陷系数 δ_s 值的大小分为三种：$0.015 \leqslant \delta_s \leqslant 0.03$ 时，湿陷性轻微；当 $0.03 < \delta_s \leqslant 0.07$ 时湿陷性中等；当 $\delta_s > 0.07$ 时，湿陷性强烈。

如浸水压力等于上覆土的饱和自重压力，则按上式求解的湿陷系数叫自重湿陷系数，用 δ_{zs} 表示。δ_{zs} 按下式计算

$$\delta_{zs} = \frac{h_z - h_z'}{h_0} \tag{10-3}$$

式中 h_z——保持天然的湿度和结构的土样，加压至土的饱和自重压力时，下沉稳定后的高度（cm）；

h_z'——上述加压稳定后土样在浸水作用下下沉稳定后的高度（cm）；

h_0——土样的原始高度（cm）。

湿陷性黄土场地自重湿陷量 $\varDelta_{zs}$ 的计算值，应按下式计算

$$\varDelta_{zs} = \beta_0 \sum_{i=1}^{n} \delta_{zsi} h_i \tag{10-4}$$

式中 δ_{zsi}——第 i 层土在上覆土的饱和（$s_r > 0.85$）自重压力下的自重湿陷性系数；

h_i——第 i 层土的厚度（cm）；

β_0——因地区土质而异的修正系数，在缺乏地质资料时陇西地区取 1.50；陇东—陕北—晋西地区取 1.20；关中地区取 0.90；其他地区取 0.50。

湿陷性黄土场地的湿陷类型，应按自重湿陷量的实测值 $\varDelta_{zs}'$ 或计算值 $\varDelta_{zs}$ 判定。当自重湿

陷量的实测值 Δ_{zs}' 或计算值 Δ_{zs} 小于或等于 70mm 时，应定为非自重湿陷性黄土场地；当自重湿陷量的实测值 Δ_{zs}' 或计算值 Δ_{zs} 大于 70mm 时，应定为自重湿陷性黄土场地；当自重湿陷量的实测值和计算值出现矛盾时，应按自重湿陷量的实测值判定。

（2）湿陷起始压力 p_{sh}

湿陷起始压力是指湿陷性黄土浸水饱和，开始出现湿陷时的压力。当按现场静载荷试验结果确定时，应在 $p-s$（压力与浸水下沉量）曲线上，取其转折点所对应的压力作为湿陷起始压力值。当曲线上的转折点不明显时，可取浸水下沉量（s）与承压板直径（d）或宽度（b）之比值等于 0.017 所对应的压力作为湿陷起始压力值。当按室内压缩试验结果确定时，在 $p-s$ 曲线上宜取 $s=0.015$ 所对应的压力作为湿陷起始压力值。

（3）湿陷起始含水量 w_{sh}

湿陷性黄土在一定压力作用下受水浸湿开始出现湿陷时的最低含水量叫湿陷起始含水量。同一种土的起始含水量并不是一个定值，一般随压力的增大而减小。一般以土样在某一压力作用下的湿陷系数等于 0.015 时的相应含水量确定湿陷起始含水量 w_{sh}。

湿陷量的计算值 Δ_s，应按式（10-5）计算：

$$\Delta_s = \beta_0 \sum_{i=1}^{n} \delta_{si} h_i \tag{10-5}$$

式中　δ_{zsi}——第 i 层土的湿陷性系数；

h_i——第 i 层土的厚度（cm）；

β_0——因地区土质而异的修正系数，在缺乏资料时，基底下 0～5m 深度内，取 $\beta=1.50$；基底下 5～10m 深度内，取 $\beta=1$；基底下 10m 以下至非湿陷性黄土层顶面，在自重湿陷性黄土场地，可取工程所在地区的 β_0 值。

湿陷量的计算值 Δ_s 的计算深度，应自基础底面（如基底标高不确定时，自地面下 1.50m）

算起；在非自重湿陷性黄土场地，累计至基底下 10m（或地基压缩层）深度止；在自重湿陷性黄土场地，累计至非湿陷黄土层的顶面止。其中湿陷系数 δ_s（10m 以下为 δ_s）小于 0.015 的土层不累计。

湿陷性黄土地基的湿限等级见表 10-2。

表 10-2　　湿陷性黄土地基的湿限等级

湿陷类型	非自重湿陷性场地	湿陷性黄土场地	
Δ_{zs}（mm）／Δ_s（mm）	$70<\Delta_{zs}\leqslant 350$	$70<\Delta_{zs}\leqslant 350$	$\Delta_{zs}>350$
$\Delta_s\leqslant 300$	Ⅰ（轻微）	Ⅱ（中等）	—
$300<\Delta_s\leqslant 600$	Ⅱ（中等）	Ⅱ或Ⅲ	Ⅲ（严重）
$\Delta_s>600$	—	Ⅲ（严重）	Ⅳ（很严重）

注：当湿陷量的计算值 $\Delta_s\geqslant 600$、自重湿陷量的计算值 $\Delta_{zs}\geqslant 300$ 时可判为Ⅲ级，其他情况可判为Ⅱ级。

4. 湿陷性黄土主要危害和防治措施

在湿陷性黄土分布地区，往往会给基本建设或其他岩土工程的实施带来意想不到的麻烦和造价增加。首先，在工程建设前期的勘察阶段，需要增加大量的室内土工湿陷性试验，以期尽量地将工程场地内黄土的湿陷性用湿陷系数、湿陷等级等物理力学性指标客观、准确地表达出来，为设计人员提供依据。进入设计阶段以后，设计人员也需要首先考虑地基处理、基础类型、黄土湿陷性的消除等。这在无形中就增加了工作量，降低了效率，提高了工程造价。其次，对已建工程而言，如果对黄土的湿陷性或湿陷程度考虑不够，随着工程的投入使用和地下水位的变化、污水的排放、洗手间等集中用水处的渗漏等，土体的含水量会逐步增大，土体的形变也会越来越大，直至土体的结构发生破坏。此时，会导致建（构）筑物地基变形、基础拉裂、墙体裂缝，甚至成为危险建（构）筑物直至拆除，带来不可估量的损失。

湿陷性黄土地基处理的目的主要是通过消除黄土的湿陷性，提高地基的承载力。常用的地基处理方法有：

（1）灰土（或素土）垫层法。将基底以下湿陷性土层全部挖除或挖至预计的深度，然后以灰土（或素土）分层回填夯实。垫层厚度一般为 1.0～3.0m。它消除了垫层范围内的湿陷性，减轻或避免了地基因附加压力产生的湿陷。这种方法施工简易、效果显著，是一种常用的地基浅层处理或部分湿陷性处理方法，经这种方法处理的灰土垫层的地基承载力可达到 300kPa（素土垫层可达 200kPa），且有良好的均匀性。

（2）强夯法。强夯法亦称动力固结法，通过重锤的自由落下，对土体进行强力夯实，以提高其强度，降低其压缩性。该法设备简单，原理直观，适用广泛，特别是对非饱和土加固效果显著。这种方法加固地基速度快、效果好、投资省，是当前最经济简便的地基加固方法之一。

（3）深层搅拌桩法。深层搅拌桩是复合地基的一种，近几年在黄土地区应用比较广泛，可用于处理含水量较高的湿陷性弱的黄土。它具有施工简便、快捷、无振动，基本不挤土，低噪声等特点。深层搅拌桩的固化材料有石灰、水泥等，一般都采用后者作固化材料。其加固机理是将水泥掺入黏土后，与黏土中的水分发生水解和水化反应，进而与具有一定活性的黏土颗粒反应生成不溶于水的稳定的结晶化合物，这些新生成的化合物在水中或空气中发生凝硬反应，使水泥有一定的强度。

此外还有土桩或灰土桩法、强夯法、重锤夯实法、预浸水法等。各类地基的处理方法都应因地制宜，通过技术比较后合理选用。

10.3 膨胀土

1. 膨胀土的定义和分布

膨胀土是土中黏粒成分主要由亲水性矿物组成，同时具有显著的吸水膨胀和失水收缩两种变形特性的黏性土，多呈黄、黄褐、灰白、花斑和棕红等色。多分布于Ⅱ级以上的河谷阶地或山前丘陵地区，个别处于Ⅰ级阶地，膨胀土在我国的分布范围很广，如广西、云南、河南、湖北、四川、陕西、河北、安徽、江苏等地均有不同范围的分布。

2. 膨胀土的初判方法

具有下列特征的土可初判为膨胀土：

（1）多分布在二级或二级以上阶地、山前丘陵和盆地边缘。

（2）地形平缓，无明显自然陡坎。

（3）常见浅层滑坡、地裂、新开挖的路堑、边坡、基槽易发生坍塌。

（4）裂缝发育、方向不规则，常有光滑面和擦痕，裂缝中常充填灰白、灰绿色黏土。

（5）干时坚硬，遇水软化，自然条件下呈坚硬或硬塑状态。

（6）自由膨胀率一般大于 40%。

（7）未经处理的建筑物成群破坏，低层较多层严重，刚性结构较柔性结构严重。

（8）建筑物开裂多发生在旱季，裂缝宽度随季节变化。

3. 膨胀土的基本特征

膨胀土是一种以蒙脱石、伊利石或伊利石-蒙脱石为基本矿物成分的黏性土，除具有一般黏性土的物理化学性质外，最重要的特性是多裂性、超固结性，吸水后强膨胀与失水后强收缩性，强度衰减性、快速崩解性及风化分带性，是一种特殊膨胀结构的高液限黏性土。

膨胀土的工程特性指标主要有四个：自由膨胀率 δ_{ef} 、膨胀率 δ_{ep} 、收缩系数 λ_s 、膨胀力 p_e。

（1）自由膨胀率 δ_{ef}

自由膨胀率是人工制备的烘干土，在水中增加的体积与原体积的比。按下式计算：

$$\delta_{ef}=\frac{V_W-V_0}{V_0}\times 100\% \tag{10-6}$$

式中　V_W——土样在水中膨胀后的体积（ml）；

V_0——土样原有体积（ml）。

（2）膨胀率 δ_{ep}

膨胀率是指原状土样在一定压力下浸水膨胀稳定后所增加的高度与原始高度之比，按下式计算：

$$\delta_{ep}=\frac{h_W-h_0}{h_0}\times 100\% \tag{10-7}$$

式中　h_W——土样在一定压力下浸水膨胀稳定后高度（mm）；

h_0——土样原始高度（mm）。

为了比较不同土的膨胀性，我国规定采用 50kPa 作为统一规定的压力值。

（3）收缩系数 λ_s

收缩系数是指原状土样在直线收缩阶段，含水量减少 1%时的竖向收缩变形的线缩率。用下式表示：

$$\lambda_s = \frac{\Delta\delta_s}{\Delta w} \tag{10-8}$$

式中 Δw——收缩过程中直线变化阶段两点含水量变化之差（%）；

$\Delta\delta_s$——收缩过程中与两点含水量之差相对应的竖向线缩率之差，其中线缩率 δ_{eL} 是指竖向收缩量与试样的原有高度之比。

（4）膨胀力 p_e

膨胀力是原状土样在体积不变时，由于浸水膨胀产生的最大内应力。膨胀力可由压力 p 与膨胀率 δ_{ep} 的关系曲线来确定，它等于曲线上当膨胀率 δ_{ep} 为零时所对应的压力。

4. 膨胀土的主要危害及其防治措施

由于膨胀土主要由强条水性矿物质组成，并且具有显著胀缩性的黏性土，一旦在膨胀土地基上修筑道路或建筑物，其造成的危害性与软弱地基造成的危害性一样严重。该土具有吸水膨胀、失水收缩并往复变形的性质，对路基的破坏作用不可低估，并且构成的破坏是不易修复的。在膨胀土地质地区，膨胀土对人们生命和财产安全的危害较大，建造在膨胀土上的地板，在雨季来临时，土中含水量增加引起的地板翘起开裂屡见不鲜。

强膨胀土不能用作路基和基层填料，中等、弱膨胀土可用作路基填料，但须采取相应处治措施。膨胀土地基处理方法分为膨胀土性质改良法、保湿法及换土法三类。

（1）换土法。换土法即大面积用非膨胀土替代换掉膨胀土，以保证路基及其他结构物基础的稳定。对于强性膨胀土必须进行换土。但是，这种方法对于处治中弱性膨胀土有个十分明显的缺点：运输成本高。

（2）保湿法。保湿法即通过限制膨胀土与外界接触，使膨胀土含水量保持稳定，从而限定其胀缩的程度。在具体施工中，对已成型路基进行基顶土工布封闭处理；在底基层顶面喷洒沥青膜封层；在路基防护方面，采取增设隔水层等。该法效果有限，只能辅助采用。

（3）改良法。改良法是改变膨胀土的亲水性、热敏性和胀缩性的方法。其原理是通过掺加改性剂（如石灰、水泥、粉煤灰、氯化钠、氯化钙或磷酸等）来稳定膨胀土，提高其工程力学性质。

10.4 红黏土

1. 红黏土的定义和分布

红黏土是指亚热带湿热气候条件下，是石灰岩、白云岩、泥灰岩等碳酸盐类岩石，经风化和红土化作用而形成的高塑性黏土。颜色为棕红或褐黄，覆盖于碳酸盐岩系之上，其液限大于或等于 50%的高塑性黏土，应判定为原生红黏土。原生红黏土经搬运、沉积后仍保留其基本特征，且其液限大于 45%的黏土，可判定为次生红黏土。红黏土广泛分布在我国南方的碳酸盐岩系地层上，红黏土与人类、环境有着密切的联系。

2. 红黏土的成因

在云南、贵州、广西、安徽、四川东部等亚热带地区。这些地方广泛分布的红黏土主要是由于第四纪季风环流形成以来，在热带-亚热带高温湿条件下经历了复杂的红土化过程而形成的，它具有独特的游离氧化铁的胶结结构。它对红黏土的强度起着重要作用，红黏土游离氧化铁含量越高，其初始段变形模量就越大。因此，在红黏土地区尽量选择含游离氧化铁较高的红黏土作为地基，可得到较大的允许承载力和引起较小的地基沉降。

3. 红黏土的基本特征

红黏土的黏粒组分（粒径<0.005ram）含量高，一般可达 55%～70%，粒度较均匀，高分散性。黏土颗粒主要是多水高岭石和伊利石类黏土矿物为主。

红黏土与人类、环境有着密切的联系。红黏土一般为红褐色、棕红、黄褐等颜色，具有上硬下软、含水量高、孔隙比大、高液限、高塑限、低压缩性的特点。其天然含水率、孔隙比、压缩系数等随深度的增加而变大，塑性状态随深度增加而由硬变软以至流塑，地基强度随深度增加而由高到低，纵向上的变化是不均匀的。同时其物理力学性质随地形、地貌及水文条件的不同而改变，如坡岗地带排水条件好的地段地下水埋藏较深，其天然含水率、孔隙比、压缩系数等均较好，地基强度较大承载力较高，岩溶驻地或谷地则相反，尤其在溶沟、溶槽等易于积水的红黏土，往往形成软土性质，红黏土在平面上亦具有不均匀性。红黏土的抗剪强度与起始含水量具有明显的相关关系，且含水量越大抗剪强度越小；含水量对凝聚力的影响比对内摩擦角的影响更为明显，因此湿度状态是红黏土的主要物理力学指标，是影响红黏土工程性能的重要因素，是评价地基承载力性能的重要参数。

红黏土常覆盖于基岩上，由地表向下逐渐变软，上部呈坚硬或硬塑状态，占红土层的大部分；由于受基岩起伏的影响，土层厚度变化很大，在同一地点相距 1m，而厚度可有 4～5m 之差；分布在盆地或洼地中的红黏土多是边缘薄、中间增厚。

红黏土在自然状态下呈致密状，无层理，表部呈坚硬、硬塑状，失水后含水率低于缩限，土中即开始出现裂缝近地表呈竖向开口状，向深处渐弱，呈网状闭合微裂隙。裂隙破坏土的整体性，降低土的总体强度；裂隙使失水通道向深部土体延伸，促使深部土体收缩，加深加宽原有裂隙。一般可延伸到地下 3～4m，深达 6m，常有裂隙水活动，易形成崩塌或滑坡。

红黏土是在经历了红土化作用后由岩石变成土的，无论外观、成分还是组织结构上都发生了明显不同母岩的质的变化。红黏土与下伏基岩均属不整合接触，它们之间的关系是突变而不是渐变的。

红黏土的胀缩性：其组成矿物亲水性不强，交换容量不高，交换阳离子以 Ca、Mg 为主，天然含水率接近缩限，孔隙呈饱和水状态，以致表现在胀缩性能上以收缩为主，在天然状态下膨胀量很小，收缩性很高。

10.5 冻土

1. 冻土的定义和分布

冻土是指具有负温或零温度并含有冰的土。根据持续时间可分为季节冻土与多年冻土；根据所含盐类与有机物的不同可分为盐渍化冻土与冻结泥炭化土；根据其变形特性可分为坚硬冻土、塑性冻土与松散冻土；根据冻土的融沉性与土的冻胀性又可分成若干亚类。冻土主要分布在北方或高原寒冷地带。

2. 冻土的成因

在冬季低温时冻结，而在夏季高温时解冻的土，这叫季节性冻土，长年在 0℃以下，连续 3 年以上，处于冰冻状态的冻土，叫多年冻土。

3. 冻土的基本性质

水分在冰冻过程中，体积增大（冻胀），产生冻胀力。迫使土粒发生相对位移，这种现象称土的冻胀。季节性冻土层到了春夏，冰层融化，产生沉陷，称为融沉性。过大的冻融变形，势必造成水工建筑物的损坏。融化下沉系数 δ_s

$$\delta_s = \frac{h_1 - h_2}{h_1} = \frac{e_1 - e_2}{1 + e_1} \times 100\% \tag{10-9}$$

式中 h_1、e_1——分别为冻土试样融化前的厚度与孔隙比；

h_2、e_2——分别为冻土试样融化后的厚度与孔隙比。

在寒冷地区并不是所有土类都存在冻胀，而主要是细粒土，尤其是黏性土，冻胀性最为突出。黏性土产生冻胀的原因，不仅是由于水分冻结时体积增大，更重要的是在冻结过程中，它还能把周围没有冻结区的水分吸附到冻结区(即迁移集聚)，使冻结区水分源源不断地增加，冰晶体不断扩大，形成冰夹层，土体随之逐步膨胀，一直到水源补给断绝才会停止。显然，在冻结过程中，水分自非冻结区向冻结区迁移的原因，是与黏性土中存在结合水及其迁移的特点有关。但是，到目前为止，其中的奥秘人们还不是很清楚的。粗粒土的冻胀性是微不足道的；细砂土即使含水量较高，也只表现轻微的冻胀现象。粉砂中黏粒含量很少时，结合水的冻胀危害也是很小的。当粉砂中黏粒含量较多时，有一定的结合水膜，其冻胀性与黏性土相似。黏性土含水量接近塑限 w_P，才开始冻胀，即超过塑限的那部分含水量（主要是弱结合水）才能够构成冻胀性。

4. 冻土的主要危害和防治措施

在寒冷地区冻害对建筑物寿命有严重影响，这是由于地基土中毛细管里的积蓄水受冻后体积发生膨胀，使地基土产生不均匀的胀力造成建筑物的损坏。地基土中存在着无数的毛细管，地下水主要通过地基土中的毛细管上升到基础底面。冬季来临，当大气负温传入地下，地表土中的自由水首先冻结成冰晶体，随着气温的继续下降，结合水的最外层也开始结冻使冰晶体逐渐扩大，并在土层中形成冰夹层。水分冰冻后体积将增大，使土体随着膨胀发生隆起出现冻涨现象。土中细粒越多形成的毛细管越多，对地基的影响也越大。

寒冷地区冰冻线在 2m 左右，位于冻胀区内的浅基础，如果埋置深度浅于冻结深度，会受到地基土冻胀力的作用。如果冻胀力大于基底上的荷载，基础就有可能被抬起，使基础及建筑物开裂。一般房屋向阳面地基土的冻层较浅，阴面地基土的冻层较深。因此，阴面冻层深，含冰量多，土体膨胀变化大，往上抬拱得厉害；阳面冻层浅，冰的含量少，土体膨胀小，往上抬拱得亦小，再加上土质的不均匀性，房屋基础所受冻土胀力是不均匀的。土层解冻时，地基土中积聚的冰晶体融化，使土中含水量大大增加，加之细粒土排水能力差或基底下还有土层未解冻，上面已融化的土层中的水渗透不到土层深处，基底土层处于饱和软化状态，强度大大降低，使建筑物发生下陷成为溶陷。不论冻胀或溶陷一般都是不均匀的。这样每年冻溶交替，造成了浅基础建筑物的开裂。在地下水位较高，土中细粒多，承载力差的土层中建房，冻害尤为严重。

冻土的防治措施主要有以下两种：

（1）换土法。把属于冻胀土的黏性土开挖，调换填砂石料，消除和减小基底法向冻胀力。但对于水工建筑物要注意防渗问题。在基础侧面冰冻层范围内，换填砂砾石、炉渣等材料，减小切向冻胀力。采用砂砾石换填时，其中黏粒含量控制在 15%以内，为使填料不被水流冲走，在填料表面应进行护砌。

（2）选用合理的基础形式。在冻深大、冻胀力强的地基上可以利用冻胀反力的“锚固”作用进行处理。冻胀反力是指土体冻胀时对冻结峰面以下土层产生压缩，即给非冻结层以压力，并按一定角度传递给基础。在这种情况下，对埋置于冻结线以下又临近冻结线的板式基础的稳定是很有利的。在寒冷地区这是一种较好的桥梁与渡槽的基础型式，已得到广泛的应用。

10.6　盐渍土

1. 盐渍土的定义和分布

盐渍土是指土中易溶盐含量大于 0.3%，并具有溶陷、盐胀、腐蚀等工程特性时的土。我国盐渍土分布范围十分广泛，主要分布在内陆干旱、半干旱地区，滨海地区也有分布。

2. 盐渍土的成因

除海滨地区以外，盐渍土分布区的气候多为干旱或半干旱气候，降水量小，蒸发量大，年降水量不足以淋洗掉土壤表层累积的盐分。在中国，受季风气候影响，盐渍土的盐分状况具有季节性变化，夏季降雨集中，土壤产生季节性脱盐，而春、秋干旱季节，蒸发量小于降水量，又引起土壤积盐。盐渍土所处地形多为低平地、内陆盆地、局部洼地以及沿海低地，这是由于盐分随地面、地下径流而由高处向低处汇集，使洼地成为水盐汇集中心。

3. 盐渍土的基本性质

盐渍土的溶陷性可用溶陷系数δ来作为评定指标。溶陷系数可由下列两种方法来确定：

（1）室内压缩试验

在一定压力p作用下，如式（10-10）确定溶陷系数δ：

$$\delta=\frac{h_p-h_p'}{h_0} \tag{10-10}$$

式中　h_0——原状试样的（原始）高度；

h_p——加压至p时，土样变形稳定后的高度；

h_p'——土样在维持压力p，经浸水溶陷，变形稳定后的高度。

（2）现场浸水荷载试验

按式（10-11）确定平均溶陷系数

$$\delta=\Delta s/h \tag{10-11}$$

式中　Δs——压力为p时，浸水溶陷过程中所测得的盐渍土溶陷量（cm）；

h——压板下盐渍土湿润深度（cm）。

上述两种方法所采用的压力p一般应按试验土层实际的设计平均压力取值，但有时为了方便，也取200 kPa。当$\delta<0.01$时，盐渍土为非溶陷性；当$\delta\geqslant 0.01$时则为溶陷性盐渍土。

盐渍土溶陷量按式（10-12）计算：

$$\varDelta=\sum_{i=1}^{n}\delta_i h_i \tag{10-12}$$

式中　δ_i——第i层土的溶陷系数；

h_i——第i层土的厚度（cm）；

n——基础底面（初步勘察自地面下1.5m）算起以下10m深度内全部溶陷性盐渍土的层数。

4. 盐渍土的主要危害和防治措施

盐渍土对工程建设的危害是多方面的，由此造成的直接经济损失十分大。盐渍土地基对工程的危害主要是由其浸水后的溶陷、含硫酸盐地基的盐胀和盐渍土地基对基础和其他地下建筑的腐蚀造成的。此外，在盐渍土地区所用的工程材料（如砂、石、土等）和施工用水中，常含有过量的盐类，也造成了对工程建设的危害。各地盐渍土的成因、组成和特征各异，因此，不同地区盐渍土的危害表现有所不同。如地下水位较高的盐湖和滨海地区，其危害表现为对基础和地下设施的腐蚀作用；对地下水位埋深较深的干旱地区，地基的溶陷性较明显，而腐蚀现象并不严重；以含硫酸盐为主的盐渍土地区，其盐胀性造成的危害较大。

对桥涵易腐蚀部位清除集盐，涂刷沥青等防腐材料。对产生孔隙、裂缝、剥落部位及时采用树脂胶复合材料进行修补，同时涂刷沥青等防腐材料。对腐蚀严重的桥墩，经处理腐蚀层后，加设钢筋混凝土套筒，进行补强加固。

延伸阅读

湿陷性黄土地基的处理方法

湿陷性黄土地基处理的根本原则是破坏土的大孔结构，改善土的工程性质，消除或减少地基的湿陷变形，防止水浸入建筑物地基，提高建筑结构刚度。

1. 强夯法

强夯法，又叫动力固结法，是利用起重设备将80 ~ 400 kg 的重锤起吊到 10 ~ 40m 高处，然后使重锤自由落下，对黄土地基进行强力夯击，以消除其湿陷性，降低压缩变形，提高地基强度（图 10-1）。但强夯法适用对地下水位以上饱和度 $S_r \leqslant 60\%$的湿陷性黄土地基进行局部或整片处理，可处理的深度在 3 ~ 12m。土的天然含水率对强夯法处理至关重要，天然含水量低于10%的土，颗粒间摩擦力大，细土颗粒很难被填充，且表层坚硬，夯击时表层土容易松动，夯击能量消耗在表层土上，深部土层不易夯实，消除湿陷性黄土的有效深度小，夯填质量达不到设计效果。当上部荷载通过表层土传递到深部土层时，便会由于深部土层压缩而产生固结沉降，对上部建筑物造成破坏。

图 10-1 强夯法施工现场

2. 垫层法

土（或灰土）垫层是一种浅层处理湿陷性黄土地基的传统方法，我国已有 2000 多年的应用历史，在湿陷性黄土地区使用较广泛，具有因地制宜，就地取材和施工简便等特点。实践证明，经过回填压实处理的黄土地基湿陷性速率和湿陷量大大减少，一般表土垫层的湿陷量减少为 1 ~ 3cm，灰土垫层的湿陷量往往小于 1cm，垫层法适用于地下水位以上，对湿陷性黄土地基进行局部或整片处理，可处理的湿陷性黄土层厚度在 1 ~ 3m，垫层法根据施工方法不同可分为土垫层和灰土垫层，当同时要求提高垫层土的承载力及增强水稳定时，宜采用整片灰土垫层处理。

3. 挤密法

挤密法是利用沉管、爆破、冲击、夯扩等方法在湿陷性黄土地基中挤密填料孔再用素土、灰土、必要时采用高强度水泥土、分层回填夯实以加固湿陷性黄土地基，提高其强度，减少其湿陷性和压缩性。挤密法适用于对地下水位以上，饱和度 $S_r \leqslant 65\%$的湿陷性黄土地基进行加固处理，可处理的湿陷性黄土厚度一般为 5 ~ 15m。但通过实践证明：挤密法对土的含水量要求较高（一般要求略低于最优含水率），含水量过高或过低，挤密效果都达不到设计要求，这在施工中很难控制，因为湿陷性黄土的吸水性极强且易达到饱和状态，在湿陷性黄土进行洒水湿润时，表层土质饱和后容易形成积水，下部土质却很难受水接触而呈干燥状态，对于含水量小于 10%的地基土，特别是在整个处理深度范围内的含水量普遍偏低的土质中是不易采用的。

4. 桩基础法

桩基础既是一种基础形式，又可看作是一种地基处理措施。是在地基中有规则的布置灌注桩或钢筋混凝土桩，以提高地基承载能力。桩根据受力不同可分为端承桩和摩擦桩，这种地基处理方法在工业与民用建筑中使用较多，但桩基础仍然存在浅在的隐患，地基一旦浸水，便会引起湿陷给建筑物带来危害。在自重湿陷性黄土中浸水后，桩周土发生自重湿陷时，将产生土相对桩的向下位移对桩产生一个向下的作用力即负摩擦力。而且通过实践证明，预制桩的侧表面虽比灌注桩平滑，但其单位面积上的负摩擦力却比灌注桩大。这主要是由于预制桩在打桩过程中将桩周土挤密，挤密土在桩周形成一层硬壳，牢固的黏附在桩侧表面上，桩周土体发生自重湿陷时不是沿桩身而是沿硬壳层滑移，硬壳层增加了桩的侧表面面积，负摩擦力也随着增加，正是由于这股强大的负摩擦力使桩基出现沉降，由于负摩擦力的发挥程度不同，导致建筑物地质基础产生严重的不均匀沉降，构成基础的剪切应力，形成剪应力破坏，这也正是导致众多事故发生的主要因素。

5. 预浸水法

湿陷性黄土地基预浸水法是利用黄土浸水后产生自重湿陷的特性，在施工前进行大面积浸水使土体预先产生自重湿陷，以消除黄土土层的自重湿陷性，它只适用于处理土层厚度大于10m，自重湿陷量计算值不大于500mm的黄土地基，经预浸法处理后，浅层黄土可能仍具外荷湿陷性，需做浅层处理。预浸水法用水量大、工期长，一般应比正式工程至少提前半年到一年进行，浸水前沿场地四周修土埂或向下挖深50cm，并设置标点以观测地面及深层土的湿陷变形，浸水期间要加强观测，浸水初期水位不易过高，待周围地表出现环形裂缝后再提高水位，湿陷性变形的观测应到沉陷基本稳定为止。预浸水法用水量大，对于缺水少雨、水资源贫乏地区，不易采用，当土层下部存在隔水层时，预浸时间加大，工期延长，都将是影响工程的因素。

图 10-2　深层搅拌桩施工现场

6. 深层搅拌桩法

深层搅拌桩是复合地基的一种，近几年在黄土地区应用比较广泛，可用于处理含水量较高的湿陷性弱的黄土。它具有施工简便、快捷、无振动，基本不挤土，低噪声等特点。深层搅拌桩的固化材料有石灰、水泥等，一般都采用后者作固化材料。其加固机理是将水泥掺入黏土后，与黏土中的水分发生水解和水化反应，进而与具有一定活性的黏土颗粒反应生成不溶于水的稳定的结晶化合物，这些新生成的化合物在水中或空气中发生凝硬反应，使水泥有一定的强度，从而使地基土达到承载的要求。

湿陷性黄土地基处理的方法很多，在不同的地区，应根据不同的地基土质和不同的结构物，对地基处理选用不同的处理方法。在勘察阶段，经过现场取样，以试验数据进行分析，判定属于自重湿陷性黄土还是非自重湿陷性黄土，以及湿陷性黄土层的厚度、湿陷等级、类别等重要地质参数，通过经济分析比较，综合考虑工艺环境、工期等诸多方面的因素。最后选择一个最合适的地基处理方法，经过优化设计后，确保满足处理后的地基具有足够的承载力和变形条件的要求。而不能一味的追求经济利益，对工程质量视而不见，终将导致无可挽回的后果。

本章复习要点

掌握：各种特殊土的基本特性；各种天然特殊土的危害和基本防治措施。

理解：特殊土的成因和分布 ；了解湿陷性评价的指标；了解盐渍土的溶陷性的评定方法。

复习题

1．软土的成因及危害？
2．湿陷性黄土场地的湿陷类型及判定标准。
3．膨胀土的防治措施有哪些？
4．盐渍土有哪些基本特征？

附录　岩土工程专业术语汉英对照

一、综合类

1．大地工程	geotechnical engineering
2．反分析法	back analysis method
3．基础工程	foundation engineering
4．临界状态土力学	critical state soil mechanics
5．数值岩土力学	numerical geomechanics
6．土	soil, earth
7．土动力学	soil dynamics
8．土力学	soil mechanics
9．岩土工程	geotechnical engineering
10．应力路径	stress path
11．应力路径法	stress path method

二、工程地质及勘察

12．变质岩	metamorphic rock
13．标准冻深	standard frost penetration
14．冰川沉积	glacial deposit
15．冰积层（台）	glacial deposit
16．残积土	eluvial soil, residual soil
17．层理	beding
18．长石	feldspar
19．沉积岩	sedimentary rock
20．承压水	confined water
21．次生矿物	secondary mineral
22．地质年代	geological age
23．地质图	geological map

24. 地下水	groundwater
25. 断层	fault
26. 断裂构造	fracture structure
27. 工程地质勘察	engineering geological exploration
28. 海积层（台）	marine deposit
29. 海相沉积	marine deposit
30. 花岗岩	granite
31. 滑坡	landslide
32. 化石	fossil
33. 化学沉积岩	chemical sedimentary rock
34. 阶地	terrace
35. 节理	joint
36. 解理	cleavage
37. 喀斯特	karst
38. 矿物硬度	hardness of minerals
39. 砾岩	conglomerate
40. 流滑	flow slide
41. 陆相沉积	continental sedimentation
42. 泥石流	mud flow, debris flow
43. 黏土矿物	clay minerals
44. 凝灰岩	tuff
45. 牛轭湖	ox-bow lake
46. 浅成岩	hypabyssal rock
47. 潜水	ground water
48. 侵入岩	intrusive rock
49. 取土器	geotome
50. 砂岩	sandstone
51. 砂嘴	spit, sand spit
52. 山岩压力	rock pressure
53. 深成岩	plutionic rock
54. 石灰岩	limestone
55. 石英	quartz
56. 松散堆积物	rickle
57. 围限地下水（台）	confined ground water
58. 泻湖	lagoon
59. 岩爆	rock burst
60. 岩层产状	attitude of rock

61．岩浆岩	magmatic rock, igneous rock
62．岩脉	dike, dyke
63．岩石风化程度	degree of rock weathering
64．岩石构造	structure of rock
65．岩石结构	texture of rock
66．岩体	rock mass
67．页岩	shale
68．原生矿物	primary mineral
69．云母	mica
70．造岩矿物	rock-forming mineral
71．褶皱	fold, folding
72．钻孔柱状图	bore hole columnar section

三、土的分类

73．饱和土	saturated soil
74．超固结土	overconsolidated soil
75．冲填土	dredger fill
76．重塑土	disturbed soil
77．冻土	frozen soil, tjaele
78．非饱和土	unsaturated soil
79．分散性土	dispersive soil
80．粉土	silt, mo
81．粉质黏土	silty clay
82．高岭石	kaolinite
83．过压密土（台）	overconsolidated soil
84．红黏土	red clay, adamic earth
85．黄土	loess, huangtu(China)
86．蒙脱石	montmorillonite
87．泥炭	peat, bog muck
88．黏土	clay
89．黏性土	cohesive soil, clayey soil
90．膨胀土	expansive soil, swelling soil
91．欠固结黏土	underconsolidated soil
92．区域性土	zonal soil
93．人工填土	fill, artificial soil
94．软黏土	soft clay, mildclay, mickle

95．砂土	sand
96．湿陷性黄土	collapsible loess, slumping loess
97．素填土	plain fill
98．塑性图	plasticity chart
99．碎石土	stone, break stone, broken stone, channery, chat, crushed stone, deritus
100．未压密土（台）	underconsolidated clay
101．无黏性土	cohesionless soil, frictional soil, non-cohesive soil
102．岩石	rock
103．伊利土	illite
104．有机质土	organic soil
105．淤泥	muck, gyttja, mire, slush
106．淤泥质土	mucky soil
107．原状土	undisturbed soil
108．杂填土	miscellaneous fill
109．正常固结土	normally consolidated soil
110．正常压密土（台）	normally consolidated soil
111．自重湿陷性黄土	self weight collapse loess
112．阿太堡界限	Atterberg limits
113．饱和度	degree of saturation
114．饱和密度	saturated density
115．饱和重度	saturated unit weight
116．比重	specific gravity
117．稠度	consistency
118．不均匀系数	coefficient of uniformity, uniformity coefficient
119．触变	thixotropy
120．单粒结构	single-grained structure

四、土的物理性质

121．蜂窝结构	honeycomb structure
122．干重度	dry unit weight
123．干密度	dry density
124．塑性指数	plasticity index
125．含水量	water content, moisture content
126．活性指数	activity index
127．级配	gradation, grading

128．结合水	bound water, combined water, held water
129．界限含水量	Atterberg limits
130．颗粒级配	particle size distribution of soils, mechanical composition of soil
131．可塑性	plasticity
132．孔隙比	void ratio
133．孔隙率	porosity
134．粒度	granularity, grainness, grainage
135．粒组	fraction, size fraction
136．毛细管水	capillary water
137．密度	density
138．密实度	compactionness
139．黏性土的灵敏度	sensitivity of cohesive soil
140．平均粒径	mean diameter, average grain diameter
141．曲率系数	coefficient of curvature
142．三相图	block diagram, skeletal diagram, three phase diagram
143．三相土	tri-phase soil
144．湿陷起始应力	initial collapse pressure
145．湿陷系数	coefficient of collapsibility
146．缩限	shrinkage limit
147．土的构造	soil texture
148．土的结构	soil structure
149．土粒相对密度	specific density of solid particles
150．土中气	air in soil
151．土中水	water in soil
152．团粒	aggregate, cumularpharolith
153．限定粒径	constrained diameter
154．相对密度	relative density, density index
155．相对压密度	relative compaction, compacting factor, percent compaction, coefficient of compaction
156．絮状结构	flocculent structure
157．压密系数	coefficient of consolidation
158．压缩性	compressibility
159．液限	liquid limit
160．液性指数	liquidity index
161．游离水（台）	free water
162．有效粒径	effective diameter, effective grain size, effective size
163．效密度	effective density

164. 有效重度	effective unit weight
165. 重力密度	unit weight
166. 自由水	free water, gravitational water, groundwater, phreatic water
167. 组构	fabric
168. 最大干密度	maximum dry density
169. 最优含水量	optimum water content

五、渗透性和渗流

170. 达西定律	Darcy's law
171. 管涌	piping
172. 浸润线	phreatic line
173. 临界水力梯度	critical hydraulic gradient
174. 流函数	flow function
175. 流土	flowing soil
176. 流网	flow net
177. 砂沸	sand boiling
178. 渗流	seepage
179. 渗流量	seepage discharge
180. 渗流速度	seepage velocity
181. 渗透力	seepage force
182. 渗透破坏	seepage failure
183. 渗透系数	coefficient of permeability
184. 渗透性	permeability
185. 势函数	potential function
186. 水力梯度	hydraulic gradient

六、地基应力与变形

187. 变形	deformation
188. 变形模量	modulus of deformation
189. 泊松比	Poisson's ratio
190. 布西涅斯克解	Boussinnesq's solution
191. 残余变形	residual deformation
192. 残余孔隙水压力	residual pore water pressure
193. 超静孔隙水压力	excess pore water pressure
194. 沉降	settlement

195．沉降比 settlement ratio
196．次固结沉降 secondary consolidation settlement
197．次固结系数 coefficient of secondary consolidation
198．地基沉降的弹性力学公式 elastic formula for settlement calculation
199．分层总和法 layerwise summation method
200．负孔隙水压力 negative pore water pressure
201．附加应力 superimposed stress
202．割线模量 secant modulus
203．固结沉降 consolidation settlement
204．规范沉降计算法 settlement calculation by specification
205．回弹变形 rebound deformation
206．回弹模量 modulus of resilience
207．回弹系数 coefficient of resilience
208．回弹指数 swelling index
209．建筑物的地基变形允许值 allowable settlement of building
210．剪胀 dilatation
211．角点法 corner-points method
212．孔隙气压力 pore air pressure
213．孔隙水压力 pore water pressure
214．孔隙压力系数 A pore pressure parameter A
215．孔隙压力系数 B pore pressure parameter B
216．明德林解 Mindlin's solution
217．纽马克感应图 Newmark chart
218．切线模量 tangent modulus
219．蠕变 creep
220．三向变形条件下的固结沉降 three-dimensional consolidation settlement
221．瞬时沉降 immediate settlement
222．塑性变形 plastic deformation
223．弹性变形 elastic deformation
224．弹性模量 elastic modulus
225．弹性平衡状态 state of elastic equilibrium
226．体积变形模量 volumetric deformation modulus
227．先期固结压力 preconsolidation pressure
228．压缩层 compressibility clayer
229．压缩模量 modulus of compressibility
230．压缩系数 coefficient of compressibility
231．压缩性 compressibility

232．压缩指数	compression index
233．有效应力	effective stress
234．自重应力	self-weight stress
235．总应力	total stress approach of shear strength
236．最终沉降	final settlement

七、固结

237．巴隆固结理论	Barron's consolidation theory
238．比奥固结理论	Biot's consolidation theory
239．超固结比	over-consolidation ratio
240．超静孔隙水压力	excess pore water pressure
241．次固结	secondary consolidation
242．次压缩（台）	secondary consolidatin
243．单向度压密（台）	one-dimensional consolidation
244．多维固结	multi-dimensional consolidation
245．固结	consolidation
246．固结度	degree of consolidation
247．固结理论	theory of consolidation
248．固结曲线	consolidation curve
249．固结速率	rate of consolidation
250．固结系数	coefficient of consolidation
251．固结压力	consolidation pressure
252．回弹曲线	rebound curve
253．井径比	drain spacing ratio
254．井阻	well resistance
255．曼代尔-克雷尔效应	Mandel-Cryer effect
256．潜变（台）	creep
257．砂井	sand drain
258．砂井地基平均固结度	average degree of consolidation of sand-drained ground
259．时间对数拟合法	logrithm of time fitting method
260．时间因子	time factor
261．太沙基固结理论	Terzaghi's consolidation theory
262．太沙基-伦杜列克扩散方程	Terzaghi-Rendulic diffusion equation
263．先期固结压力	preconsolidation pressure
264．压密（台）	consolidation
265．压密度（台）	degree of consolidation

266．压缩曲线	compression curve
267．一维固结	one dimensional consolidation
268．有效应力原理	principle of effective stress
269．预压密压力（台）	preconsolidation pressure
270．原始压缩曲线	virgin compression curve
271．再压缩曲线	recompression curve
272．主固结	primary consolidation
273．主压密（台）	primary consolidation
274．准固结压力	pseudo-consolidation pressure
275．K_0固结	consolidation under K_0 condition

八、抗剪强度

276．安息角（台）	angle of repose
277．不排水抗剪强度	undrained shear strength
278．残余内摩擦角	residual angle of internal friction
279．残余强度	residual strength
280．长期强度	long-term strength
281．单轴抗拉强度	uniaxial tension test
282．动强度	dynamic strength of soils
283．峰值强度	peak strength
284．伏斯列夫参数	Hvorslev parameter
285．剪切应变速率	shear strain rate
286．抗剪强度	shear strength
287．抗剪强度参数	shear strength parameter
288．抗剪强度有效应力法	effective stress approach of shear strength
289．抗剪强度总应力法	total stress approach of shear strength
290．库仑方程	Coulomb's equation
291．摩尔包线	Mohr's envelope
292．摩尔-库仑理论	Mohr-Coulomb theory
293．内摩擦角	angle of internal friction
294．粘聚力	cohesion
295．破裂角	angle of rupture
296．破坏准则	failure criterion
297．十字板抗剪强度	vane strength
298．无侧限抗压强度	unconfined compression strength
299．有效内摩擦角	effective angle of internal friction

300．有效粘聚力	effective cohesion intercept
301．有效应力破坏包线	effective stress failure envelope
302．有效应力强度参数	effective stress strength parameter
303．有效应力原理	principle of effective stress
304．真内摩擦角	true angle internal friction
305．真粘聚力	true cohesion
306．总应力破坏包线	total stress failure envelope
307．总应力强度参数	total stress strength parameter

九、本构模型

308．本构模型	constitutive model
309．边界面模型	boundary surface model
310．层向各向同性体模型	cross anisotropic model
311．超弹性模型	hyperelastic model
312．德鲁克－普拉格准则	Drucker-Prager criterion
313．邓肯－张模型	Duncan-Chang model
314．动剪切强度	dynamic shear strength
315．非线性弹性模量	nonlinear elastic modulus
316．盖帽模型	cap model
317．刚塑性模型	rigid plastic model
318．割线模量	secant modulus
319．广义冯・米赛斯屈服准则	extended von Mises yield criterion
320．广义特雷斯卡屈服准则	extended tresca yield criterion
321．加工软化	work softening
322．加工硬化	work hardening
323．加工硬化定律	strain harding law
324．剑桥模型	Cambridge model
325．柯西弹性模型	Cauchy elastic model
326．拉特－邓肯模型	Lade-Duncan model
327．拉特屈服准则	Lade yield criterion
328．理想弹塑性模型	ideal elastoplastic model
329．临界状态弹塑性模型	critical state elastoplastic model
330．流变学模型	rheological model
331．流动规则	flow rule
332．摩尔-库仑屈服准则	Mohr-Coulomb yield criterion
333．内蕴时间塑性模型	endochronic plastic model

334．内蕴时间塑性理论	endochronic theory
335．黏弹性模型	viscoelastic model
336．切线模量	tangent modulus
337．清华弹塑性模型	Tsinghua elastoplastic model
338．屈服面	yield surface
339．沈珠江三重屈服面模型	Shen Zhujiang three yield surface method
340．双参数地基模型	twin parameter foundation model
341．双剪应力屈服模型	twin shear stress yield criterion
342．双曲线模型	hyperbolic model
343．松岗元-中井屈服准则	Matsuoka-Nakai yield criterion
344．塑性形变理论	plastic deformation theory
345．弹塑性模量矩阵	elastoplastic modulus matrix
346．弹塑性模型	elastoplastic model
347．弹塑性增量理论	incremental elastoplastic theory
348．弹性半空间地基模型	elastic half-space foundation model
349．弹性变形	elastic deformation
350．弹性模量	elastic modulus
351．弹性模型	elastic model
352．魏汝龙-Khosla-Wu 模型	Wei Rulong-Khosla-Wu model
353．文克尔地基模型	Winkler foundation model
354．修正剑桥模型	modified cambridge model
355．准弹性模型	hypoelastic model

十、地基承载力

356．冲剪破坏	punching shear failure
357．次层（台）	substratum
358．地基	subgrade, ground, foundation soil
359．地基承载力	bearing capacity of foundation soil
360．地基极限承载力	ultimate bearing capacity of foundation soil
361．地基允许承载力	allowable bearing capacity of foundation soil
362．地基稳定性	stability of foundation soil
363．汉森地基承载力公式	Hansen's ultimate bearing capacity formula
364．极限平衡状态	state of limit equilibrium
365．加州承载比（美国）	California Bearing Ratio
366．局部剪切破坏	local shear failure
367．临塑荷载	critical edge pressure

368. 梅耶霍夫极限承载力公式	Meyerhof's ultimate bearing capacity formula
369. 普朗特承载力理论	Prandel bearing capacity theory
370. 斯肯普顿极限承载力公式	Skempton's ultimate bearing capacity formula
371. 太沙基承载力理论	Terzaghi bearing capacity theory
372. 魏锡克极限承载力公式	Vesic's ultimate bearing capacity formula
373. 整体剪切破坏	general shear failure

十一、土压力

374. 被动土压力	passive earth pressure
375. 被动土压力系数	coefficient of passive earth pressure
376. 极限平衡状态	state of limit equilibrium
377. 静止土压力	earth pressue at rest
378. 静止土压力系数	coefficient of earth pressur at rest
379. 库仑土压力理论	Coulomb's earth pressure theory
380. 库尔曼图解法	Culmannn construction
381. 朗肯土压力理论	Rankine's earth pressure theory
382. 朗肯状态	Rankine state
383. 弹性平衡状态	state of elastic equilibrium
384. 土压力	earth pressure
385. 主动土压力	active earth pressure
386. 主动土压力系数	coefficient of active earth pressure

十二、土坡稳定分析

387. 安息角（台）	angle of repose
388. 毕肖普法	Bishop method
389. 边坡稳定安全系数	safety factor of slope
390. 不平衡推理传递法	unbalanced thrust transmission method
391. 费伦纽斯条分法	Fellenius method of slices
392. 库尔曼法	Culmann method
393. 摩擦圆法	friction circle method
394. 摩根斯坦-普拉斯法	Morgenstern-Price method
395. 铅直边坡的临界高度	critical height of vertical slope
396. 瑞典圆弧滑动法	Swedish circle method
397. 斯宾赛法	Spencer method
398. 泰勒法	Taylor method

399. 条分法	slice method
400. 土坡	slope
401. 土坡稳定分析	slope stability analysis
402. 土坡稳定极限分析法	limit analysis method of slope stability
403. 土坡稳定极限平衡法	limit equilibrium method of slope stability
404. 休止角	angle of repose
405. 扬布普遍条分法	Janbu general slice method
406. 圆弧分析法	circular arc analysis

十三、土的动力性质

407. 比阻尼容量	specific gravity capacity
408. 波的弥散特性	dispersion of waves
409. 波速法	wave velocity method
410. 材料阻尼	material damping
411. 初始液化	initial liquefaction
412. 地基固有周期	natural period of soil site
413. 动剪切模量	dynamic shear modulus of soils
414. 动力布西涅斯克解	dynamic solution of Boussinesq
415. 动力放大因素	dynamic magnification factor
416. 动力性质	dynamic properties of soils
417. 动强度	dynamic strength of soils
418. 骨架波	akeleton waves in soils
419. 几何阻尼	geometric damping
420. 抗液化强度	liquefaction stress
421. 孔隙流体波	fluid wave in soil
422. 损耗角	loss angle
423. 往返活动性	reciprocating activity
424. 无量纲频率	dimensionless frequency
425. 液化	liquefaction
426. 液化势评价	evaluation of liquefaction potential
427. 液化应力比	stress ratio of liquefaction
428. 应力波	stress waves in soils
429. 振陷	dynamic settlement
430. 阻尼	damping of soil
431. 阻尼比	damping ratio

十四、挡土墙

432．挡土墙	retaining wall
433．挡土墙排水设施	retaining wall drainage
434．挡土墙稳定性	stability of retaining wall
435．垛式挡土墙	bracket type retaining wall
436．扶垛式挡土墙	counterfort retaining wall
437．后垛墙（台）	counterfort retaining wall
438．基础墙	foundation wall
439．加筋土挡墙	reinforced earth bulkhead
440．锚定板挡土墙	anchored plate retaining wall
441．锚定式板桩墙	anchored sheet pile wall
442．锚杆式挡土墙	anchor rod retaining wall
443．悬壁式板桩墙	cantilever sheet pile wall
444．悬壁式挡土墙	cantilever sheet pile wall
445．重力式挡土墙	gravity retaining wall

十五、板桩结构物

446．板桩	sheet pile
447．板桩结构	sheet pile structure
448．钢板桩	steel sheet pile
449．钢筋混凝土板桩	reinforced concrete sheet pile
450．钢桩	steel pile
451．灌注桩	cast-in-place pile
452．拉杆	tie rod
453．锚定式板桩墙	anchored sheet pile wall
454．锚固技术	anchoring
455．锚座	Anchorage
456．木板桩	wooden sheet pile
457．木桩	timber piles
458．悬壁式板桩墙	cantilever sheet pile wall

十六、基坑开挖与降水

459．板桩围护	sheet pile-braced cuts

460．电渗法	electro-osmotic drainage
461．管涌	piping
462．基底隆起	heave of base
463．基坑降水	dewatering
464．基坑失稳	instability (failure) of foundation pit
465．基坑围护	bracing of foundation pit
466．减压井	relief well
467．降低地下水位法	dewatering method
468．井点系统	well point system
469．喷射井点	eductor well point
470．铅直边坡的临界高度	critical height of vertical slope
471．砂沸	sand boiling
472．深井点	deep well point
473．真空井点	vacuum well point
474．支撑围护	braced cuts

十七、浅基础

475．杯形基础	cup base
476．补偿性基础	compensated foundation
477．持力层	bearing stratum
478．次层（台）	substratum
479．单独基础	individual footing
480．倒梁法	inverted beam method
481．刚性角	pressure distribution angle of masonary foundation
482．刚性基础	rigid foundation
483．高杯口基础	high base at the top
484．基础埋置深度	embeded depth of foundation
485．基床系数	coefficient of subgrade reaction
486．基底附加应力	net foundation pressure
487．交叉条形基础	cross strip footing
488．接触压力	contact pressure
489．静定分析法（浅基础）	static analysis (shallow foundation)
490．壳体基础	shell foundation
491．扩展基础	spread footing
492．片筏基础	mat foundation
493．浅基础	shallow foundation

494．墙下条形基础	strip foundation under wall
495．热摩奇金法	Zemochkin's method
496．柔性基础	flexible foundation
497．上部结构-基础-土共同作用分析	structure-foundation-soil interaction analysis
498．弹性地基梁（板）分析	analysis of beams and slabs on elastic foundation
499．条形基础	strip footing
500．下卧层	substratum
501．箱形基础	box foundation
502．柱下条形基础	strip foundation

十八、深基础

503．贝诺托灌注桩	Benoto cast-in-place pile
504．波动方程分析	Wave equation analysis
505．场铸桩（台)	cast-in-place pile
506．沉管灌注桩	diving casting cast-in-place pile
507．沉井基础	open-end caisson foundation
508．沉箱基础	box caisson foundation
509．成孔灌注同步桩	synchronous pile
510．承台	pile caps
511．充盈系数	fullness coefficient
512．单桩承载力	bearing capacity of single pile
513．单桩横向极限承载力	ultimate lateral resistance of single pile
514．单桩竖向抗拔极限承载力	vertical ultimate uplift resistance of single pile
515．单桩竖向抗压容许承载力	vertical ultimate carrying capacity of single pile
516．单桩竖向抗压极限承载力	vertical allowable load capacity of single pile
517．低桩承台	low pile cap
518．地下连续墙	diaphgram wall
519．点承桩（台）	end-bearing pile
520．动力打桩公式	dynamic pile driving formula
521．端承桩	end-bearing pile
522．法兰基灌注桩	Franki pile
523．负摩擦力	negative skin friction of pile
524．钢筋混凝土预制桩	precast reinforced concrete piles
525．钢桩	steel pile
526．高桩承台	high-rise pile cap
527．灌注桩	cast-in-place pile

528. 横向载荷桩	laterally loaded vertical piles
529. 护壁泥浆	slurry coat method
530. 回转钻孔灌注桩	rotatory boring cast-in-place pile
531. 机挖异形灌注桩	machine special-shaped pile
532. 静力压桩	silent piling
533. 抗拔桩	uplift pile
534. 抗滑桩	anti-slide pile
535. 摩擦桩	friction pile
536. 木桩	timber piles
537. 嵌岩灌注桩	piles set into rock
538. 群桩	pile groups
539. 群桩效率系数	efficiency factor of pile groups
540. 群桩效应	efficiency of pile groups
541. 群桩竖向极限承载力	vertical ultimate load capacity of pile groups
542. 深基础	deep foundation
543. 竖直群桩横向极限承载力	crosswise ultimate bearing capacity for upright pile group
544. 无桩靴夯扩灌注桩	rammed bulb pile
545. 旋转挤压灌注桩	rotary extruding piles
546. 桩	piles
547. 桩基动测技术	dynamic pile test
548. 钻孔墩基础	drilled-pier foundation
549. 钻孔扩底灌注桩	under-reamed bored pile
550. 钻孔压注桩	starsol enbesol pile
551. 最后贯入度	final set

十九、地基处理

552. 表层压密法	surface compaction
553. 超载预压	surcharge preloading
554. 袋装砂井	sand wick
555. 地工织物	geofabric, geotextile
556. 地基处理	ground treatment, foundation treatment
557. 电动化学灌浆	electrochemical grouting
558. 电渗法	electro-osmotic drainage
559. 顶升纠偏法	top lifting method
560. 定喷	directional jet grouting
561. 冻土地基处理	frozen foundation improvement

562．短桩处理　treatment with short pile
563．堆载预压法　preloading
564．粉体喷射深层搅拌法　powder deep mixing method
565．复合地基　composite foundation
566．干振成孔灌注桩　vibratory bored pile
567．高压喷射注浆法　jet grounting
568．灌浆材料　injection material
569．灌浆法　grouting
570．硅化法　silicification
571．夯实桩　compacting pile
572．化学灌浆　chemical grouting
573．换填法　cushion
574．灰土桩　lime soil pile
575．基础加压纠偏法　base pressure correction method
576．挤密灌浆　compaction grouting
577．挤密桩　compaction pile, compacted column
578．挤淤法　displacement method
579．加筋法　reinforcement method
580．加筋土　reinforced earth
581．碱液法　soda solution grouting
582．浆液深层搅拌法　grout deep mixing method
583．降低地下水位法　dewatering method
584．纠偏技术　rectification technology
585．坑式托换　pit underpinning
586．冷热处理法　freezing and heating
587．锚固技术　anchoring
588．锚杆静压桩托换　anchor pile underpinning
589．排水固结法　consolidation
590．膨胀土地基处理　expansive foundation treatment
591．劈裂灌浆　fracture grouting
592．浅层处理　shallow treatment
593．强夯法　dynamic compaction
594．人工地基　artificial foundation
595．容许灌浆压力　allowable grouting pressure
596．褥垫　pillow
597．软土地基　soft clay ground
598．砂井　sand drain

599. 砂井地基平均固结度	average degree of consolidation of sand-drained ground
600. 砂桩	sand column
601. 山区地基处理	foundation treatment in mountain area
602. 深层搅拌法	deep mixing method
603. 渗入性灌浆	seep-in grouting
604. 湿陷性黄土地基处理	collapsible loess treatment
605. 石灰系深层搅拌法	lime deep mixing method
606. 石灰桩	lime column, limepile
607. 树根桩	root pile
608. 水泥土水泥掺合比	cement mixing ratio
609. 水泥系深层搅拌法	cement deep mixing method
610. 水平旋喷	horizontal jet grouting
611. 塑料排水带	plastic drain
612. 碎石桩	gravel pile, stone pillar
613. 掏土纠偏法	soil correction method
614. 天然地基	natural foundation
615. 土工聚合物	Geopolymer
616. 土工织物	geofabric, geotextile
617. 土桩	earth pile
618. 托换技术	underpinning technique
619. 外掺剂	additive
620. 旋喷	jet grouting
621. 药液灌浆	chemical grouting
622. 预浸水法	presoaking
623. 预压法	preloading
624. 真空预压	vacuum preloading
625. 振冲法	vibroflotation method
626. 振冲密实法	vibro-compaction
627. 振冲碎石桩	vibro replacement stone column
628. 振冲置换法	vibro-replacement
629. 振密、挤密法	vibro-densification, compacting
630. 置换率（复合地基）	replacement ratio
631. 重锤夯实法	tamping
632. 桩式托换	pile underpinning
633. 桩土应力比	stress ratio

二十、动力机器基础

634．比阻尼容量	specific gravity capacity
635．等效集总参数法	constant strain rate consolidation test
636．地基固有周期	natural period of soil site
637．动基床反力法	dynamic subgrade reaction method
638．动力放大因素	dynamic magnification factor
639．隔振	isolation
640．基础振动	foundation vibration
641．基础振动半空间理论	elastic half-space theory of foundation vibration
642．基础振动容许振幅	allowable amplitude of foundation vibration
643．基础自振频率	natural frequency of foundation
644．集总参数法	lumped parameter method
645．吸收系数	absorption coefficient
646．质量-弹簧-阻尼器系统	mass-spring-dushpot system

二十一、地基基础抗震

647．地基固有周期	natural period of soil site
648．地震	earthquake, seism, temblor
649．地震持续时间	duration of earthquake
650．地震等效均匀剪应力	equivalent even shear stress of earthquake
651．地震反应谱	earthquake response spectrum
652．地震烈度	earthquake intensity
653．地震震级	earthquake magnitude
654．地震卓越周期	seismic predominant period
655．地震最大加速度	maximum acceleration of earthquake
656．动力放大因数	dynamic magnification factor
657．对数递减率	logrithmic decrement
658．刚性系数	coefficient of rigidity
659．吸收系数	absorption coefficient

二十二、室内土工试验

660．比重试验	specific gravity test
661．变水头渗透试验	falling head permeability test

662．不固结不排水试验　unconsolidated-undrained triaxial test
663．常规固结试验　routine consolidation test
664．常水头渗透试验　constant head permeability test
665．单剪仪　simple shear apparatus
666．单轴拉伸试验　uniaxial tensile test
667．等速加荷固结试验　constant loading rate consolidatin test
668．等梯度固结试验　constant gradient consolidation test
669．等应变速率固结试验　equivalent lumped parameter method
670．反复直剪强度试验　repeated direct shear test
671．反压饱和法　back pressure saturation method
672．高压固结试验　high pressure consolidation test
673．各向不等压固结不排水试验　consoidated anisotropically undrained test
674．各向不等压固结排水试验　consolidated anisotropically drained test
675．共振柱试验　resonant column test
676．固结不排水试验　consolidated undrained triaxial test
677．固结快剪试验　consolidated quick direct shear test
678．固结排水试验　consolidated drained triaxial test
679．固结试验　consolidation test
680．含水量试验　water content test
681．环剪试验　ring shear test
682．黄土湿陷试验　loess collapsibility test
683．击实试验　compaction test
684．界限含水量试验　Atterberg limits test
685．卡萨格兰德法　Casagrande's method
686．颗粒分析试验　grain size analysis test
687．孔隙水压力消散试验　pore pressure dissipation test
688．快剪试验　quick direct shear test
689．快速固结试验　fast consolidation test
690．离心模型试验　centrifugal model test
691．连续加荷固结试验　continual loading test
692．慢剪试验　consolidated drained direct shear test
693．毛细管上升高度试验　capillary rise test
694．密度试验　density test
695．扭剪仪　torsion shear apparatus
696．膨胀率试验　swelling rate test
697．平面应变仪　plane strain apparatus
698．三轴伸长试验　triaxial extension test

699. 三轴压缩试验	triaxial compression test
700. 砂的相对密实度试验	sand relative density test
701. 筛分析	sieve analysis
702. 渗透试验	permeability test
703. 湿化试验	slaking test
704. 收缩试验	shrinkage test
705. 塑限试验	plastic limit test
706. 缩限试验	shrinkage limit test
707. 土工模型试验	geotechnical model test
708. 土工织物试验	geotextile test
709. 无侧限抗压强度试验	unconfined compression strength test
710. 无黏性土天然坡角试验	angle of repose of cohesionless soils test
711. 压密不排水三轴压缩试验	consolidated undrained triaxial compression test
712. 压密排水三轴压缩试验	consolidated drained triaxial compressure test
713. 压密试验	consolidation test
714. 液塑限联合测定法	liquid-plastic limit combined method
715. 液限试验	liquid limit test
716. 应变控制式三轴压缩仪	strain control triaxial compression apparatus
717. 应力控制式三轴压缩仪	stress control triaxial compression apparatus
718. 有机质含量试验	organic matter content test
719. 真三轴仪	true triaxial apparatus
720. 振动单剪试验	dynamic simple shear test
721. 直剪仪	direct shear apparatus
722. 直接剪切试验	direct shear test
723. 直接单剪试验	direct simple shear test
724. 自振柱试验	free vibration column test
725. K_0固结不排水试验	K_0 consolidated undrained test
726. K_0固结排水试验	K_0 consolidated drained test

二十三、原位测试

727. 标准贯入试验	standard penetration test
728. 表面波试验	surface wave test
729. 超声波试验	ultrasonic wave test
730. 承载比试验	Califonia Bearing Ratio Test
731. 单桩横向载荷试验	lateral load test of pile
732. 单桩竖向静载荷试验	static load test of pile

733．动力触探试验	dynamic penetration test
734．静力触探试验	static cone penetration test
735．静力载荷试验	plate loading test
736．跨孔试验	cross-hole test
737．块体共振试验	block resonant test
738．螺旋板载荷试验	screw plate test
739．旁压试验	pressurementer test
740．轻便触探试验	light sounding test
741．深层沉降观测	deep settlement measurement
742．十字板剪切试验	vane shear test
743．无损检测	nondestructive testing
744．下孔法试验	down-hole test
745．现场渗透试验	field permeability test
746．原位孔隙水压力量测	in situ pore water pressure measurement
747．原位试验	in-situ soil test
748．最后贯入度	final set
749．击实试验	compaction test

参 考 文 献

[1] 陈仲颐，周景星，王洪瑾. 土力学[M]. 北京：清华大学出版社，1994.
[2] 陈希哲. 土力学地基基础[M]. 北京：清华大学出版社，1998.
[3] 东南大学等. 土力学[M]. 北京：中国建筑工业出版社，2005.
[4] 李广信. 高等土力学[M]. 北京：清华大学出版社，2004.
[5] 高向阳等. 土力学[M]. 北京：北京大学出版社，2010.
[6] 卢廷浩等. 土力学[M]. 北京：高等教育出版社，2010.
[7] 张怀静等. 土力学[M]. 北京：机械工业出版社，2011.
[8] 杨进良. 土力学[M]. 北京：中国水利水电出版社，2009.
[9] 璩继立等. 土力学学习指导及典型习题解析[M]. 武汉：华中科技大学出版社，2009.
[10] 李广信. 岩土工程 50 讲[M]. 北京：人民交通出版社，2010.